Alberto Rodolfo Valsesia – Luis Alberto Aguirre

PIEZAS FUNDIDAS
Diseño y Sistemas de Alimentación

TECNIBOOK EDICIONES
Buenos Aires – 2010
www.tecnibook.com
info@tecnibook.com

Valsesia, Alberto Rodolfo
Piezas fundidas, diseño y sistemas de alimentación / Alberto Rodolfo Valsesia y
Luis Alberto Aguirre. - 1a ed. - Buenos Aires: Tecnibook Ediciones, 2010. E-Book.

ISBN 978-987-1759-02-6

1. Metalurgia. I. Aguirre, Luis Alberto II. Título
CDD 669

Fecha de catalogación: 17/09/2010

ISBN 978-987-1759-02-6

TECNIBOOK EDICIONES

PRESENTACIÓN

El presente Manual fue confeccionado con la modesta intención de asistir a aquellos que al igual que el autor han dedicado parte de sus vidas a la METALURGIA, una apasionante rama de la Industria base para procesos que deben desarrollarse con la eficiencia y rendimiento indispensables para la evolución industrial presente cada vez más exigente y competitiva.

No seguimos cronológicamente los procesos Metalúrgicos, sino que presentamos aquellos fenómenos que según nuestra experiencia presentan mayores dificultades con sus posibles soluciones.

Quiero aprovechar esta oportunidad para agradecer al Ing. Luis Alberto Aguirre por su desinteresada colaboración sin la cual este compendio no hubiera podido salir a la luz, esperando que pueda ser de provecho para quienes incursionan en esta apasionante rama de la Industria.

Ing. Alberto Rodolfo Valsesia

25 de mayo de 2010

| DISEÑO y SISTEMAS de ALIMENTACIÓN | Ing. Alberto Rodolfo Valsesia |
| | Ing. Luis Alberto Aguirre |

ÍNDICE

DISEÑO

1.- PRINCIPIO FUNDAMENTAL DE SOLIDIFICACIÓN DIRIGIDA

Toda aleación durante el pasaje del estado líquido al sólido sufre una contracción volumétrica, es decir una disminución de volumen que por el defecto que produce se denomina RECHUPE; que se presenta en forma de cono invertido.

Este problema se puede remediar mediante el agregado del material faltante, aunque a veces este agregado de material faltante se dificulta debido a problemas de geometría de la pieza, para que pueda tener una buena alimentación o una compensación a esta contracción volumétrica.

EL DISEÑO DE PIEZAS OBTENIDAS POR COLADO DIRECTO.-

En líneas generales el objetivo fundamental consiste en obtener piezas sanas por el método de fusión directa. Para poder reproducir la pieza a obtener en la forma más exacta posible se requiere una serie de condiciones que debemos conocer con cierta profundidad, puesto que todas ellas y cada una de ellas son concurrentes para este fin.

Por consiguiente y en orden cronológico, debemos disponer de un molde capaz de reproducir las formas de la futura pieza con toda exactitud; confeccionar con el mismo un molde adecuado, que reproduzca fielmente las formas del mismo y además que permanezca inalterable durante el llenado con la aleación correspondiente o colado y por último, este molde debe disgregarse luego del colado con suficiente facilidad para permitir la limpieza de la pieza solidificada. (Colapsabilidad)

Sacrificando el orden señalado por razones de claridad en la comprensión de los conceptos fundamentales, comenzaremos por explicar un principio que en Fundición resulta de vital significado.-

PRINCIPIO FUNDAMENTAL DE SOLIDIFICACIÓN DIRIGIDA.-

Sabemos que la gran mayoría de las aleaciones al pasar del estado líquido al sólido, sufren un fenómeno de contracción (contracción líquido-sólido). Esta disminución volumétrica trae como consecuencia una serie de inconvenientes al obtener piezas por colado en moldes, especialmente si éstos son de arena, ya que su velocidad de enfriamiento es relativamente lenta (no así en los moldes metálicos).

Sin tener las precauciones que corresponden, se produce en consecuencia un faltante de material en alguna parte de la pieza, que en la mayoría de los casos la hace inutilizable.

Este defecto en fundición se lo conoce como **RECHUPE.** El princípio que pasamos a definir tiene precisamente por finalidad evitar este defecto, y dice así:

" Para que una pieza resulte sana sin defectos de "rechupes" , la solidificación debe realizarse desde la sección más delgada a la más gruesa (como es natural) , pero en forma gradual y progresiva , de modo que las secciones delgadas al solidificar (y contraer) , pueden " solicitar" el material faltante a la sección adyacente más gruesa , y que aún dispone de material líquido . Esta condición debe verificarse en forma gradual (sin interrupciones), de manera que cada sección sea "alimentada" por la adyacente, hasta que la última en solidificar se encuentre con el centro caliente de alimentación".-

Como podemos imaginar, en la práctica resulta muy difícil que esta condición se cumpla en su totalidad. Solo señalamos, a título de ejemplo que la **cuña** cumple con el mismo.

En efecto, comienza a solidificar desde el extremo más delgado y encuentra en el avance de la solidificación secciones adyacentes capaces de alimentarla en su contracción, siempre que podamos alimentar consecuentemente la última sección en solidificar.

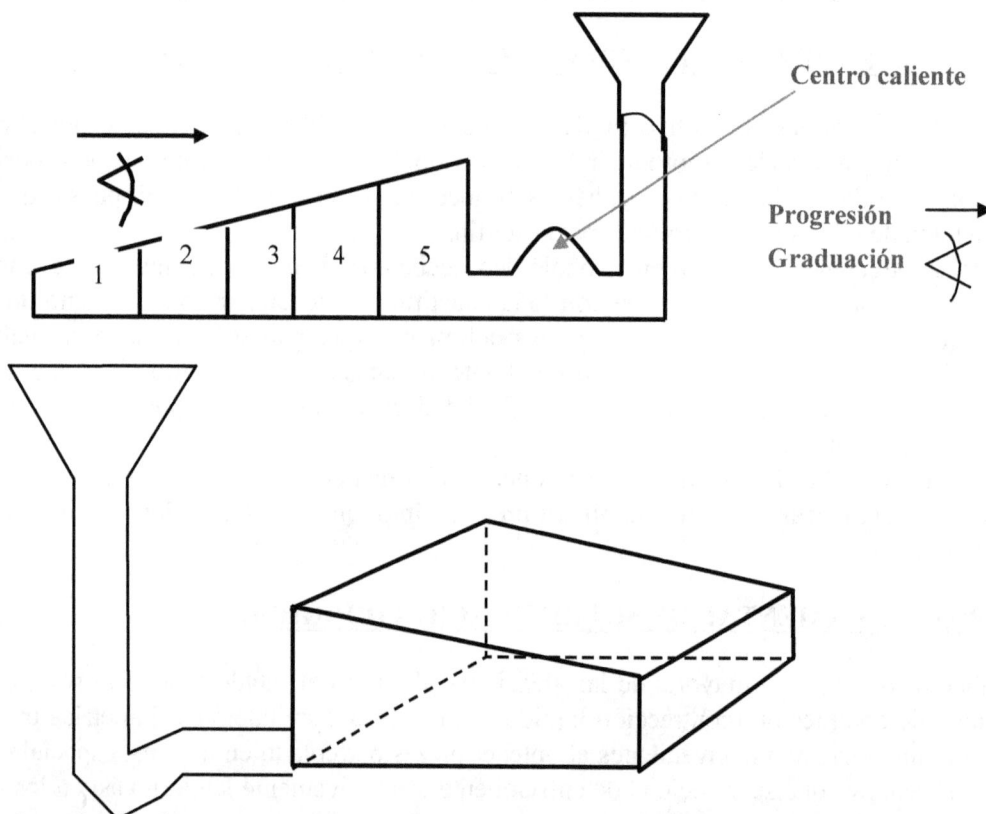

Otra forma de expresar esta "ley" que nos dice como debería ser la solidificación en una pieza para que no existan defectos de rechupe.

Esta ley o principio también se denomina **"PRINCIPIO FUNDAMENTAL DE SOLIDIFICACIÓN DIRIGIDA".**

Se denomina dirigida porque se lleva la solidificación en el sentido que nos interesa.

Hay una graduación de solidificación ◇ de una sección menor a otra sección mayor, es decir que la solidificación tiene que ser de la sección menor a la sección mayor de manera que la última en solidificar sea capaz de alimentar a la adyacente que esta solidificando y hasta que la última sección en solidificar se encuentre con el centro caliente de alimentación.

En esta pieza no existe graduación

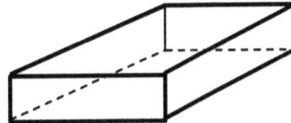

Siempre el cubo va a tardar mayor tiempo en solidificar, pues las piezas planas poseen mayor superficie y se enfrían más rápido; siempre que se hable de volumen o peso de una pieza se debe hablar también de SUPERFICIE.

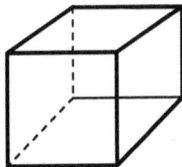

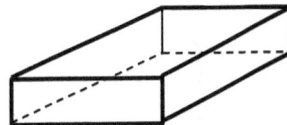

El rechupe depende en gran medida de la velocidad de enfriamiento.
El centro caliente tiene por objeto alimentar la última sección de la pieza.

Ejemplo:
Piezas con graduaciones en sentidos diferentes

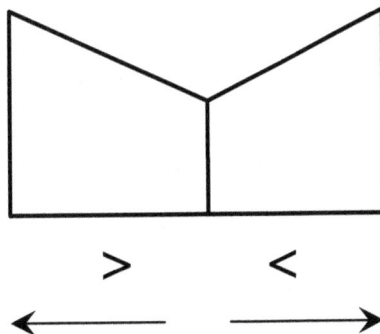

Ejemplo: Pieza que no cumple con la solidificación (no gradual)

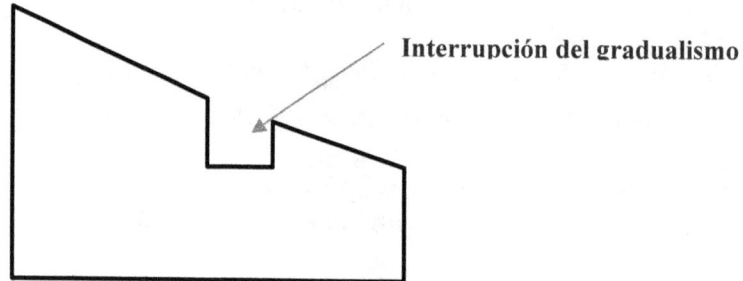

Interrupción del gradualismo

La velocidad de enfriamiento (V_t) está vinculada a una relación de volumen y superficie.

$$V_t = f \left(\frac{Vol}{Sup} \right)$$

La velocidad de enfriamiento (V_t) la puedo acelerar mediante la utilización de placas enfriadoras.

Por ejemplo:

Placa enfriadora

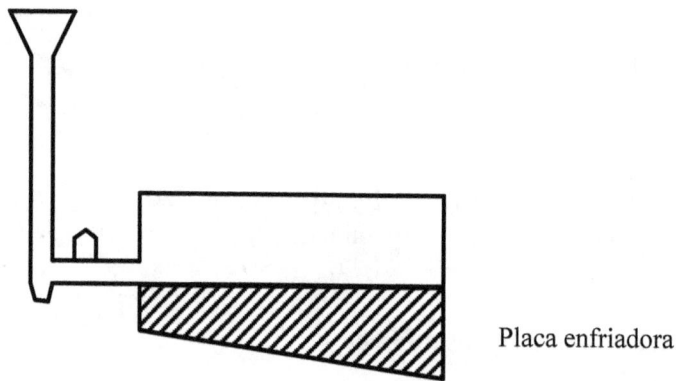

Si la placa metálica posee óxidos, si se combina con el metal líquido se produce la siguiente reacción (que hace que existan sopladuras):

Gas que queda incluida en la misma pieza

$$FeO + C \rightarrow Fe + CO$$

Existe lo opuesto a las placas enfriadoras que son los elementos exotérmicos que retardan la (velocidad de enfriamiento).

Ejemplo:

Placa Enfriadora

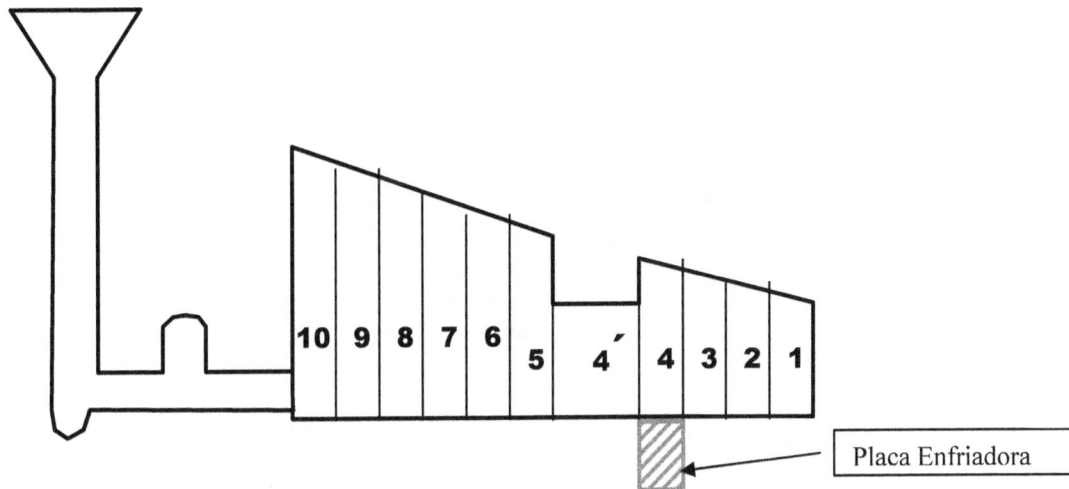

Se trata siempre de NO utilizar las dos formas o elementos juntos, ni placa de enfriamiento ni elemento exotérmico.

DISEÑO PARA PIEZAS FUNDIDAS

1ª En toda pieza que se obtenga por fusión se deben Evitar los ángulos vivos.

Se busca uniformidad con la velocidad de enfriamiento $V_{(t)}$ tratando de redondear los bordes o matar los cantos.

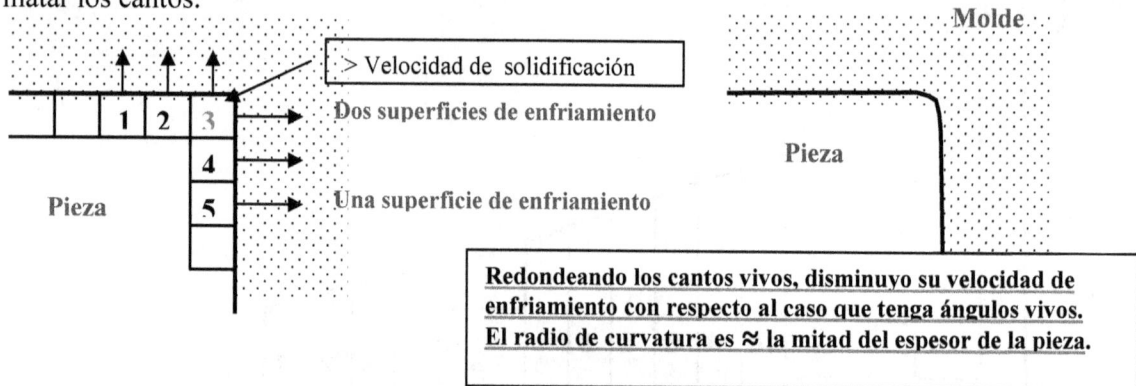

> Velocidad de solidificación

Dos superficies de enfriamiento

Una superficie de enfriamiento

Redondeando los cantos vivos, disminuyo su velocidad de enfriamiento con respecto al caso que tenga ángulos vivos. El radio de curvatura es ≈ la mitad del espesor de la pieza.

Los cubos 1, 2, 4 y 5 poseen la misma velocidad de enfriamiento o solidificación, pues tienen una sola cara o superficie de disipación del calor.

En cambio el **cubo** 3 posee 2 superficies o caras de disipación del calor, posee una mayor velocidad de solidificación; por lo tanto debe poseer otra forma de cristalización.

Si la pieza es al revés

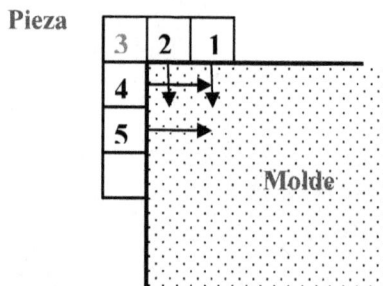

El cubo 3 no posee la superficie de disipación del calor, su velocidad es más lenta con respecto a los cubos 1, 2, 4 y 5.

Otro problema que se presenta debido a la presencia de ángulos vivos en la pieza, es que como sabemos la solidificación se produce a través de dendritas (granos columnares) que crecen perpendiculares a la superficie del molde que las genera. Estas dendritas se entrecruzan y forman una zona de concentración de tensiones en donde se produce una zona de debilitamiento

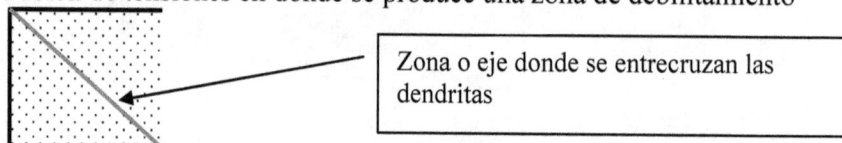

Zona o eje donde se entrecruzan las dendritas

Esto se evita también dándole un radio de curvatura que atenta el entrecruzamiento de las dendritas. Todo ángulo vivo redondearlo.

El rendondear los bordes tiene 3 propósitos funcionales:
1. Reducir concentración de tensiones en la pieza en servicio.
2. Eliminar grietas, fisuras en los ángulos vivos.
3. Hacer las esquinas más moldeables y eliminar puntos calientes.

Para reducir concentración de tensiones y cumplir con los requisitos de Resistencia se usan curvas relativamente grandes, con radios iguales o mayores que la sección de la pieza.

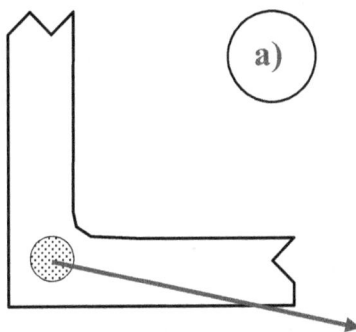

Curva demasiado grande origina RECHUPE   **CORRECTO se logra enfriamiento uniforme**

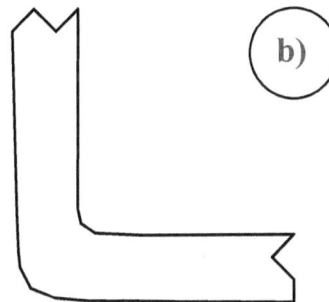

Cuando se utilizan curvas con estas dimensiones, se aumenta el espesor de la pieza en la unión, lo cual tiende a producir deficiencias estructurales.

Cuando se requieren grandes curvas se diseña según b).

Cuando no resulta posible se tendrá en cuenta que es lo mas importante. El diseño o el problema de fundición.

Para el fundidor no son buenas las curvas de grandes radios, éste no debe exceder de la mitad de las secciones que une.

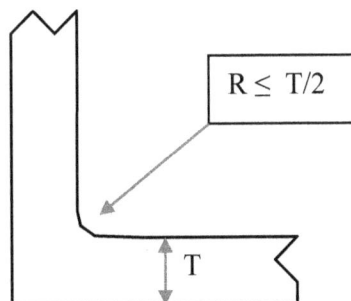

$$R \leq T/2$$

En base a Heuver dice que la solidificación progresa del menor al mayor diámetro.

El diámetro o círculo inscripto en la pieza nos va a dar una determinada idea de la velocidad de enfriamiento de una zona de la pieza respecto de otra zona adyacente.

17

Los círculos son cortes transversales de cilindros hipotéticos insertos en la pieza.

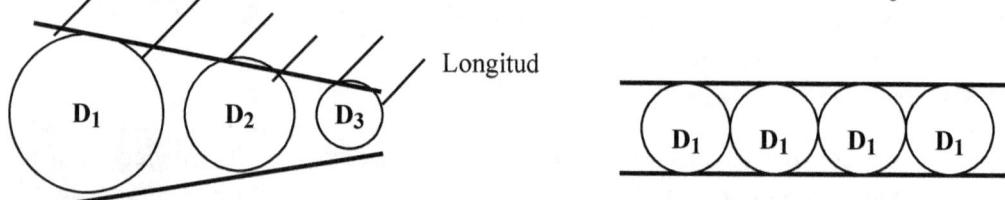

Si el diámetro del círculo inscripto aumenta, la velocidad de enfriamiento disminuye.

$$V_1 = \frac{\Pi\, D_1{}^2 \cdot L}{4} \qquad V_2 = \frac{\Pi\, D_2{}^2 \cdot L}{4} \qquad \Longrightarrow \qquad \frac{V_1}{V_2} = \frac{D_1{}^2}{D_2{}^2}$$

2º Evitar cruce de secciones

La zona de intersección de la pieza va a poseer una $V_{(t)}$ (velocidad de enfriamiento) mucho menor por lo tanto va a ver comprometida en la solidificación con respecto a las zonas adyacentes que presentan círculos inscriptos menores o sea una velocidad de enfriamiento mayor.

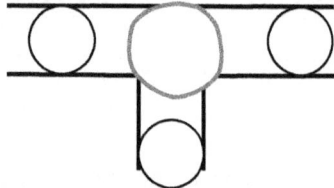

Lo primero que tengo que evitar es el caso de generar ángulos vivos, dándole un radio de curvatura. Pero dándole un redondeado o radio de curvatura a los ángulos vivos vemos que aumentamos el círculo inscripto en la zona provocando un aumento del problema anterior.

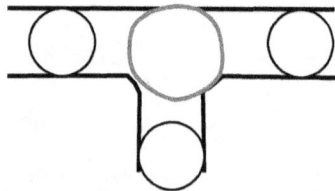

Lo que debo hacer es buscar que los círculos inscriptos sean iguales para que la velocidad de enfriamiento sea la misma, esto lo lograría si disminuyo la sección de entrecruzamiento.

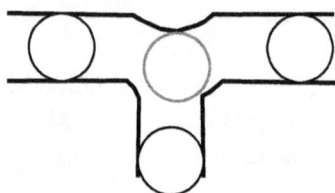

Si no se quiere deformar la T (siempre y cuando lo permita el diseño)

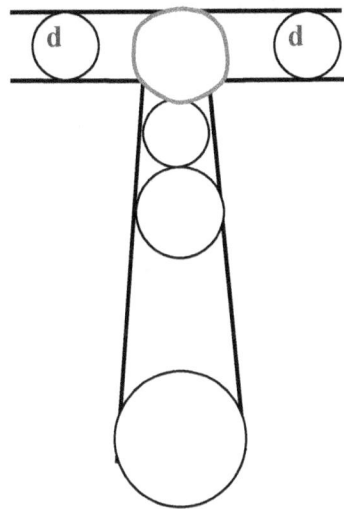

O lo que puedo hacer es agregar un agujero para que disminuya la sección y aumente la velocidad de enfriamiento y sea equiparable a la velocidad de enfriamiento en las demás zonas.
Esto se logra agregando un noyo.

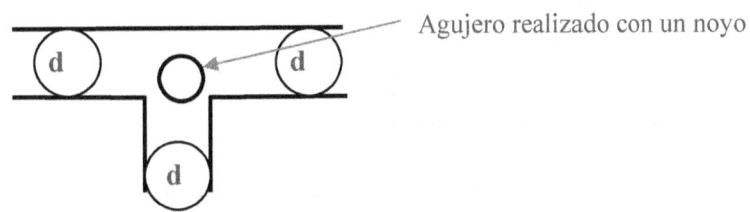

Agujero realizado con un noyo

Otro ejemplo para evitar entrecruzamiento de secciones, que en este caso es más peligroso que el caso anterior.

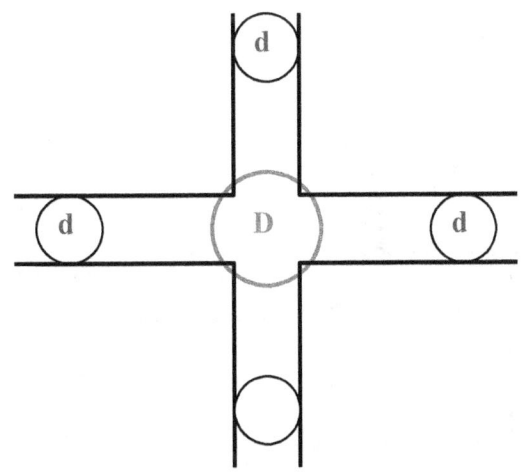

Este problema se puede remediar agregando como en el caso anterior un agujero para disminuir la sección.

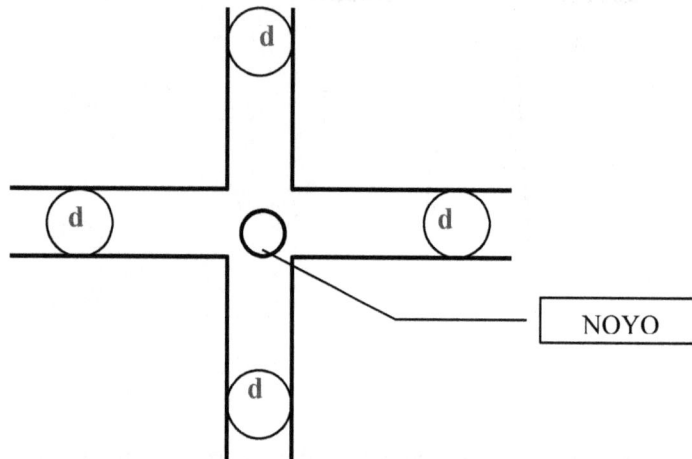

d

d · d

NOYO

d

Otra forma de disminuir el problema, es alejar las instersecciones a una distancia que supere 3d.

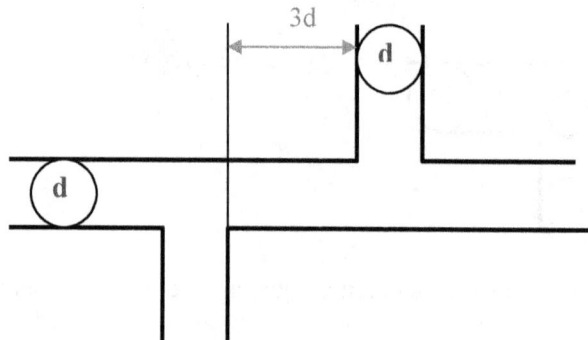

3d

d

d

Y para seguir reduciendo el problema:

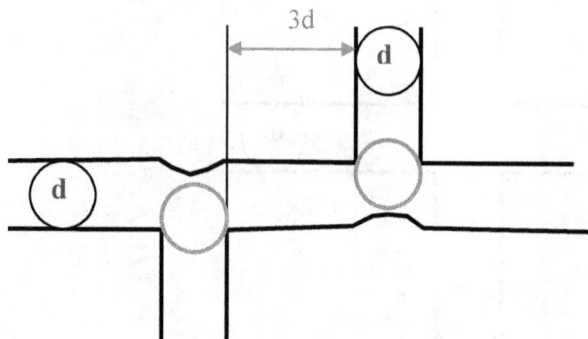

3d

d

d

Otro método para evitar problema de solidificación es agregando materiales enfriadores.

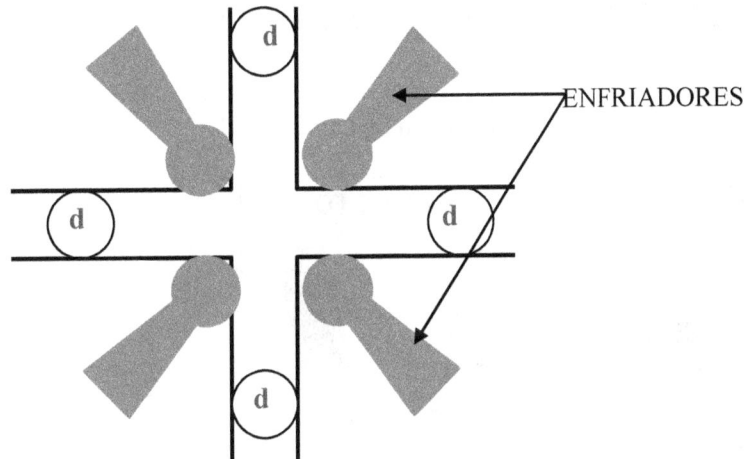

3° Evitar cambios bruscos de sección

Eliminar bordes vivos en la unión de secciones.

La diferencia en el espesor relativo de secciones debe ser mínima y no sobrepasar la relación de 2:1. Cuando resulta inevitable una gran diferencia, se puede considerar el diseño con partes postizas.

Cuando el cambio resulta menor de 2:1, se puede rebajar la diferencia con radios, si es mayor será tipo cuña y su pendiente no será mayor de 1 en 4.

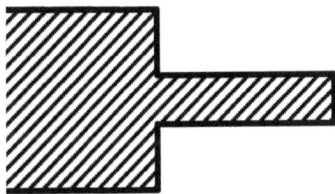 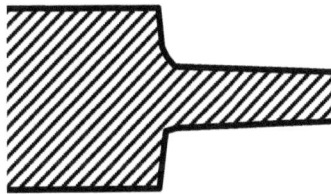 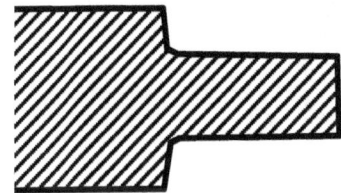

1°- MALO   2°- MEJORADO   3°- BUENO

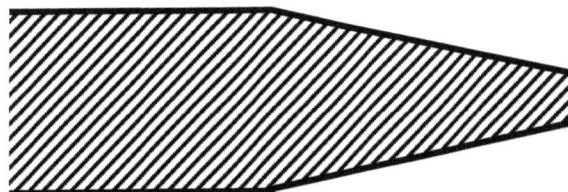

4° - LO MEJOR EN CIERTOS CASOS

Cuando deben unirse secciones finas y gruesas usar curvaturas de unión adecuadas o secciones en pendiente o ambas cosas a la vez.

4° A las formas angulares darles un radio amplio

En el caso de "**V**" o "**Y**" y otras formas angulares, diseñarlas siempre como para permitir un radio generoso evitando localización de calor.

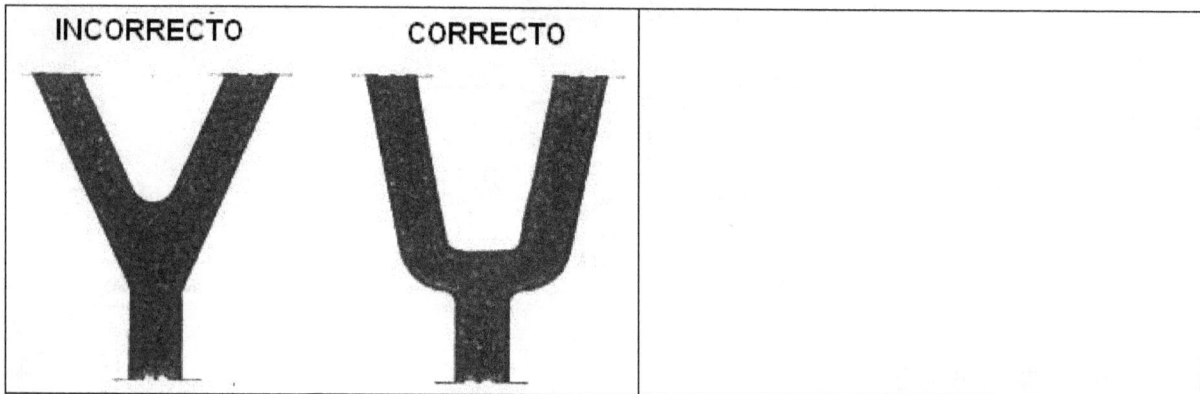

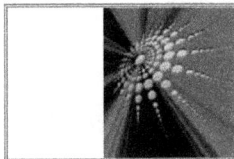

FORMAS BÁSICAS EN LAS INTERSECCIONES DE SECCIONES

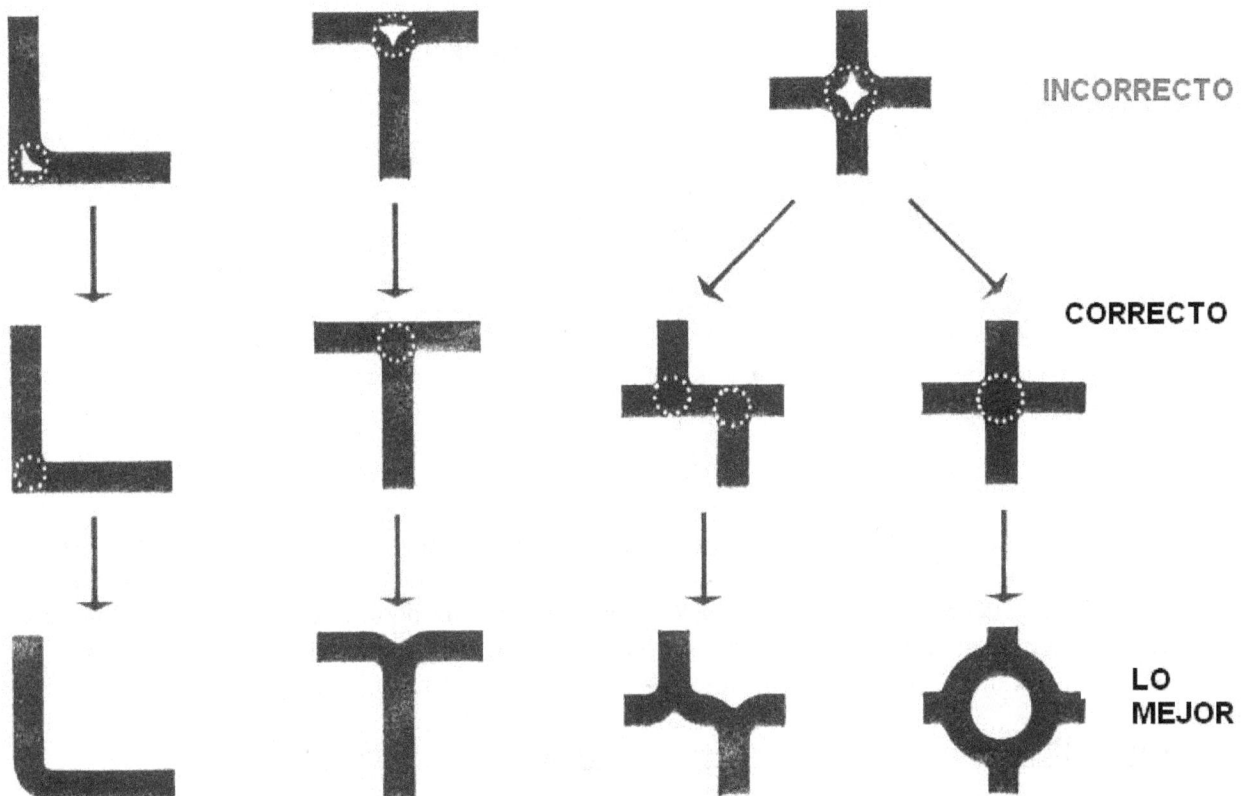

INCORRECTO

CORRECTO

LO MEJOR

La solidificación siempre se produce desde la superficie del molde, formando cristales que penetran en la masa en forma perpendicular al plano de enfriamiento. Cuando se unen dos secciones se produce una debilidad mecánica en la intersección y se interrumpe el enfriamiento libre, originando un **centro caliente**.-

Es por ello que al diseñar unión de secciones, se deben evitar ángulos agudos. Se debe reemplazar todo ángulo por radios, reduciendo así el calor y la concentración de tensiones.

Un buen diseño nos da el menor número de secciones juntas y evita ángulos agudos.-

Continuando con la regla elemental de evitar cambios bruscos de sección, pasaremos a describir la modificación del diseño cuando se requiere unir secciones en ángulo recto, con diferencias mayores de 2:1.

$$X = 0,8 \ A - B$$

Tratándose de dos secciones (A) y (B), unidas en ángulo recto, trazamos sobre (B), la menor, una paralela a una distancia igual al 80 % de la sección (A). Siendo X la diferencia entre el espesor (B) y la cota trazada previamente, la transportamos desde la intersección con (A), 5 veces. Determinamos así el punto C. Si llamamos D a la intersección entre la sección (A) y la paralela trazada a (B), uniendo C con D, obtendremos la graduación necesaria que buscábamos.

CIRCULOS DE HEUVER para determinar las características de alimentación.-

Si trazamos círculos inscriptos en una sección uniforme de espesor D, naturalmente todos ellos tendrán un diámetro igual a D. Considerando cilindros de longitud L, los volúmenes de todos ellos serán iguales. Esto que resulta tan elemental, fue utilizado por Heuver para determinar las características de alimentación en piezas de diferentes secciones. Es fácil comprender que al relacionar diámetros, en realidad estamos comparando volúmenes; podemos así llegar a comparar diferencias volumétricas, que es en realidad lo que nos interesa.

Cuando no resulta posible se tendrá en cuenta qué es lo más importante, o el diseño o el problema de fundición. Para el fundidor no son buenas las curvas con grandes radios, éste no debe exceder la mitad de las secciones que une.

A las formas angulares darles un radio amplio.
En el caso de " V " o " Y " y otras formas angulares, diseñarlas siempre como para permitir un radio generoso evitando localización de calor.

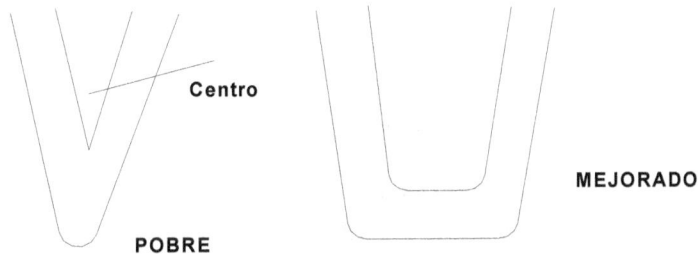

Centro

POBRE

MEJORADO

Heuver determinó una fórmula elemental para poder medir la variación volumétrica en secciones dispares. Si llamamos D y d a los diámetros mayor y menor respectivamente, la relación cuadrática de los mismos por 100 menos 100, nos determina precisamente la variación volumétrica entre ambas secciones.

$$V \% = \frac{D^2}{d^2} \times 100 - 100$$

Siendo D el Ø del círculo inscripto en la sección D y d el Ø del círculo inscripto en la sección d.

Ya habíamos señalado que los radios de curvatura al unir secciones en ángulo recto resultan de importancia, ya que su desproporción nos puede producir mayores defectos en lugar de solucionarlos.

Cuando se trata de unir secciones cuya diferencia no supera la razón 2:1 ó 2,5:1, los radios de interunión aconsejables se determinan según el siguiente gráfico:

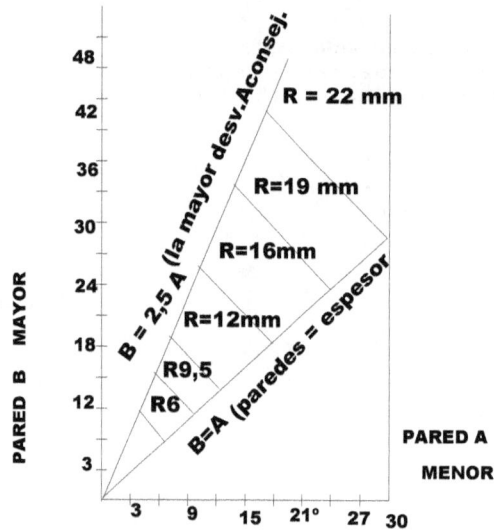

CÁLCULO DEL % DE VARIACIÓN VOLUMÉTRICA.-

Ya disponemos de una fórmula que nos permite determinar con facilidad variaciones volumétricas de volúmenes. Ilustraremos su utilización con un ejemplo sencillo:

Supongamos que queremos determinar la variación entre dos secciones cuyos círculos inscriptos D y d miden 60 mm y 20 mm respectivamente.

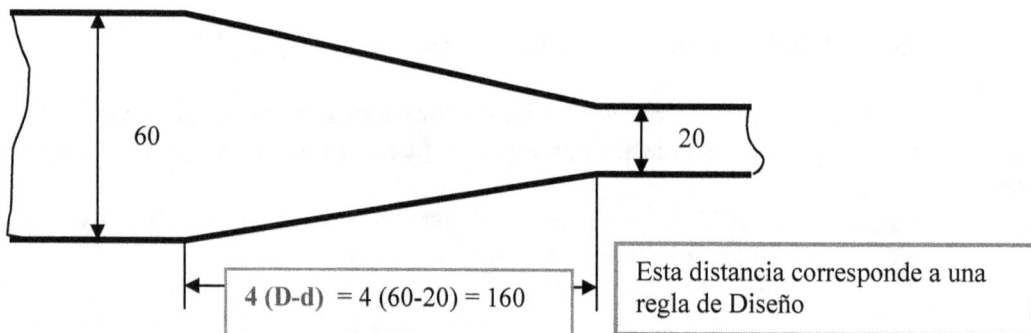

$4 (D-d) = 4 (60-20) = 160$

Esta distancia corresponde a una regla de Diseño

Luego:

$$V \% = \frac{60^2}{20^2} \times 100 - 100 = \frac{3600}{400} \times 100 - 100 = 9 \times 100 - 100 = 800 \%$$

$$\boxed{V \% = 800 \%}$$

En la práctica un buen Diseño no supera el 80 % $\Delta V \% \leq 80 \%$

Como podemos apreciar, la sección D = 60, resulta 800 veces mayor que la d = 20. Vemos así que los valores comparados de los diámetros de nada nos sirve, ya que la relación 60/20 = 3, no tiene ninguna relación con la variación volumétrica de secciones.

Hasta ahora estamos en condiciones de medir variaciones, pero aún nos queda por resolver la graduación que debemos darle para evitar defectos.

Aquí cada fundidor deberá aprovechar su propia experiencia. Tomemos a título de ejemplo, la modificación de diseño, para variación de secciones paralelo con una relación 60/20.

La regla para este caso nos dice que, la graduación para unir ambas secciones tendrá una longitud de 4(60-20) = 160

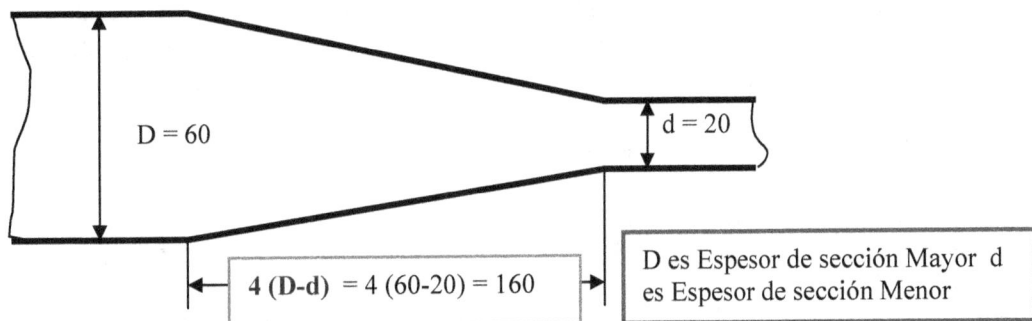

D = 60   d = 20

4 (D-d) = 4 (60-20) = 160

D es Espesor de sección Mayor   d es Espesor de sección Menor

En el ejemplo nos fundamentamos en una regla de diseño convencional, considerando por supuesto que con la modificación propuesta hemos logrado la sanidad de la pieza.

Sin embargo, a los efectos de su aplicación práctica, podemos considerar que se pudo llegar a la solución propuesta mediante sucesivas modificaciones por tanteos, hasta obtener el mismo resultado.

Si una pieza fundida con un cambio brusco de sección 60 / 20 tal como lo señalamos, fue rechazada , ya sea por rechupes visibles externos o mediante ensayos radiográficos, el fundidor debió ir modificando su diseño, " graduando" la intersección y, por rechazos sucesivos (Prueba y Error), pudo llegar a la misma solución propuesta para obtener sanidad de pieza.

Lo importante es ahora aprovechar esta experiencia previa para casos similares y poner en conocimiento del proyectista "el factor de graduación", que llamaremos de seguridad para nuestra fundición.

Así queda resuelto el interrogante de la graduación correcta, claro está que resultará solamente válido para modificaciones de diseño en piezas coladas en las mismas condiciones que las que nos determinó ese factor; o sea, igual material, temperatura de colada, tierra de moldeo, etc. ya que existen una serie de factores que modifican las características de contracción volumétrica del material a utilizar.

Insistimos en que si bien es cierto no podemos generalizar, sin embargo el fundidor podrá utilizar su propio factor para resolver situaciones similares.

Determinación del FACTOR DE GRADUACIÓN en el diseño modificado.-

Habíamos determinado en nuestro diseño original, que la variación volumétrica porcentual era igual a 800 %.

Si queremos ahora determinar esta variación en el diseño modificado, nos encontramos con que según la distancia que tomemos para determinar los círculos inscriptos, el valor que arroje la fórmula de variación será distinto y no podrá usarse por supuesto como "factor" de referencia.

En la búsqueda para hallar este factor de variación, hemos encontrado que su valor será siempre constante siempre que la distancia entre los centros de los círculos inscriptos a comparar la tomemos igual a (D) ó (d) ; recordemos que D era igual al diámetro del círculo mayor y d al diámetro del menor.

Volviendo a nuestro ejemplo modificado, hallaremos el factor tomando distancias iguales a "d" .
Tomamos d_1 20 mm. a una distancia hacia la izquierda igual a 20 mm resulta D_1 25 mm.
Luego:

$$V \% = \frac{25^2}{20^2} \times 100 - 100 = 56,25 \%$$

Repitiendo la misma operación pero tomando d_2 25 mm a una distancia igual a 25 mm hacia la izquierda, resulta $D_2 = 31,25$ mm
Repitiendo la misma operación pero tomando esta vez d_2 25 mm a una distancia igual a 25 mm hacia la izquierda, resulta $D_2 = 31,25$ mm.
Luego:

$$V \% = \frac{31,25^2}{25^2} \times 100 - 100 = 56,25 \%$$

En consecuencia nuestro proyectista podrá tomar para sus diseños este factor de seguridad en el gradualismo de secciones de **56, 25 %** ; naturalmente siempre que tenga presente que los círculos inscriptos a comparar se tomen a distancias iguales al diámetro del círculo menor.

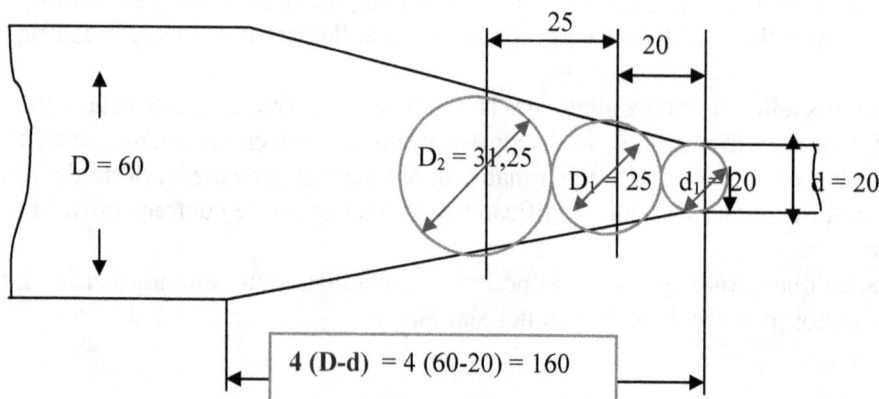

CÁLCULO del % de VARIACIÓN VOLUMÉTRICA

SITUACIÓN INICIAL

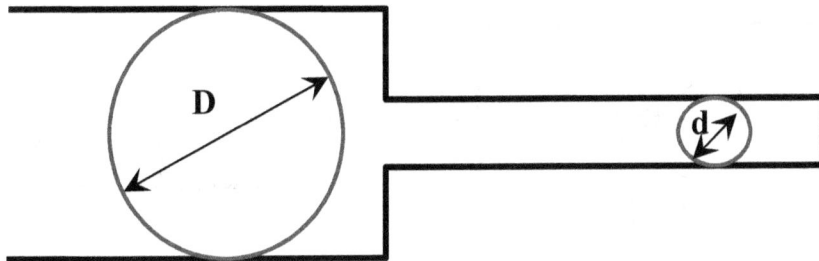

La regla del buen diseño nos dice que:

"debemos llevar 4 veces la diferencia del espesor mayor menos el espesor menor"

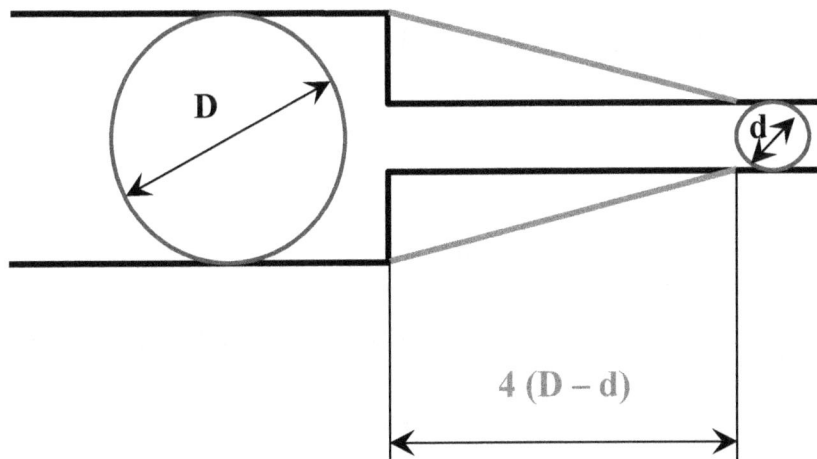

Ejemplo N° 1:

1°)   Cálculo de la variación volumétrica

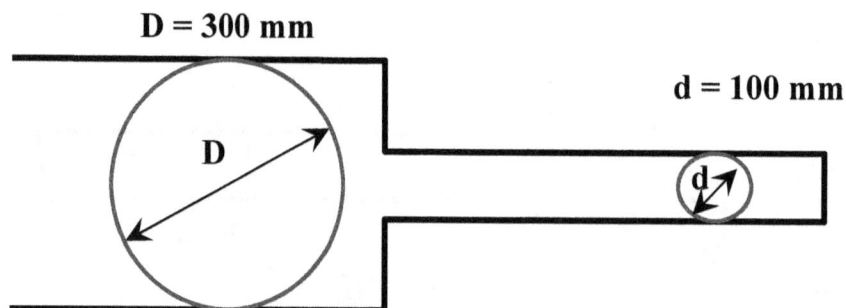

D = 300 mm

d = 100 mm

Variación volumétrica $\Longrightarrow$

$$\Delta V = \frac{D^2}{d^2} \, 100 - 100$$

$$\%\Delta V = \frac{300^2}{100^2} \times 100 - 100 = \boxed{800 \%}$$

Para poder comparar una **%ΔV** dentro de un gradualismo:

Debemos comparar círculos inscriptos siempre a distancias iguales a los diámetros de los círculos que antecede....
siempre desde el diámetro mayor al diámetro menor.
(puede ser el sentido inverso)

Por ejemplo:

si ya calcule el gradualismo y quiero calcular la $\%\Delta V$ de la nueva pieza diseñada

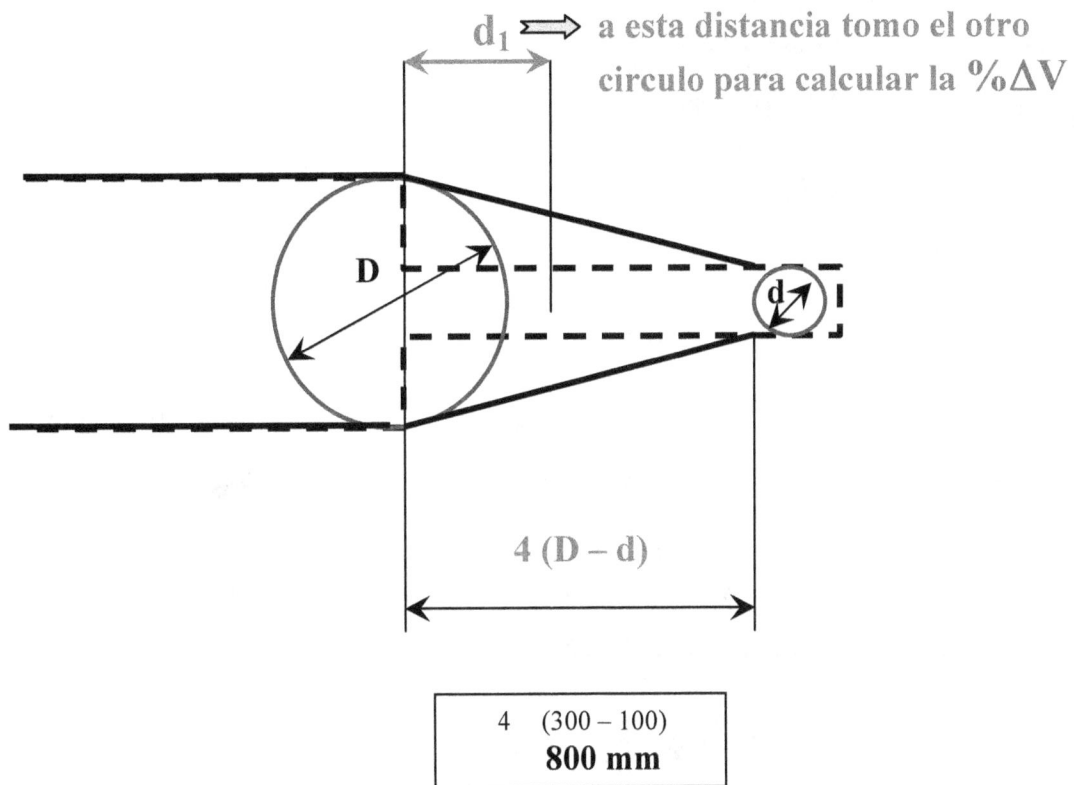

$d_1 \Longrightarrow$ a esta distancia tomo el otro circulo para calcular la $\%\Delta V$

$4(D-d)$

$$4 \quad (300-100)$$
$$\textbf{800 mm}$$

Ejemplo N° 2 :

De lo anterior quiero calcular en el nuevo diseño:

1) **El gradualismo**

2) **$\%\Delta V$ del nuevo diseño**

DATOS:

D = 300 mm
d = 100 mm
d_1 = X

$$4 \,(D - d) \;= 800 \text{ mm}$$

1°) Cálculo de b

$$b = 4(D - d) = 4(300 - 100) = 800 \text{ mm}$$

$b = 800$ mm

2°) Cálculo de d_1 (circunferencia en el nuevo diseño)
(Por comparación de rectángulos)

$\dfrac{a}{a_1} = \dfrac{b}{b_1}$ por lo tanto $a_1 = \dfrac{a \cdot b_1}{b}$

ACLARACIÓN

$a = \dfrac{D - d_1}{2} = \dfrac{300 - 100}{2} = 100$ $a = 100$

$a = 100$

a_1

$b_1 = 500$

$b = 800$

$b_1 = b - b_2$ (b_2 Distancia del nuevo círculo)

$b_1 = 800 - 300 = 500$ $b_1 = 500$

$\dfrac{a}{a_1} = \dfrac{b}{b_1}$

$a_1 = \dfrac{a \cdot b_1}{b} = \dfrac{100 \cdot 500}{800} = 62,5$ $a_1 = 62,5$

$d_1 = d + 2 \cdot a_1 = 100 + 2 \cdot 62,5 = 225$ ⟹ $d_1 = \mathbf{225}$ mm

3°) Cálculo de la $\%\Delta V$ del nuevo diseño

$$\Delta V = \dfrac{D^2}{d_1^2} 100 - 100$$

$\%\Delta V = \dfrac{300^2}{2,25^2} \times 100 - 100 = 78\%$ ⟹ $\%\Delta V = \mathbf{78\%}$

Esta dentro del gradualismo porque tomamos para comparar el próximo círculo a una distancia igual al diámetro D = 300 mm. Puesto que cualquier círculo que tomemos a una distancia igual al diámetro del circulo que antecede el cálculo del $\%\Delta V$ será siempre el mismo en nuestro ejemplo = 78 %.

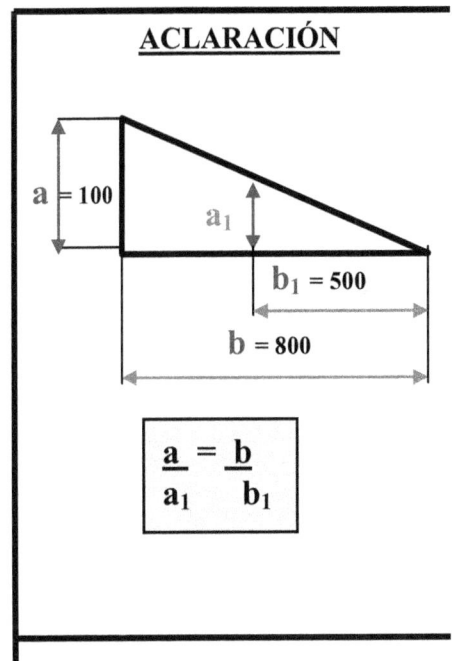

CAMBIOS BRUSCOS DE SECCIÓN

REGLAS DEL BUEN DISEÑO

Dice que debemos llevar 4 veces la diferencia del espesor mayor (D) menos el espesor menor (d). $4(D-d)$

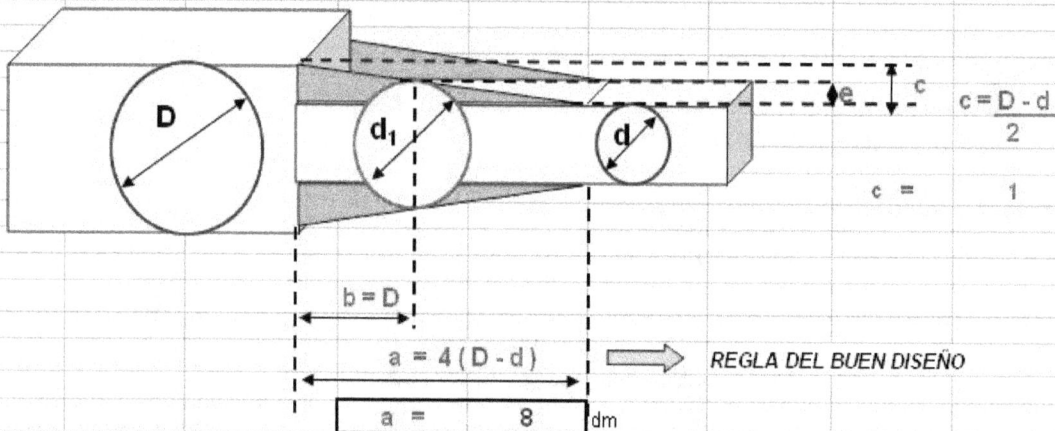

$$c = \frac{D-d}{2}$$

$$c = 1$$

$$b = D$$

$$a = 4(D-d) \quad \Longrightarrow \quad \text{REGLA DEL BUEN DISEÑO}$$

$$a = 8 \text{ dm}$$

DATOS		INCOGNITA	
$D = b$	3,00 dm		
$d =$	1,00 dm		
		$d_1 =$	?

1.- Cálculo de la Variación de Volumen

$$\text{Variación } V = \frac{D^2}{d^2} \times 100 - 100 = \boxed{800 \%}$$

2.- Cálculo de e

$$\frac{a}{b} = \frac{c}{e} \quad \Longrightarrow \quad \frac{8 \text{ dm}}{3 \text{ dm}} = \frac{1}{e} \quad \Longrightarrow$$

$$e = 0,375$$

3.- Cálculo de d_1

$$d_1 = D - 2 \times e \qquad = \quad 2,25$$

$$d_1 = 2,25$$

4.- Cálculo de la Variación de volumen en el nuevo diseño con el gradualismo

$$\text{Variación } V = \frac{D^2}{d_1^2} \times 100 - 100 = \boxed{78 \%}$$

Observaciones = Verificando tomando el nuevo circulo inscripto que le sigue a d_1 que es d_2 ($d_1 > d_2$)

VERIFICACIÓN

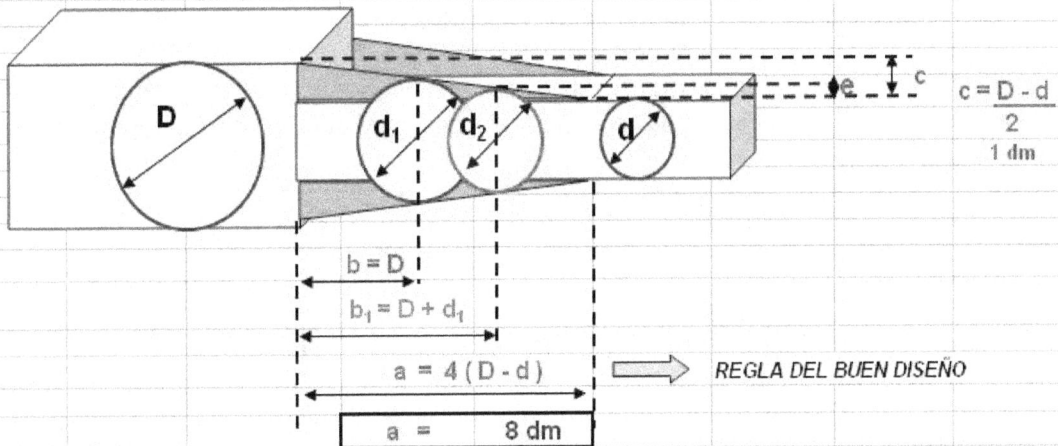

$b = D$

$b_1 = D + d_1$

$a = 4 (D - d)$ ⟹   REGLA DEL BUEN DISEÑO

$a = 8\ dm$

$c = \dfrac{D - d}{2}$

1 dm

DATOS		INCOGNITA	
d_1 =	2,25 dm		
b_1 =	$D + d_1$ = 5,25 dm	d_2 =	?

1.- Cálculo de e

$$\frac{a}{b} = \frac{c}{e} \quad \Longrightarrow \quad \frac{8\ dm}{5\ dm} \quad \frac{1}{e} \quad \Longrightarrow$$

$e = 0,66\ dm$

2.- Cálculo de d_2

$d_2 = D - 2 \times e$ $' =$ 0

$d_2 = 1,69\ dm$

3.- Cálculo de la Variación de volumen en el nuevo diseño con el gradualismo con d_2 **y** d_1

Variación $V = \dfrac{d_1^{\,2}}{d_2^{\,2}} \times 100 - 100 =$ **78 %**

	DISEÑO y SISTEMAS de ALIMENTACIÓN	Ing. Alberto Rodolfo Valsesia
		Ing. Luis Alberto Aguirre

DISEÑO DE COSTILLAS DE REFUERZO.

Las costillas tienen dos funciones principales:
(1) Incrementar rigidez
(2) Disminuir peso.

Naturalmente que deben cumplir ciertos requisitos para que resulten realmente eficaces; mal diseñadas podrían en realidad resultar perjudiciales.

Así, si son poco profundas o muy espaciadas resultan ineficaces. **Una regla fundamental** a tener presente, es que el espesor de las costillas debe ser igual al 60 - 80 % del espesor de la pieza que se desea reforzar.

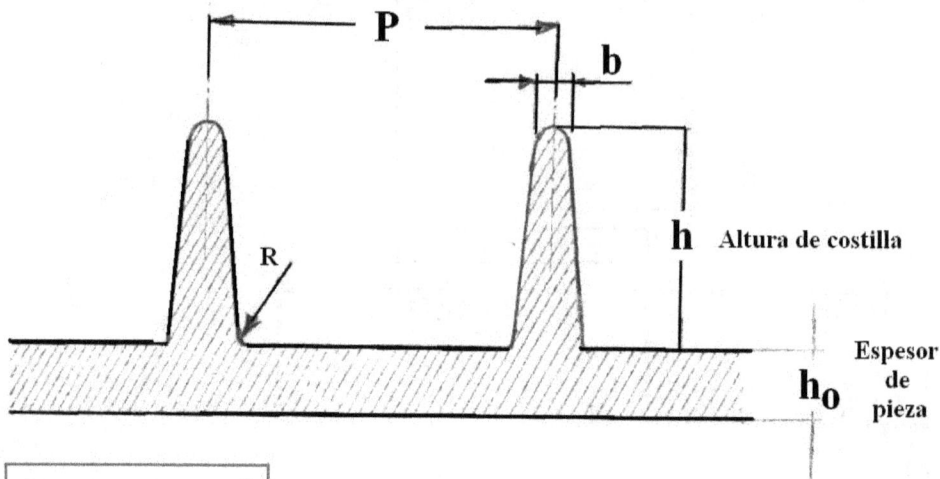

$$P_{máx} = 2b \, (h / h_0)^2$$

$$b <= 0,8 \, h_0$$

$$h / h_0 <= 5$$

$$h <= 5 \, h_0$$

$$b = (0,6 / 0,8) \, h_0$$

$$R = \frac{2b + h_0}{2}$$

En su diseño se prefiere que tengan mayor profundidad que espesor. Las costillas sometidas a compresión en general ofrecen mayor seguridad que las sometidas a tracción. Se debe evitar el cruce de costillas o colocar costillas de ambos lados de la pieza.

Se deberá además evitar el encuentro de costillas en ángulos agudos, originan dificultades de moldeo, incrementa costos y agrava los defectos de las piezas.

Se aconseja dar a la costilla un espesor igual al 80 % del espesor de la pieza, y además redondeada en sus bordes. Se evitarán costillas finas unidas a secciones gruesas, ello origina tensiones y fisuras. Siempre de una sola cara

Ejemplos para evitar el encuentro de costillas en ángulos agudos

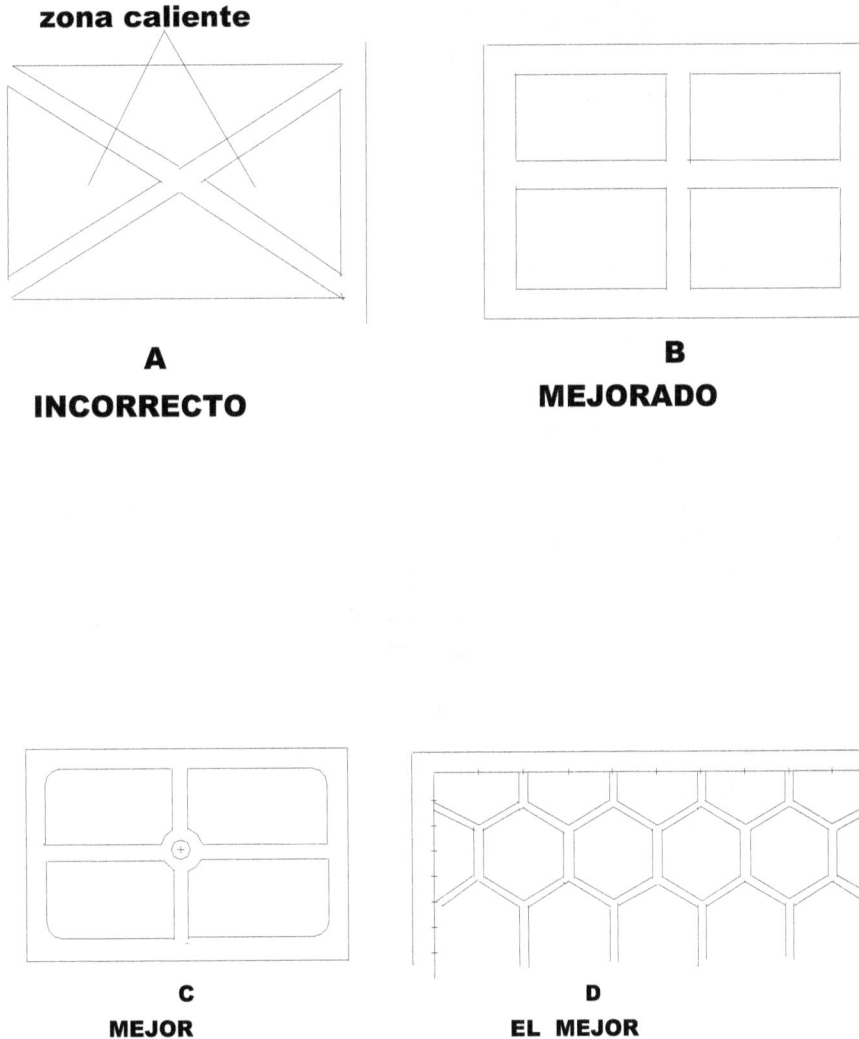

zona caliente

A
INCORRECTO

B
MEJORADO

C
MEJOR

D
EL MEJOR

En **A** se observa un diseño incorrecto y el efecto de zonas calientes. En **B**, el cruce es una pequeña mejora. Evita ángulos agudos pero no se aconseja pues se encuentran cuatro secciones. En **C** solo se encuentran dos secciones. Si embargo el diseño **D** resulta el mejor. Aquí el efecto de panal origina un enfriamiento más uniforme. Ello asegura aumento de resistencia con el menor riesgo de distorsiones o debilidades estructurales.

Complemento al diseño de costillas.-

Si bien hemos señalado algunas condiciones referentes al espesor de las costillas, no destacamos sin embargo la importancia de la altura de costilla y la distancia a la cual se aconseja colocarlas (paso de costilla). En estudios realizados considerando la variación de la resistencia mecánica en las piezas reforzadas con costillas, se ha llegado a las siguientes consideraciones:

Si llamamos:

b al ancho de costilla ;

h su altura ;

t $_0$ al paso de costilla ;

h $_0$ espesor de la pieza a reforzar ; el paso máximo admisible de los nervios es :

$$t = 2\, b \left\{ \frac{h}{h_0} \right\}^2$$

Sobre la base de esta fórmula se trazó un gráfico que permite hallar los valores límites de **(t)** en función de los parámetros del nervio o costilla.

Resulta oportuno aclarar que las costillas de refuerzo nada tienen que ver con costillas enfriadoras.- En el gráfico notamos que a medida que la altura relativa del nervio (**h** / **h $_0$**) se hace mayor, la distancia entre costillas (paso) también aumenta, disminuyendo en consecuencia el número de ellas.

Sin embargo, la altura de los nervios se halla limitada en fundición por razones tecnológicas. En la práctica rara vez la relación h / h $_0$ sobrepasa el valor **5**.

Con estas consideraciones previas y el gráfico adjunto, estamos en condiciones de diseñar nervios de refuerzo sin ninguna dificultad.

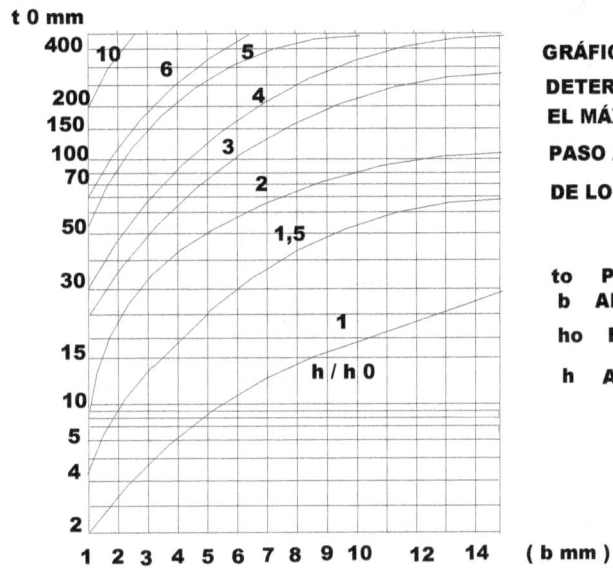

GRÁFICO PARA
DETERMINAR
EL MÁXIMO
PASO ADMISIBLE
DE LOS NERVIOS

to   PASO
b   ANCHO COST.
ho   ESPESOR PZ.
h   ALT. COST.

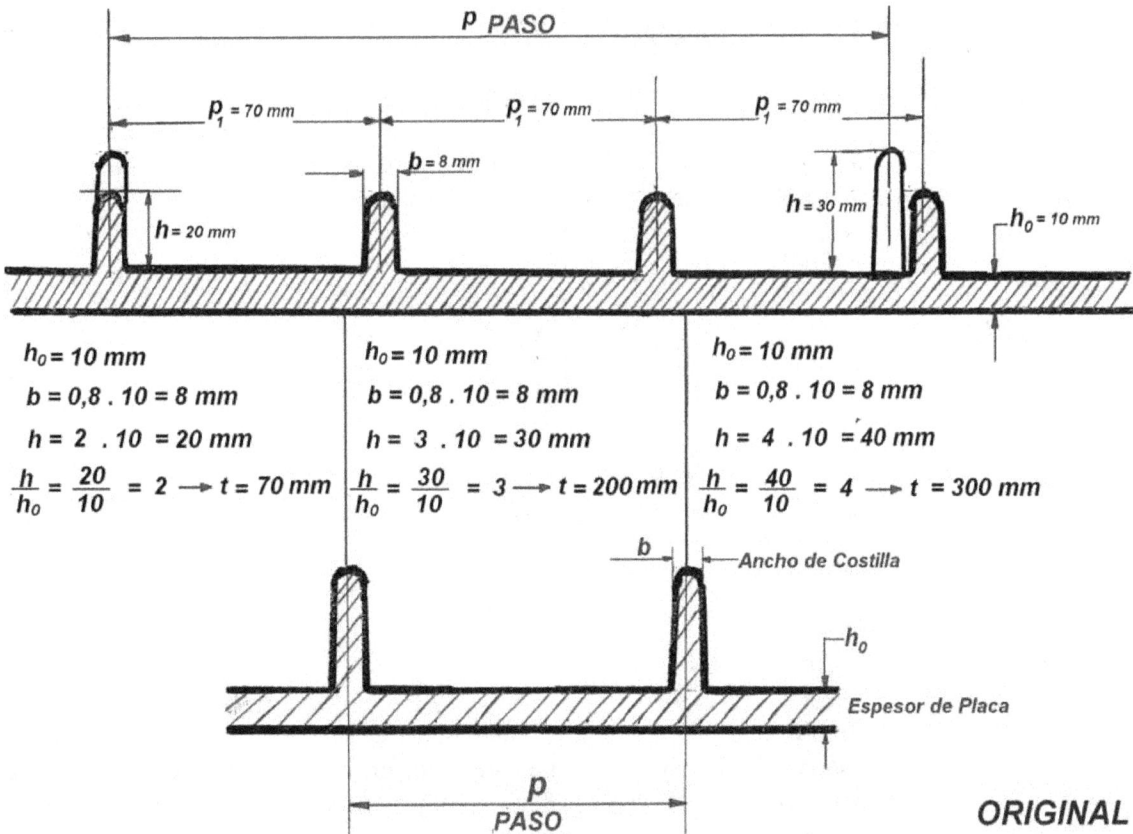

$h_0 = 10 \ mm$
$b = 0,8 . 10 = 8 \ mm$
$h = 2 . 10 = 20 \ mm$
$\dfrac{h}{h_0} = \dfrac{20}{10} = 2 \longrightarrow t = 70 \ mm$

$h_0 = 10 \ mm$
$b = 0,8 . 10 = 8 \ mm$
$h = 3 . 10 = 30 \ mm$
$\dfrac{h}{h_0} = \dfrac{30}{10} = 3 \longrightarrow t = 200 \ mm$

$h_0 = 10 \ mm$
$b = 0,8 . 10 = 8 \ mm$
$h = 4 . 10 = 40 \ mm$
$\dfrac{h}{h_0} = \dfrac{40}{10} = 4 \longrightarrow t = 300 \ mm$

Ancho de Costilla

Espesor de Placa

ORIGINAL

39

Tensiones en piezas fundidas.-

Nuevamente el diseño juega un papel importante ante este fenómeno, frecuente en piezas con secciones diferentes con velocidades de enfriamiento variables.

Las "tensiones" internas que se originan producen grietas, distorsiones y debilidades estructurales. Todas las piezas, excepto las muy sencillas, desarrollan tensiones residuales.

Pueden ser de tal magnitud como para causar distorsiones en el maquinado o sobrepasar la resistencia del material.

En este último caso, la pieza se fractura ya en el molde o bien en servicio.

Sabemos que las secciones delgadas solidifican antes que las gruesas y en consecuencia contraen antes. Ello puede resultar de gravedad cuando molde y noyo son demasiado rígidos. Si no se tienen en cuenta en el Diseño, resultarán grietas, deformaciones, etc.

Engranajes / Poleas.-

Un engranaje, una polea común, resulta un ejemplo excelente donde las secciones y dimensiones en la intersección, no siempre se consideran con cuidado durante el Diseño.

Existen distintas posibilidades: la llanta puede ser pesada y la masa liviana, o la masa pesada y la llanta liviana. Los rayos se pueden aproximar en espesor a la llanta o la masa, o pueden ser mucho más finos (lo que es habitual) que ambas.

La llanta y masa pueden ser proporcionadas, pero los rayos muy finos, lo que originará tensiones internas excesivas y fisuras.

Al encontrar las diferencias señaladas, el Fundidor puede tratar cada parte de la pieza como elementos independientes, o sea, llanta, masa y rayos para obtener sanidad.

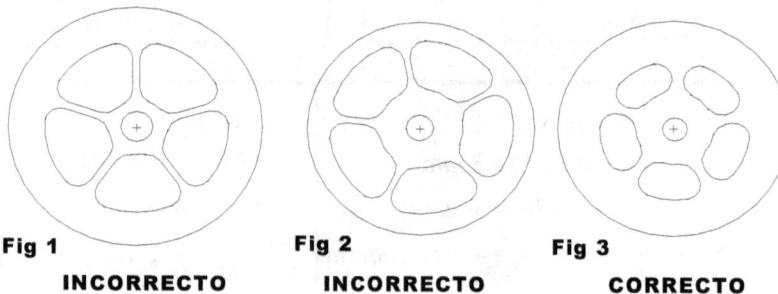

Fig 1 — INCORRECTO   Fig 2 — INCORRECTO   Fig 3 — CORRECTO

En la fig. 1 se puede observar una llanta anormalmente gruesa, y una masa fina unida por rayos finos. Resulta así riesgosa al fundir y limitada en servicio. En la fig. 2 se observa una llanta fina y masa gruesa unida por rayos finos. En la fig. 3 se mejora el diseño con llanta, masa y rayos en proporción; evitando encuentros agudos en las intersecciones, ello representa un buen Diseño y reduce tensiones a un mínimo.

En las poleas con rayos todavía pueden presentarse otros fenómenos que tienden a afectar su sanidad. Resulta frecuente encontrarnos con poleas cuyos rayos se diseñaron simétricos, en consecuencia se enfrentan de a pares a través de la masa. Como resulta natural, los rayos solidificarán primero, sometidos a los fenómenos de contracción, que por el hecho de enfrentarse, dicho fenómeno se ve así duplicado y en consecuencia pueden presentarse fisuras en la intersección con la llanta y masa, ya que éstas solidificarán después que los rayos. En diseño puede mejorarse con rayos simétricos (que no se enfrenten), y además rayos curvos, que en cierta medida tienden a "estirarse" ligeramente. Podría también aconsejarse un tratamiento de liberación de tensiones, cuando se requiere ausencia total de las mismas.

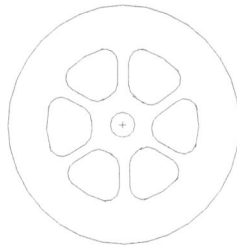
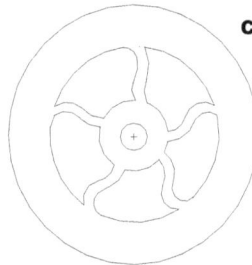

Nº IMPAR Y CURVOS

INCORRECTO   CORRECTO

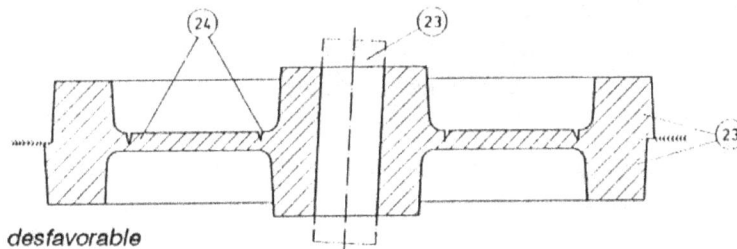

desfavorable

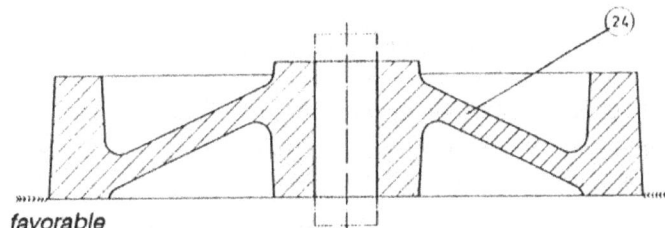

favorable

RESUMEN DE NORMAS Y FACTORES A TENER EN CUENTA EN EL DISEÑO DE PIEZAS EN FUNDICIÓN.-

1.- El Proyectista deberá previamente consultar al fundidor y modelista- explicar la resistencia solicitada, función de la pieza en servicio y ubicación en el conjunto.

2.- Si se trata de una pieza compleja, es preferible investigar la posibilidad de hacer partes en secciones sueltas, que luego puedan unirse, antes que hacer una pieza demasiado complicada. En particular cuando se diseñan grandes salientes desde el cuerpo principal de la pieza.

3.- Diseñar secciones que no sean mayores que las necesarias para una determinada resistencia y funcionamiento, pero lo suficientemente gruesa como para permitir un buen llenado del molde. Evitar ángulos vivos.

4.- Diseñar secciones lo más uniformes posible. Evitar cambios bruscos de sección. **La transición debe ser gradual al pasar de las secciones gruesas a las finas**.

5.- Diseñar de modo que todas las secciones aumenten progresivamente de espesor hacia una zona donde puedan colocarse mazarotas.

6.- Tratar que se encuentren el menor número de secciones:
- 3 secciones es tender a dificultades
- 4 secciones es Malo.

7.- Al diseñar unión de secciones reemplazar esquinas con curvas y evitar concentraciones de calor y tensiones.

8.- Evitar multiplicidad de noyos. El espesor de las paredes debe ser 70 a 90 % del de las paredes externas, dependiendo de la complejidad de los mismos.

9.- Evitar cruces de costillas, considerar su desplazamiento o en caso de grandes piezas usar un noyo simple en la intersección para igualar la sección transversal de la unión.

10.- Utilizar costillas solo donde se requiere incrementar resistencia o reducir peso o evitar alabeos.

11.- En el caso de diseños complejos, realizar dibujos tridimensionales o modelos antes del modelo final.

Diseño y reducción de tensiones y distorsiones.-

1.- Evitar / cambios bruscos capaces de producir un cambio en la dirección de contracción.

2.- Evitar multiplicidad de noyos. Se expande con el calor y pueden ofrecer resistencia a la libre contracción, con producción de grietas fisuras.

3.- Evitar secciones muy desuniformes, en particular aquellas que se cruzan provocando diferentes velocidades de enfriamiento.

4.- Cuando las tensiones internas deben ser mínimas o la estabilidad dimensional máxima, realizar un tratamiento de liberación de tensiones.

DISEÑO DE PIEZAS DE FUNDICIÓN

W.Steilhilper – W.Röper, Maschinen und Konstruktionelemente

Para diseñar una pieza en concordancia a su proceso de obtención por fundición, deben considerarse dos temas: por un lado el molde de fundición (su construcción, método de fundición, noyos), por el otro, su realización (solidificación y enfriado del material fundido en el molde).

Para que el modelo sea fácilmente realizable, la pieza a fundir deberá tener una conformación geométrica simple. El modelo de fundición necesario para la obtención de la pieza fundida deberá ser moldeado –en lo posible- en una caja de dos mitades (línea de división). Se facilitará la extracción del modelo previendo paredes oblicuas (salida de extracción) y evitado las entradas del moldeo en la dirección de la extracción.

Si bien las entradas de moldeo son básicamente posibles, encarecen y complican el modelo. Los huecos y concavidades se diseñarán tratando de evitar la necesidad de noyos, o al menos, utilizando noyos de formas fácilmente realizables. Los noyos deben poseer rigidez propia, ser resistentes y poseer una buena base de apoyo y/o apoyos laterales y ser montables en el modelado de fundición sin apoyos especiales de sostén. Se observará que la pieza a fundir tenga en todas partes espesores de pared aproximadamente iguales, para evitar la acumulación de material de colada con su consecuente formación de rechupes en la solidificación. La transición entre paredes de espesores desiguales deberá ser progresiva, en forma de planos inclinados (p.ej. 1:5) o bien utilizando en su diseño el artificio gráfico de los círculos de Heuver (de disminución uniforme de sección) para proveer a la continuidad de flujo de la colada. Los círculos inscriptos deberán aumentar constantemente y uniformemente hacia la entrada de la colada. Este ensanchamiento gradual facilitará un solidificación de la colada, dirigida desde los lugares de pequeña a los de gran sección. El material fundido podrá refluir así, constantemente, desde la colada y evitar la formación de rechupe o huecos.

La fig. 1 muestra en dos ejemplos constructivos un diseño favorable (lado derecho) y otro desfavorable (lado izquierdo).

círculos de Heuver

rechupes

Con la misma forma y
técnica de fundición
aquí se presenta
peligro de rechupe

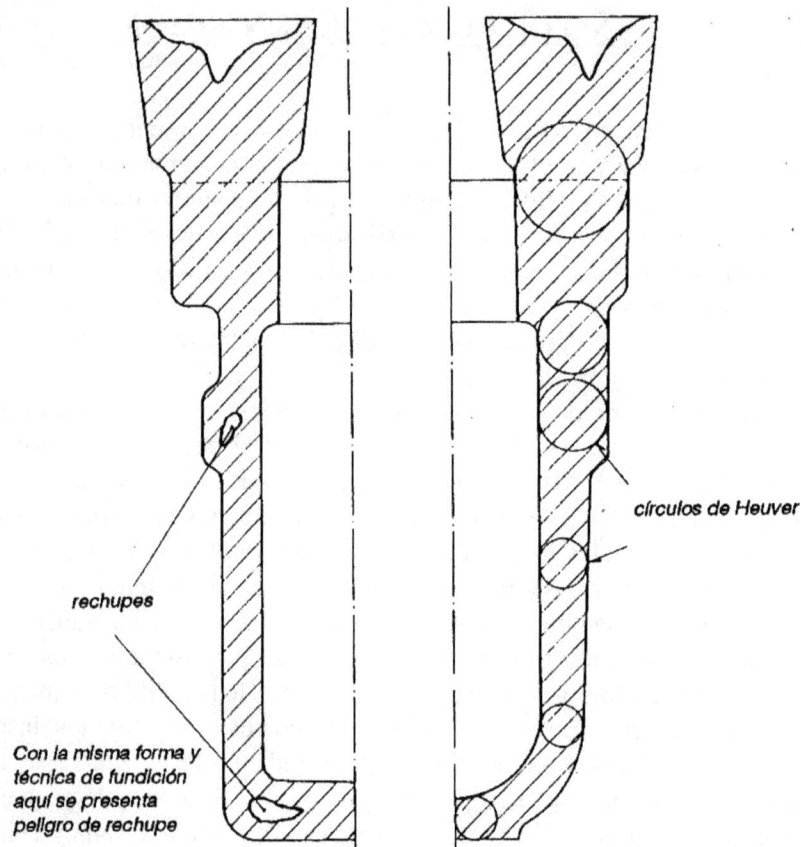

Diseño desfavorable y favorable de la sección de una pieza de fundición
(Método de los círculos de Heuver)
Figura 1

Los rechupes deberán generarse exclusivamente en los conos de colada o mazarotas, que finalmente puedan ser separadas de la pieza terminada. El encuentro de secciones dispares, con variación brusca de sección, no solamente lleva el peligro intrínseco del rechupe, sino también – debido a la dispar solidificación de la colada- la posibilidad de generar tensiones que producirán una deformación de la pieza fundida o bien –en casos extremos- la formación de fisuras, grietas o fracturas. A menudo estas tensiones recién afloran en el mecanizado (viruteado) de la pieza fundida. Mas allá, deberá observarse que la parte de la pieza que en su fundición estaba hacia arriba, tendrá una estructura menos compacta, por la formación de poros (desgasificación), que la parte inferior de la fundición.

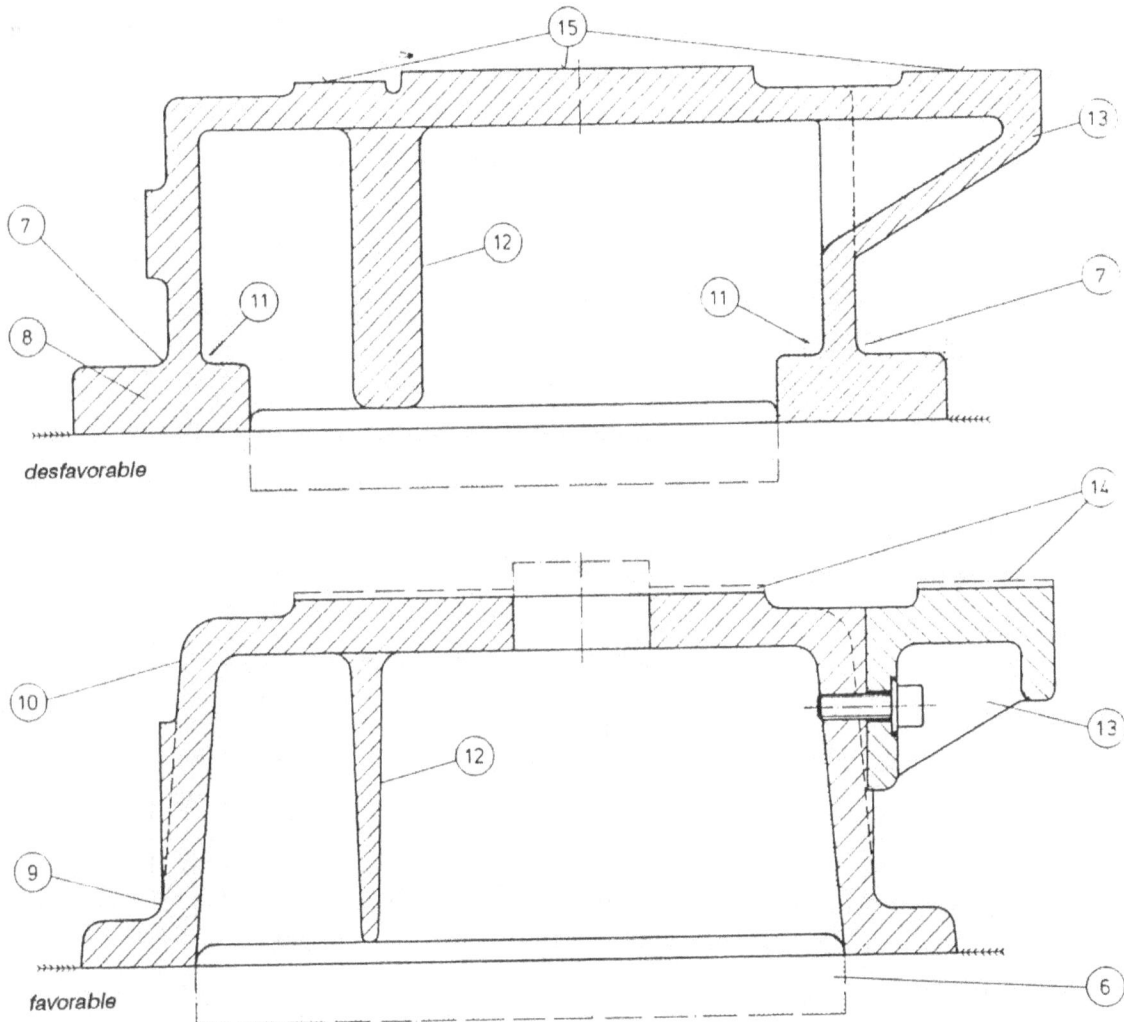

Recomendaciones para diseño de piezas de fundición
Figura 2.1.

Para el diseño constructivo de piezas de fundición pueden resumirse las directivas según los números de referencia de la figura 2:

1. realización de líneas de contorno simples;
2. realización de superficies de fácil construcción;
3. tender a la obtención de modelos no divididos;
4. tender a la obtención de altura de moldeo reducida;
5. minimizar las superficies de división;
6. utilizar noyos simples y de apoyo seguro;
7. evitar noyos externos;

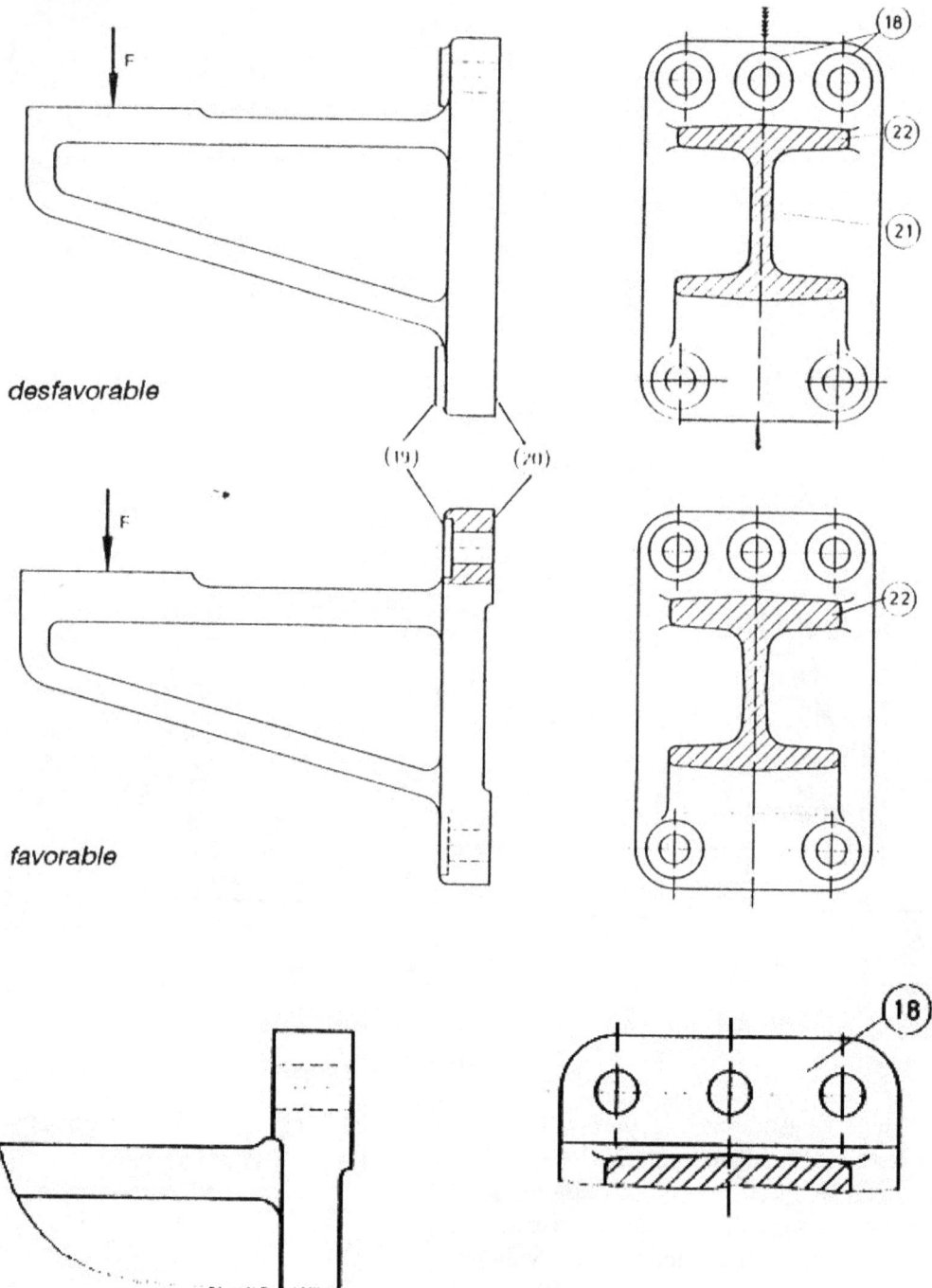

desfavorable

favorable

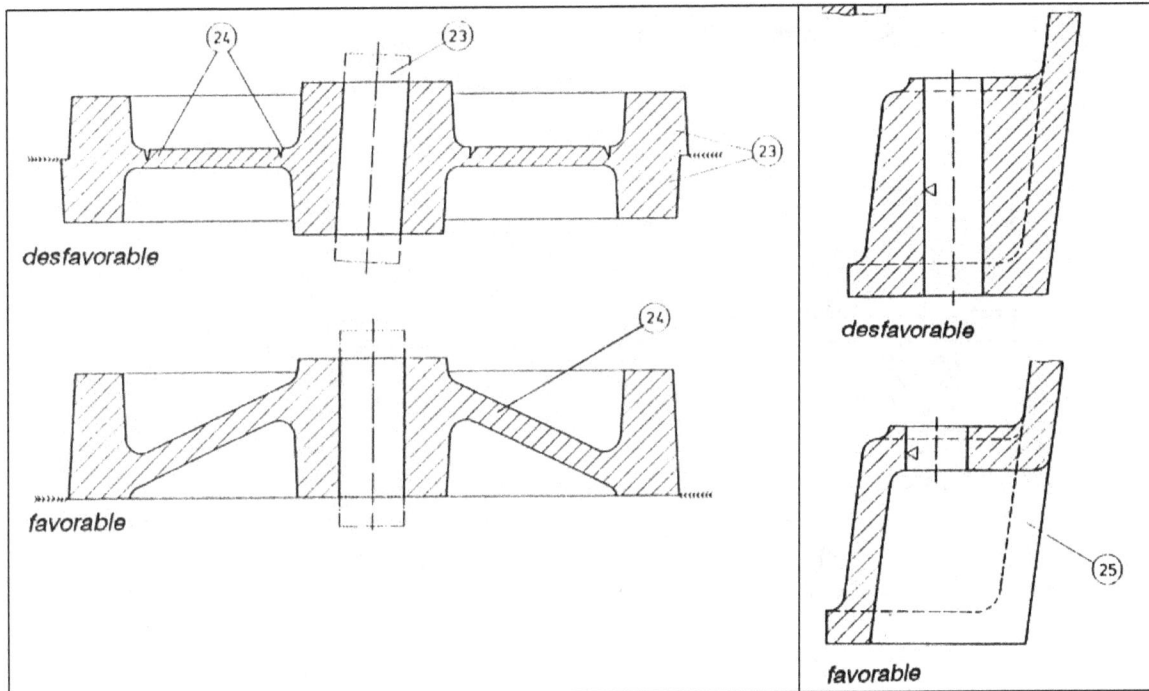

Recomendaciones para piezas de fundición
Figura 2.2.

8. evitar las acumulaciones de material y las transiciones de secciones bruscas;
9. realización de redondeos grandes;
10. realización de inclinaciones de extracción de 1:20 hasta 1:50;
11. evitar entradas de fundición;
12. realizar nervios de refuerzo, que sean mas finos que la pared;
13. fundición separada de partes de piezas complicadas y su aplicación por espinado y abulonado;
14. prevención de creces de mecanizado (sobrematerial de mecanizado)
15. realización de superficies a mecanizar en un plano;

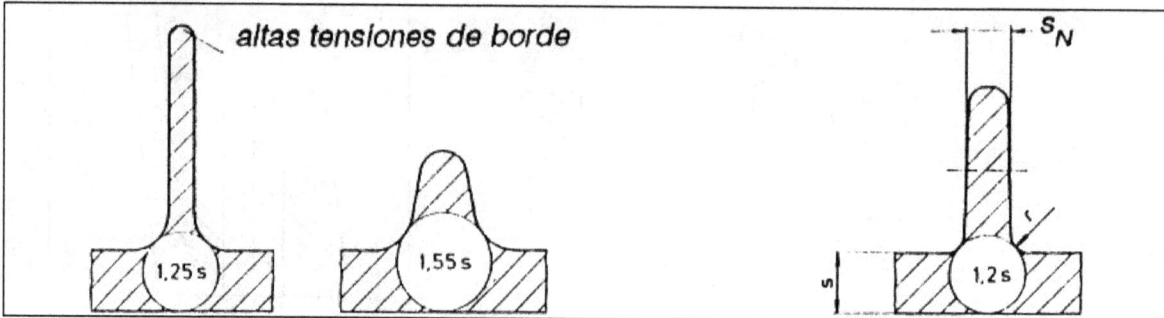

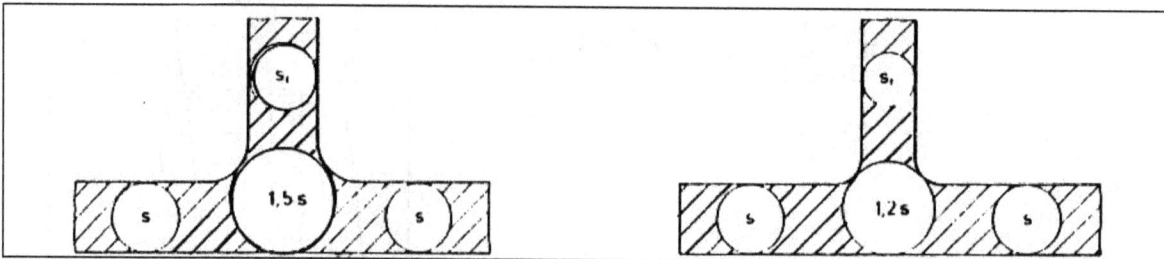

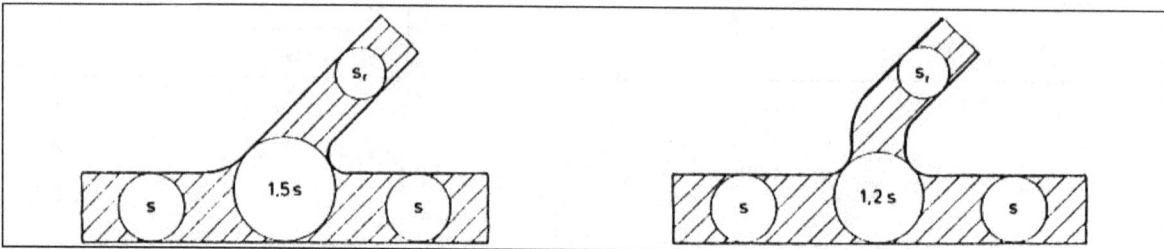

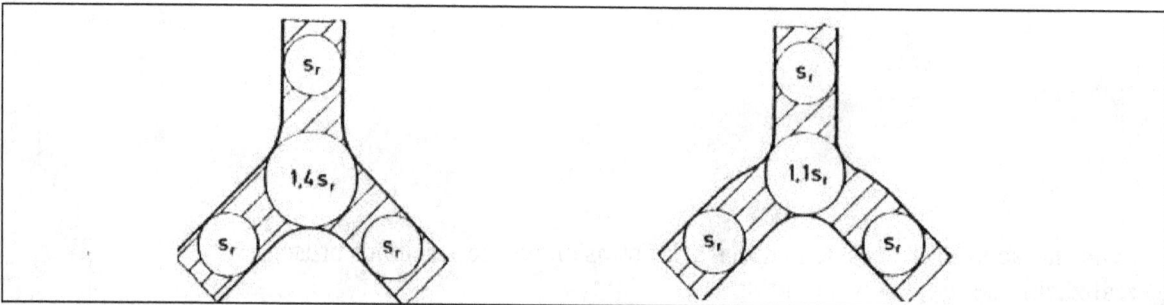

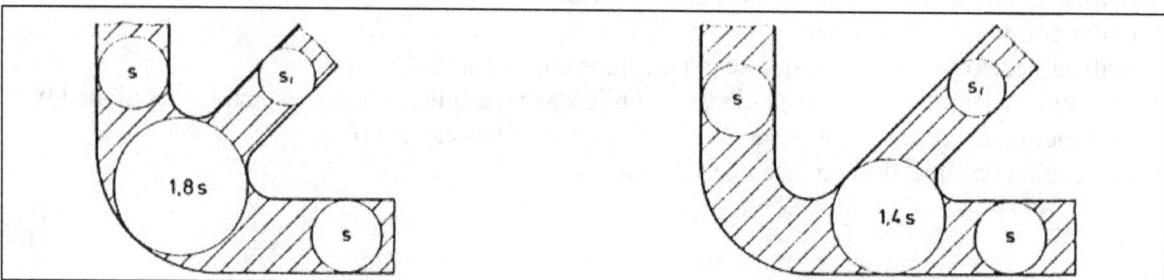

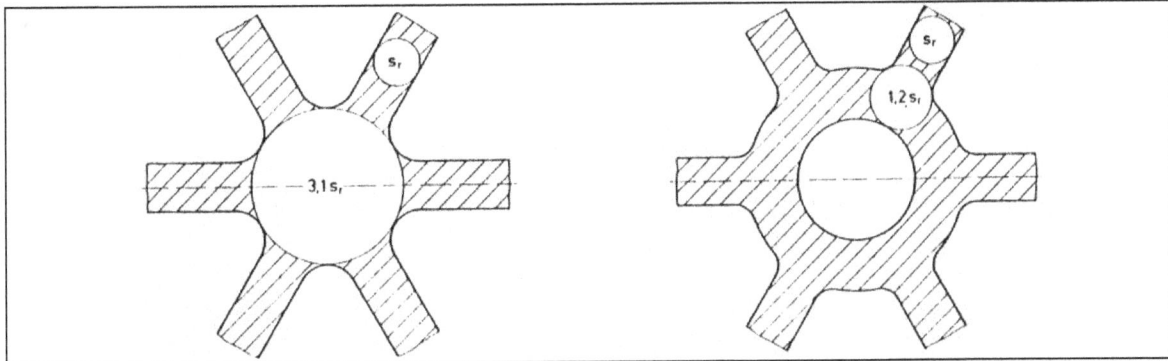

Diseño de nervaduras, empalme de nervaduras y ramificaciones en piezas de fundición con espesores de paredes aproximadamente iguales.

Figura 3

16. ubicación de superficies a mecanizar en planos paralelos o bien perpendiculares entre sí;
17. dimensionado suficientemente grande de superficies a mecanizar;
18. unificación de superficies a mecanizar muy contiguas;
19. evitar tetones (protuberancias para mecanizado de agujeros), sustituyéndolos por avellanados;
20. subdivisión de grandes superficies de apoyo por pequeños listones de apoyo singulares para reducción del mecanizado;
21. realización de almas suficientemente anchas para la generación de amplias secciones de pasaje del flujo de colada;
22. refuerzo de las zonas de borde, solicitadas por tensiones de tracción en piezas sometidas a la flexión (en fundición de hierro: resistencia a tracción, resistencia a presión);
23. observación de las discrepancias dimensionales admisibles en la fundición (tabla 1), como asimismo el decalaje de noyos y fundición;
24. realización de superficies inclinadas o almas para mejor aireación del modelo en su llenado con colada y para un mejor equilibrio de tensiones en la solidificación de la colada, a fin de obtener superficies de fundición lisas y de evitar las fisuras por tensione;
25. evitar inútil trabajo de mecanizado mediante la utilización de noyos en lugares que deberán ser mecanizados (por ejemplo: grandes taladros, agujeros, etc.).

Para evitar la acumulación de material y concentración de tensiones de fundición, en el diseño de nervios y empalme de los mismos, se observarán las siguientes relaciones de espesor de nervio s_N con respecto al espesor de pared s y la relación de radio de redondeo r con respecto al espesor de pared s:

$$\frac{s_N}{s} = 0,6 \text{ a } 0,8 \qquad\qquad \frac{r}{s} = 0,25 \text{ a } 0,35$$

En la figura 3 se detallan ejemplos favorables y desfavorables en el diseño de nervaduras, empalme de nervaduras y ramificaciones de paredes de fundición.

El diseño acorde a fundición de empalmes o redondeos entre paredes de un mismo espesor s esta representado en la figura 4 y puede describirse con los siguientes valores:

$$\frac{r_i}{s} \geq 0,5 \text{ a } 1,0$$

$$r_a = r_i + s \quad \text{o bien} \quad \frac{r_a}{s} = \frac{r_i}{s} + 1 \geq 1,5 \text{ a } 2$$

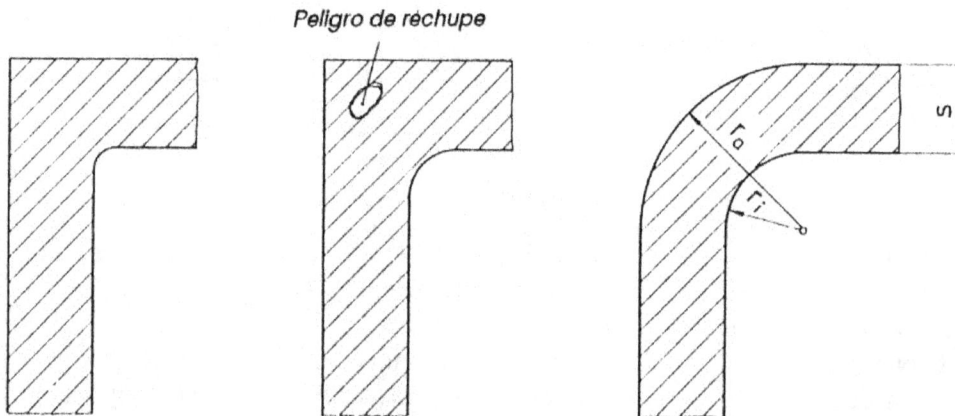

Peligro de rechupe

Diseño de empalmes y redondeos en piezas de fundición
Figura 4

Para los redondeos y empalmes entre paredes de espesor desigual (espesor de pared máximo $s_{máx} = s_1$ y $s_{máx} = s$!) se pueden detallar los siguientes valores indicativos según figura 5:

$$r_i = \frac{s_1 + s_2}{2} = s_m \quad \text{respectivamente} \quad \frac{r_i}{s_m} = 1$$

$$r_a = s_1 + s_2 = 2.s \quad \text{respectivamente} \quad \frac{r_a}{s_m} = 2$$

$$s_m = \frac{s_1 + s_2}{2} = \quad \text{espesor de pared medio}$$

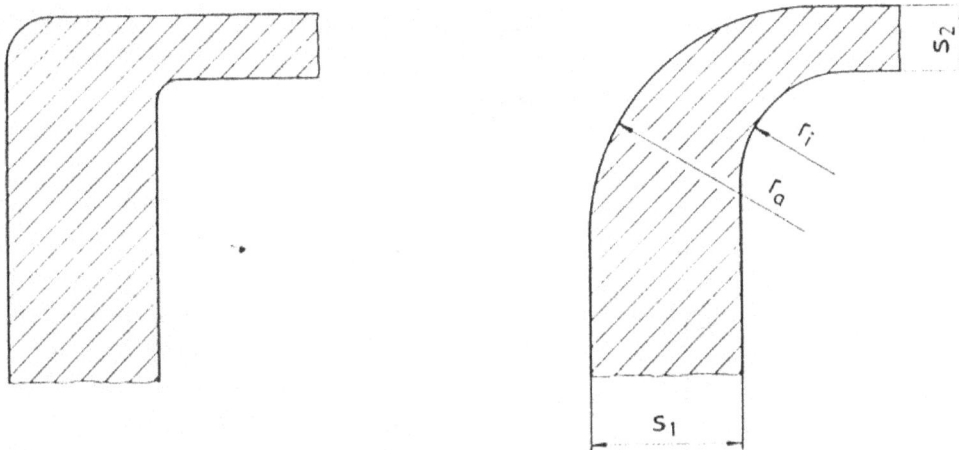

Diseño de empalmes y redondeos en piezas de fundición de espesor de paredes desiguales

Figura 5

El diseño práctico del empalme entre dos paredes de diferente espesor (espesor $S_{máx} = S_1$ y $S_{mín} = S$!) está representado en base a tres ejemplos en la figura 6, diferenciados entre "favorables" y "desfavorables".

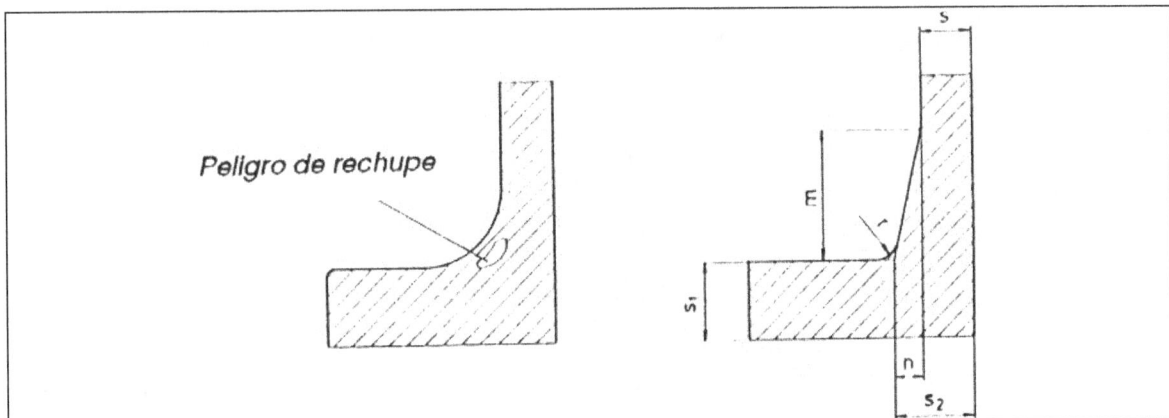

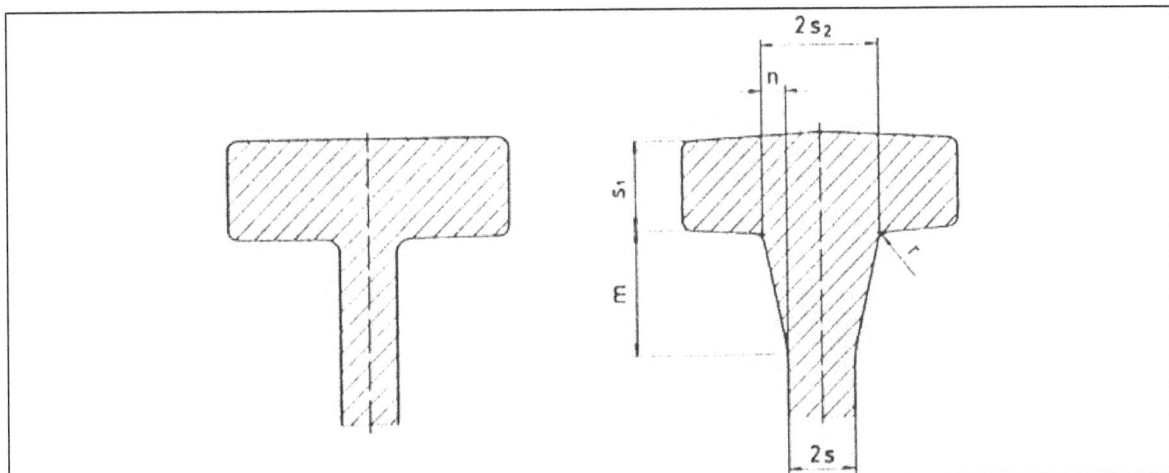

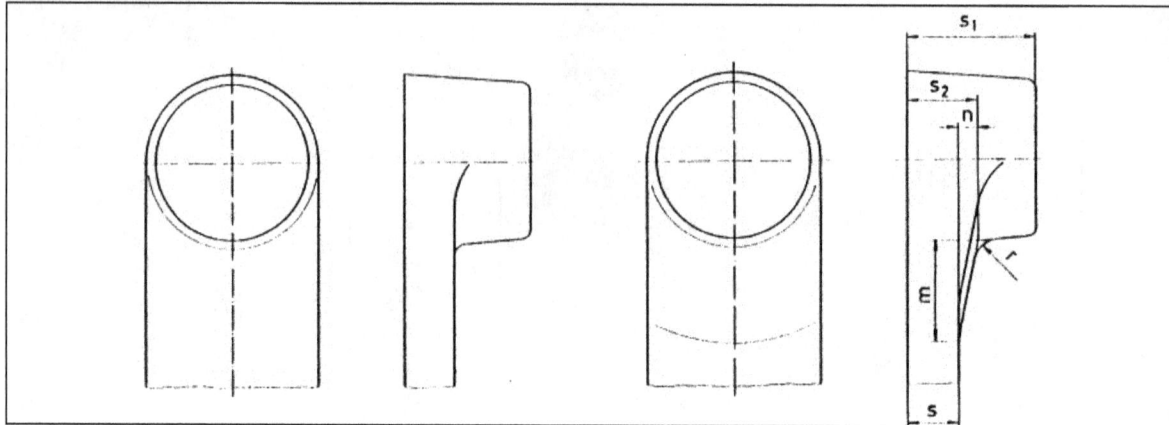

Diseño de las transiciones entre paredes de piezas de fundición con espesores desiguales
(desfavorables y favorables)

Figura 6

En los campos de transición deberán observarse preferentemente las siguientes relaciones de dimensionado:

$$\frac{s_1}{s} = 1,4 \text{ a } 2,5$$

$$\frac{s_2}{s} = 1,2 \text{ a } 1,7$$

$$\frac{r}{s} = 0,5 \text{ a } 0,7$$

$$\frac{n}{m} = \frac{1}{5}$$

El espesor de pared es s_2, el radio de redondeo es r y la inclinación para el engrosamiento lineal del espesor de pared es n / m.

En el diseño de rebordes (boceles) en los extremos de nervios o lumbreras, para la reducción de tensiones de borde de los mismos, se observarán las siguientes relaciones de: altura de reborde n, radio de reborde r w y radio de redondeo r con respecto al espesor de pared o nerio s, según figura 7:

$$\frac{h}{s} = 0,5 \text{ a } 0,6$$

$$\frac{r_w}{s} = 0,5$$

$$\frac{r}{s} = 0,25 \text{ a } 0,35$$

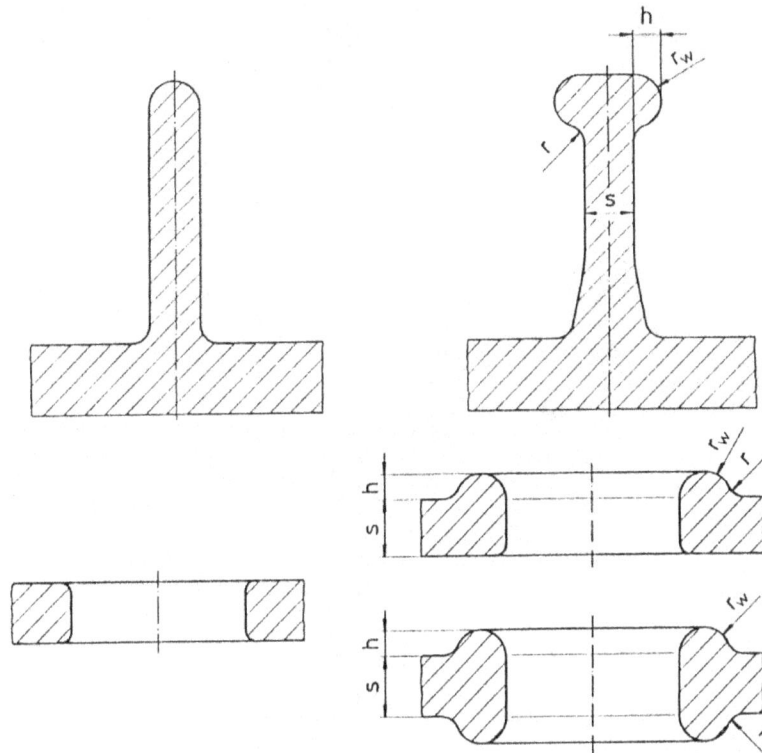

Diseño de rebordes en piezas de fundición, en extremos de nervios

Figura 7

En la figura 8 se ejemplifica como evitar la acumulación indebida de material, en una guía de husillo de válvula, en la unión de la pared del buje con la brida, evitando con ello el peligro de formación de rechupe, mediante el uso de un buje de guía independiente. En la figura 9 se detalla como se puede obtener una construcción de modelo más simplificada y un apoyo mejorado de su noyo, mediante la subdivisión de un pieza de fundición originalmente complicada y de doble pared.

desfavorable

Noyo externo necesario

Peligro de rechupe

Debe ser fundido en forma masiva dado que el diámetro del taladro es demasiado reducido para el uso de un noyo

favorable

Buje de guía de husillo prensado

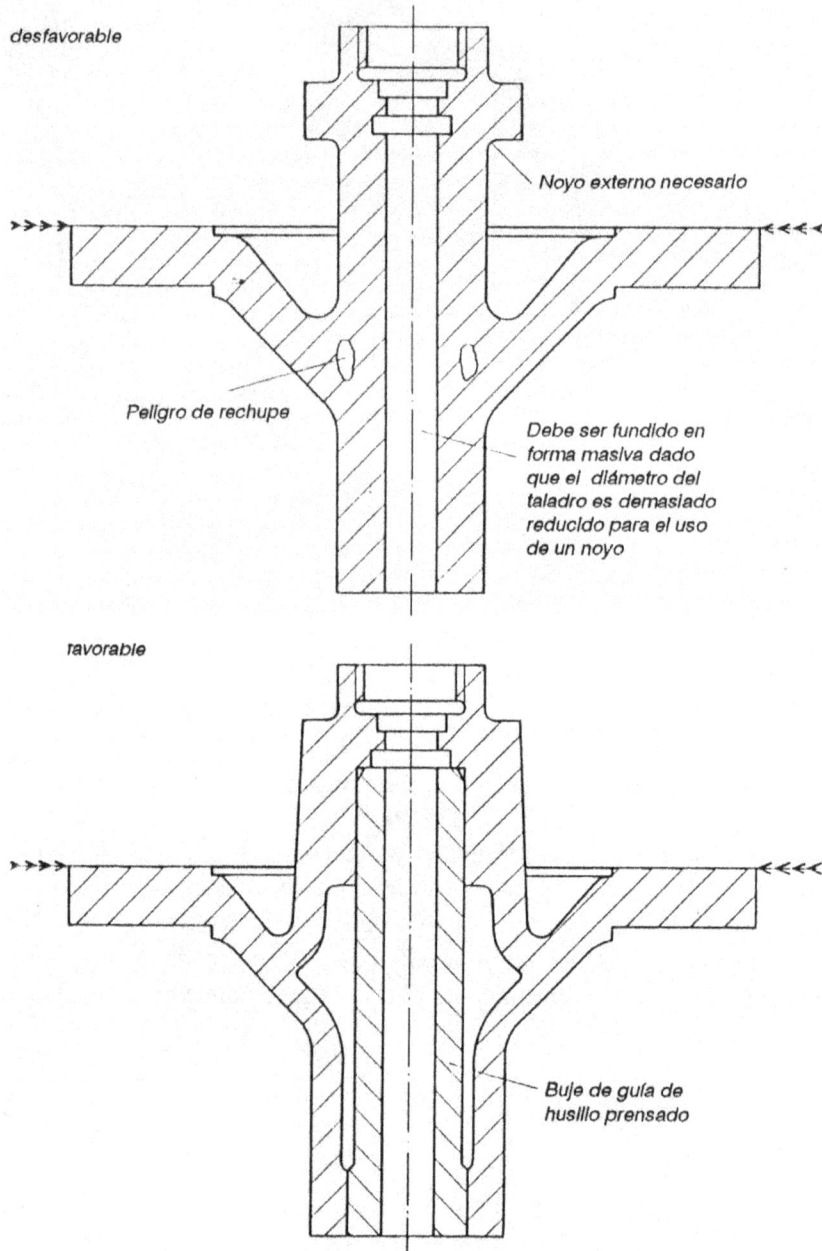

Diseño con prevención de rechupes en una guía de husillo de una válvula
Figura 8

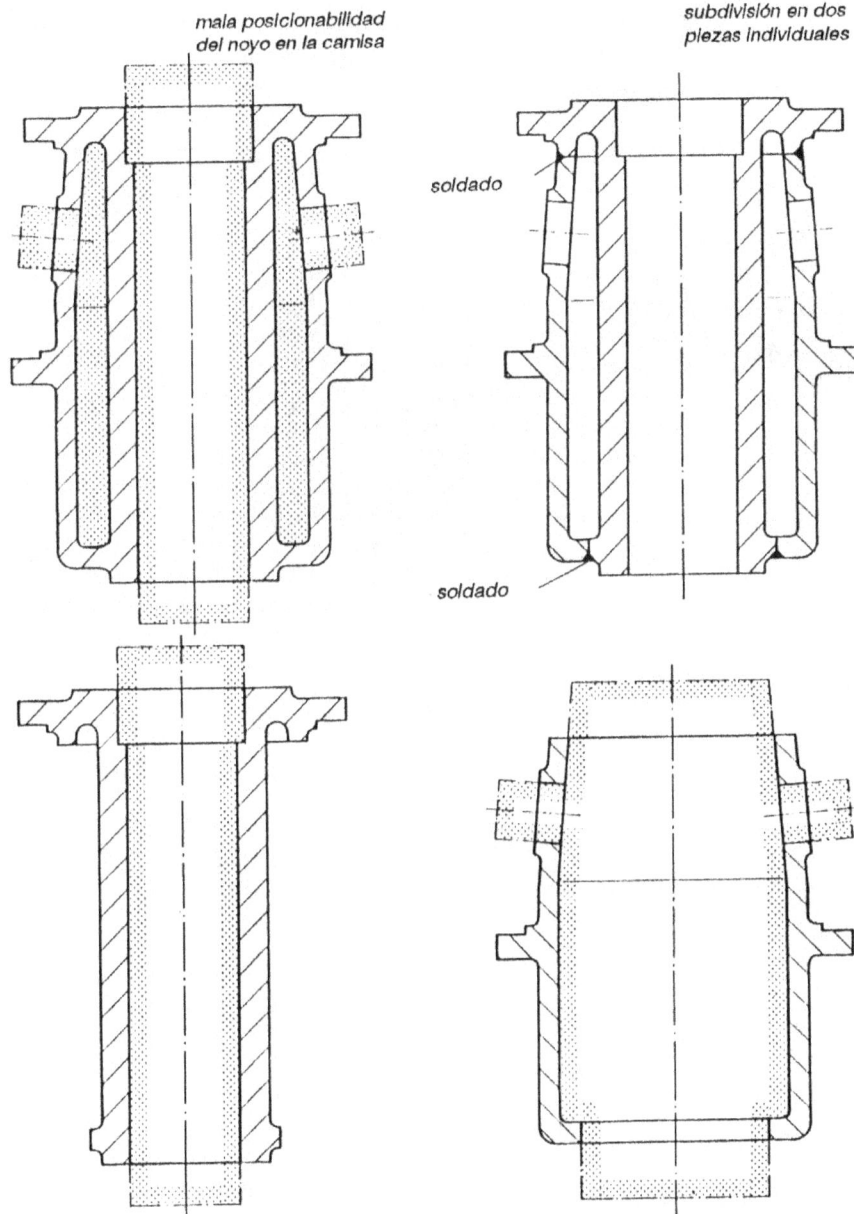

Mejora de posicionado del noyo en una pieza de doble pared, mediante su subdivisión en dos piezas de fundición individuales

Figura 9

		GG Fundición gris GGG Fundición nodular GT Fundición maleable (GS) Fundición de acero	Aleación de Al	Aleación de Mg	Aleación de Zn	Latón
Fundición en arena:						
Espesor de pared (mm)	≥	3 (5)	3.5	3.5	3.5	3.5
Exactitud dimensional alcanzable (mm)	±	1	0.8	0.8	0.8	1
Fundición en coquilla:						
Espesor de pared (mm)	≥		3	3	3	3
Exactitud dimensional alcanzable (mm)	±		0.2-0.3	0.2-0.3	0.2-0.3	
Cantidad mínima			200	200	200	200
Peso / Pieza hasta [kg]			50	50	50	50
Fundición a presión:						
Espesor de pared (mm)	≥		0.8-3	0.8-3	0.5-3	1-3
Exactitud dimensional alcanzable (mm)	±		0.03-0.1	0.02-0.1	0.02-0.1	0.15-0.3
Cantidad mínima			500	500	500	500
Peso / Pieza hasta [kg]			10	10	20	25
Para agujeros cofundidos [1]						
Diámetro D (mm)	≥		2	2	0.5	4
Profundidad L (pasante)	≤		3D	4D	8D	3D
Profundidad L (no pasante)	≤		2D	3D	4D	2D
Ahusamiento en % de L			0.4-0.8	0.3-0.4	0.2-0.4	1.0-2.0

Valores límites para dimensionado de piezas de fundición en materiales y procesos diversos

TABLA 1

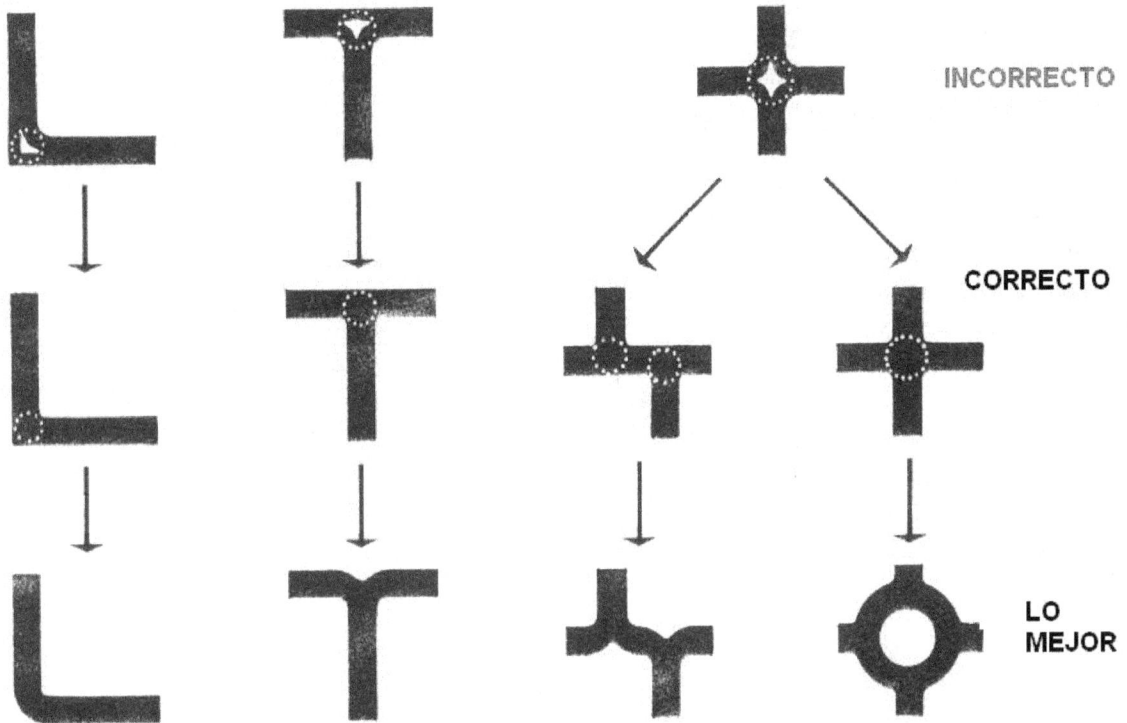

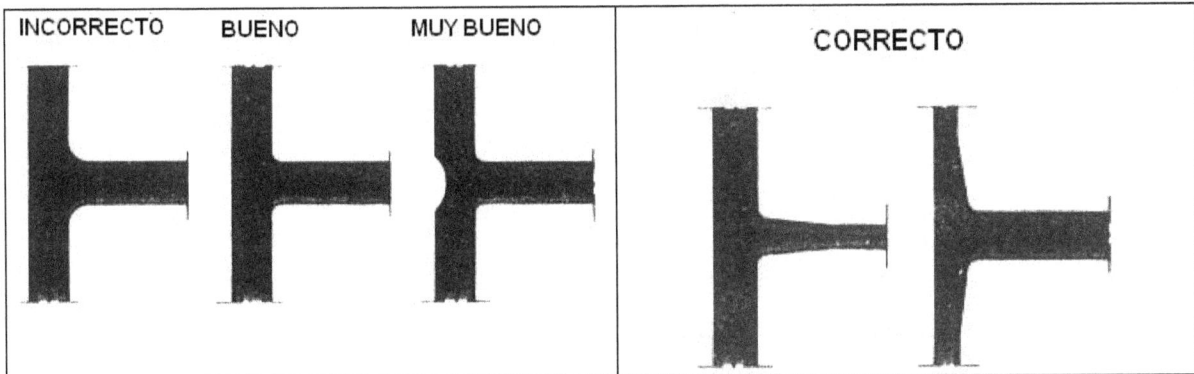

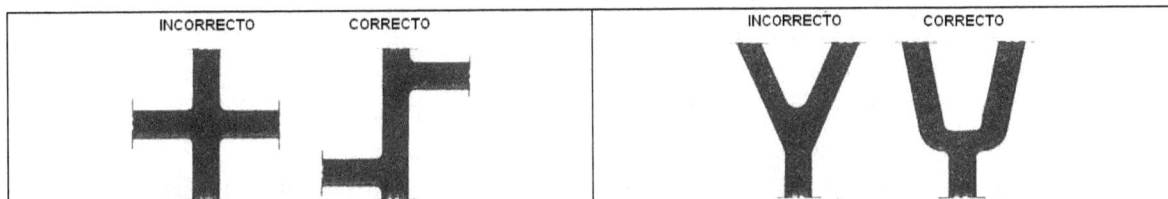

57

SISTEMAS DE ALIMENTACIÓN

1.- ALEACIONES DE METALES FERROSOS

Toda aleación durante el pasaje del estado líquido al sólido sufre una contracción volumétrica, es decir una disminución de volumen que se denomina RECHUPE.

Este problema se puede remediar mediante el agregado del material faltante aunque a veces este agregado se dificulta debido a veces a los problemas de geometría de la pieza para que pueda tener una buena alimentación.

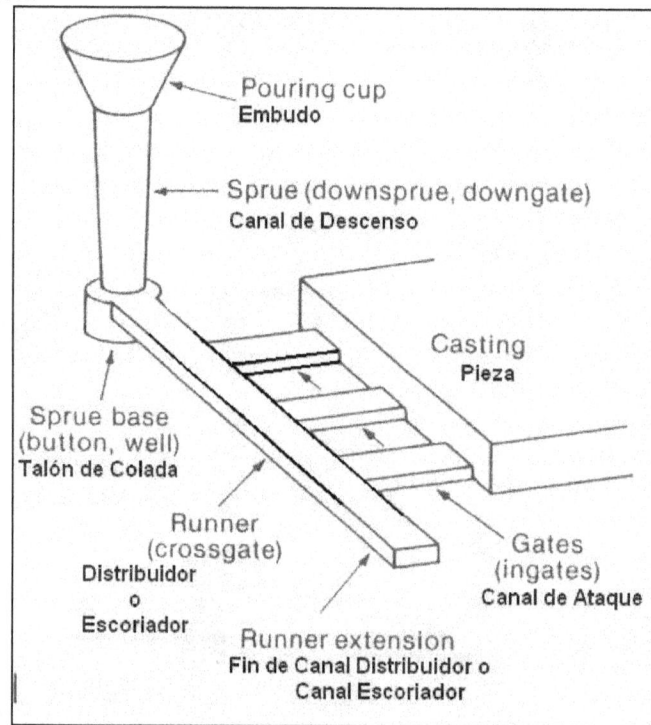

Figura 1

En Sistemas de Alimentación de Aleaciones No ferrosos tiene muchísima importancia trabajar en régimen laminar.

En las aleaciones de metales ferrosos el sistema de colada debe ser presurizado, esto significa que uno de los tres sistemas hace de canal frenante del sistema por ser de menor sección que los demás.

La suma total de las secciones del embudo, canal de descenso, y el canal escoriador deben tener mayor sección que los canales de ataque, por lo tanto el canal frenante es el de la Sección de Ataque (S_A) de todo mi sistema y es el motivo de cálculo en los ferrosos.

Al sistema se lo denomina presurizado es decir que trabaja a cierta presión y velocidad (ya cuando S_A es menor que todos los demás se llama presurizado.

Se busca que S_A sea menor que todas las secciones que se dan detrás de ella para que el sistema trabaje a colada llena y a presión positiva (+).

El motivo de trabajar a colada llena es para evitar inclusiones de gases y escoria dentro de la pieza, debido a que a colada llena la escoria se mantiene en el embudo por ser más liviana que el caldo.

La ESCORIA

$\longrightarrow$ Debe tener poco calor de formación

$\longrightarrow$ Debe flotar

$\longrightarrow$ No debe interaccionar con el baño

$\longrightarrow$ Costos para producirla

La relación que se cumple para los metales ferrosos

S_A	:	S_E	:	S_D
1	:	20 – 30 %	:	10 %
1	**:**	**1,20 – 1,30**	**:**	**1,10**

En las aleaciones de metales no ferrosos: el sistema debe trabajar en régimen laminar para que no exista turbulencia, es para evitar que la película de óxido que envuelve al metal líquido no se rompa y si se rompe el óxido penetrará en el molde; por ese motivo se debe evitar el régimen turbulento.

El sistema en los no ferrosos no debe ser presurizado; el canal o la sección frenante sería el canal de descenso en la salida; esto se logra dándole una cierta conicidad en el canal de descenso. Se busca que el $Q_E = Q_S$

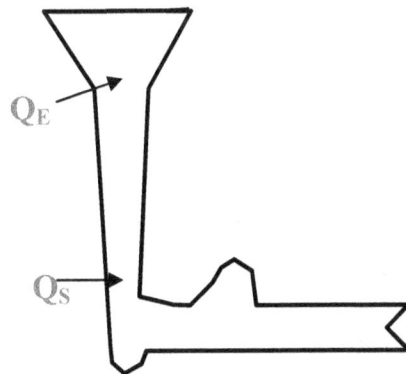

La S_D (en la salida) es la sección frenante del sistema y va a generar un flujo laminar.

La relación aproximada para no ferrosos

S_A	:	S_E	:	S_D
1	:	20 – 30 %	:	1
4	:	**6**	:	**1**

Observación: en el caso del alto horno la forma que posee de doble cono invertido que a medida que descendemos, la densidad varía pues pasamos desde el tope que se encuentra sólido hasta líquido en la zona media y se produce un aumento de velocidad en el descenso y como el proceso debe ser continuo, la carga debe caer con una velocidad uniforme (lenta) de manera que se puede alimentar por el tope.

Cuando las piezas son grandes en lugar de un embudo se utiliza un basín de llenado.

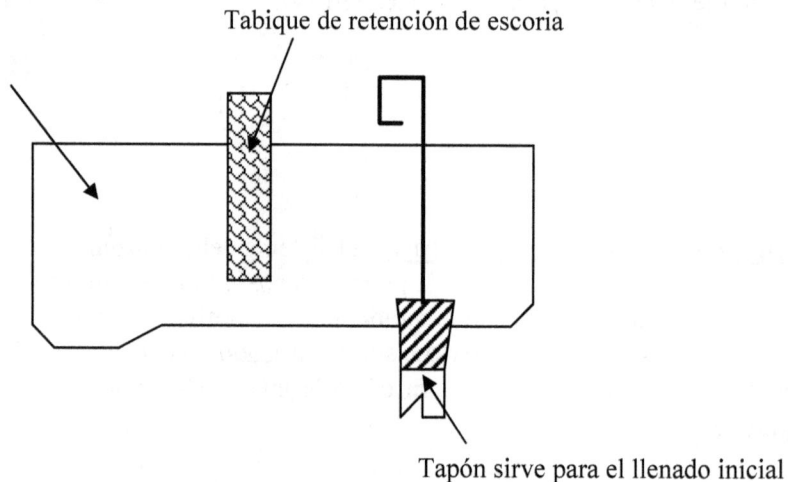

Tabique de retención de escoria

Tapón sirve para el llenado inicial

Canal frenante: es el de menor sección de todo el sistema.

Canal de descenso: los canales son cilíndricos, su cálculo se limita al diámetro. También se calcula su altura para saber la presión necesaria para llenar el molde.

Canal escoriador o distribuidor: su forma es trapezoidal en buena medida al canal de ataque y que asegura la flotabilidad de la escoria.

El cálculo se limita a calcular la variable a

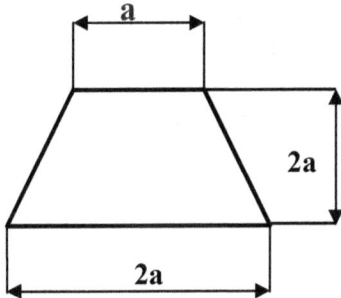

Sup. Trapecio $= \dfrac{2a + a \cdot 2a}{2} = 3.a^2$

Sup. Trapecio $= 3.a^2$

$S_E = 3a^2$

$S_E = 3a^2 \implies a = \sqrt{\dfrac{S_E}{3}}$

Canal de ataque:

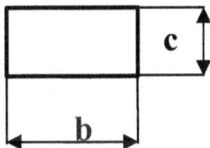

El parámetro **b** sería el elemento a calcular

c es el parámetro prefijado es mas o menos el 25 a 30 % del espesor de la pieza para facilitar el corte por golpe

EL DISEÑO DEL SISTEMA DE COLADAS

El sistema de coladas es la red a través de la cual el metal líquido entra en el molde y se escurre de modo de llenar la cavidad del molde, en el cual el metal pueda solidificar para obtener así la forma deseada de la pieza. Los componentes básicos de un sistema simple de colada para un molde particionado horizontalmente se muestra en la Figura 1. Tenemos un embudo de llenado o bien un "basín" (embudo asimétrico) son los elementos abiertos para poder introducir el metal desde la cuchara alimentadora. Un canal de descenso que conduce al metal hacia abajo para encontrarse con uno o más escoriadores, que distribuyen el metal por el molde hasta que éste pueda entrar a la cavidad del molde de la pieza a través de los "ataques" de coladas.

VARIABLES DEL DISEÑO

Los métodos usados para favorecer las condiciones deseadas de diseño en general se oponen con otros efectos deseados. Así por ejemplo, la intención de llenar rápidamente un molde, puede originar una velocidad del metal tal que provoque erosión en el molde. Como resultado, cualquier diseño del sistema de coladas resultará de un compromiso dentro de ciertas consideraciones, con la importancia de obtener la pieza sana y considerando sus condiciones de moldeo y llenado del molde.

1. **Llenado rápido del molde.**
   Puede ser importante por algunas consideraciones. En particular en piezas de secciones delgadas, pérdidas de calor desde el metal líquido durante el llenado del molde que pueden resultar en un enfriamiento prematuro, produciendo defectos superficiales (por ejemplo, uniones frías) o bien secciones que se han llenado en forma incompleta (Falta de llenado). El sobrecalentamiento del metal fundido aumentará la fluidez y retardará la solidificación, pero un exceso podría incrementar la inclusión de gases en el metal fundido y además la erosión térmica de los elementos que conforman el molde.
   Como agregado, el tiempo de llenado del molde debe mantenerse dentro del mínimo posible en concordancia con los equipos mecánicos de moldeo con el propósito de maximizar la productividad.

2. **Minimizar la turbulencia.**
   La turbulencia que se produce al llenar un molde a través del sistema de coladas puede aumentar el ataque térmico y mecánico del mismo. Más importante aún, la turbulencia puede producir defectos en la pieza provocando que queden atrapados gases en la corriente del metal que fluye. Estos gases pueden a su vez llegar a ser defectos (Por ejemplo, sopladuras) o bien podrían provocar inclusiones de escoria mediante reacciones con el metal líquido. Un movimiento turbulento aumentaría una mayor exposición de la superficie del metal líquido a la inclusión de aire dentro del sistema de coladas.
   La susceptibilidad a la oxidación de distintas aleaciones usadas en piezas fundidas varía en forma considerable. Para aquellas aleaciones muy susceptibles a la oxidación, tales como las base aluminio; aleaciones de magnesio; y silicio aluminio, y bronces al manganeso, la turbulencia puede generar películas de óxidos que pueden incluirse dentro del flujo metálico, causando a menudo defectos inaceptables.

3. **Evitar erosión de molde y noyos.**
   La velocidad alta del flujo líquido o impropiamente dirigido contra las paredes del molde o la superficie del noyo puede producir piezas defectuosas por erosiones de la superficie del molde (aumentando así la cavidad del mismo) e incluyendo las partículas desprendidas produciendo inclusiones en la pieza final.

4. **Remoción de escorias, suciedad e inclusiones.-**
   Este factor incluye materiales que pueden haber sido introducidos desde afuera del molde
   (Por ejemplo, escorias provenientes del horno y refractario de la cucharas de colada), y aquellos que pueden formarse dentro del mismo sistema. Se pueden incorporar dentro del sistema de coladas métodos para atrapar dichas partículas (por ejemplo, filtros) o darles el tiempo como para que floten fuera de la corriente metálica antes de entrar a la cavidad del molde.

5. **Promover gradientes térmicos favorables**.

Siendo que el último metal que entra a la cavidad del molde generalmente el más caliente, es usualmente deseable introducirlo en aquellas partes de la pieza en las que se espera que sean las últimas en solidificar. Un método obvio de lograr este objetivo sería llegar mediante el sistema de coladas directamente a las mazarotas, desde las cuales el metal llegaría a la cavidad del molde. Como la mazarota se la diseña generalmente como la última parte del sistema mazarota / pieza en solidificar, el sistema de coladas deberá disponerse como para ayudar a promover una solidificación dirigida desde la pieza hacia la mazarota.

Si el sistema de coladas no puede ser diseñado como para promover un gradiente térmico deseable , debería por lo menos no provocar gradientes indeseables. Ello se consigue a veces llegando al molde con el metal a través de múltiples "ataques" o entradas, de modo que ninguna zona tenga centros calientes localizados.

6. **Maximizando el rendimiento**.

Una variedad de costos irrecuperables se van con el metal que llenará el sistema de coladas y mazarotas. Estos componentes deben ser removidos de la pieza y generalmente vuelven a ser refundidos, cuyo valor ahora se degrada como simple chatarra. Los costos de producción pueden reducirse significativamente minimizando la cantidad de metal total contenido en el sistema de coladas. La capacidad de producción de una fundición se la puede también aumentar, incrementando el porcentaje de piezas útiles que puede fabricarse desde un volumen determinado de metal fundido.

7. **Remoción económica de coladas**.

Los costos relacionados con limpieza y terminado de piezas puede reducirse si el número y tamaño de coladas relacionadas con las mismas pueden minimizarse. Nuevamente, puede ser ventajoso introducir metal en la cavidad del molde a través de la mazarota, ya que el cuello de la misma podría funcionar como ataque a la pieza.

8. **Evitar distorsiones de pieza.**

Es particularmente importante en piezas con paredes delgadas, en las cuales la distribución irregular del calor al llenar el molde puede producir esquemas o modelos de solidificación que originan distorsiones o alabeos de pieza. Como agregado, la contracción del sistema de coladas al ir solidificando puede tensionar secciones de pieza en vías de solidificación provocando fisuras en caliente o distorsiones.

9. **Compatibilidad con métodos existentes de moldeo y colado**.

Las máquinas modernas de moldeo de alta producción y los sistemas de colado automáticos, a menudo limitan la flexibilidad en la colocación de embudos y su forma así como los canales de descenso que introducen metal al molde. En general también limitan las velocidades a las cuales el metal puede ser colado.

10. **Condiciones de flujo controladas**.

Durante el llenado del molde, deberá establecerse lo más rápido posible una velocidad de flujo líquido constante en el sistema de coladas, y las condiciones de flujo deberán mantenerse entre un molde y el siguiente.

DISEÑO y SISTEMAS de ALIMENTACIÓN	Ing. Alberto Rodolfo Valsesia Ing. Luis Alberto Aguirre

PRINCIPIOS DEL FLUJO LÍQUIDO.

El diseño adecuado de un sistema de coladas óptimo resultará más fácil realizarlo aplicando ciertos principios fundamentales del flujo líquido. El más importante es el Teorema de Bernoulli, la Ley de Continuidad y el efecto de Momentum.

Teorema de Bernoulli.

Esta ley básica de hidráulica vincula la presión, velocidad y elevación a lo largo de una línea de flujo de modo de poder ser aplicada a un sistema de coladas. El Teorema establece que, en cualquier punto de un sistema lleno, la suma de la energía potencial, la energía cinética, la energía de presión, y la energía de fricción de un flujo líquido es igual a una constante. El teorema puede expresarse como:

$$w\,Z + w\,Pv + \frac{w\,V^2}{2\,g} + w\,F = K$$ Ecuación 1

Donde:

w es el peso total del líquido que fluye (Libras),

Z es la altura del líquido (Pulg.),

P es la presión estática del líquido (Libras / Pulg.^{2}),

v es la densidad en (Pulg.^{3} . / Libra), g es la aceleración de la gravedad (386,4 pulg./ seg.^{2}),

V es la velocidad (Pulg. / segundo),

F pérdidas por fricción por unidad de peso, y

K es una constante.

Si la Ecuación 1 la dividimos por w, todos los términos se reducen a una dimensión de longitud y representarán:

→ Energía potencial Z
→ Energía de presión, P v
→ Energía de velocidad V^2 / 2 g
→ Pérdida de energía por rozamiento F

La Ecuación 1 nos permite efectuar una predicción de las diferentes variables en distintos puntos del sistema de coladas, aunque algunas condiciones inherentes a los sistemas de coladas en fundición complican y modifican su aplicación estricta.

Por ejemplo:

- La Ecuación 1 se desarrolló para sistemas llenos, y por lo menos en el comienzo del llenado, el sistema de colada se encuentra vacío. Ello indica que el sistema de coladas debe ser diseñado para establecer tan pronto como sea posible las condiciones de sistema lleno.

- La Ecuación 1 considera que las paredes del molde alrededor del metal que fluye son impermeables. En la práctica de arenas de fundición, la permeabilidad del molde puede generar problemas, por ejemplo, aspiración de aire en el líquido que fluye.

- También pueden producirse pérdidas de energía debido a fenómenos de turbulencia o de fricción (por ejemplo. debido a cambios de dirección del flujo)

- No han sido consideradas pérdidas de calor desde el metal líquido que podría eventualmente ser un límite sobre el tiempo en que puede mantenerse el flujo líquido. Además, el metal que solidifica en las paredes del sistema de coladas puede eventualmente alterar su diseño mientras el flujo líquido continúa.

El Teorema de Bernoulli (Ecuación 1) se ilustra esquemáticamente en la Figura 2, de donde podemos deducir ciertas interpretaciones prácticas. La energía potencial obviamente se halla en su máximo valor en el punto más alto del sistema de coladas, esto es, en la parte superior del basín de llenado. El metal fluye desde el basín hacia abajo por el canal de descenso, la energía potencial cambia a energía cinética a medida que la corriente líquida aumenta su velocidad debido a la acción de la gravedad. Al llenarse el canal de descenso comienza a desarrollarse una energía de presión.

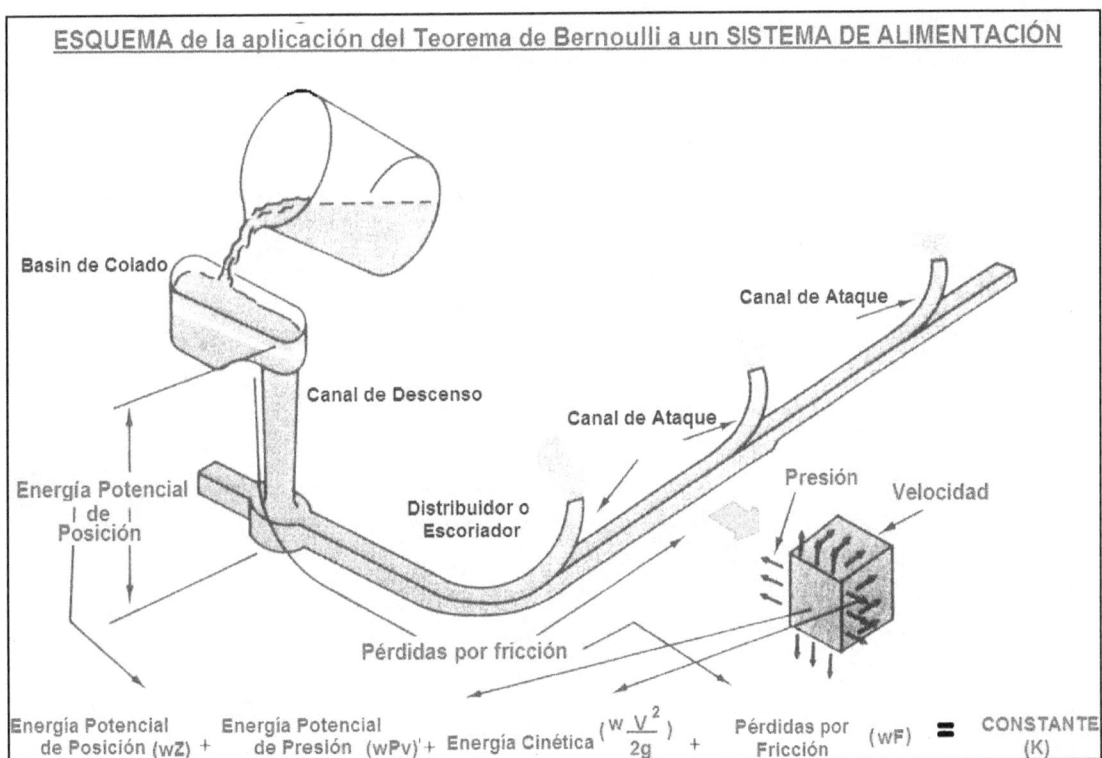

ESQUEMA de la aplicación del Teorema de Bernoulli a un SISTEMA DE ALIMENTACIÓN

$$\text{Energía Potencial de Posición (wZ)} + \text{Energía Potencial de Presión (wPv)'} + \text{Energía Cinética}\left(w\frac{V^2}{2g}\right) + \text{Pérdidas por Fricción (wF)} = \text{CONSTANTE (K)}$$

Figura 2

Una vez que se restablece el flujo en el sistema ya lleno, las energías potencial y de fricción permanecen virtualmente constantes, de modo que las condiciones del sistema de coladas son determinadas por la interrelación de los factores remanentes. La velocidad resultará alta donde la presión sea baja, y vice-versa.

La ley de continuidad.

Esta ley establece que, para un sistema con paredes impermeables y llenado con un fluido no comprimible, la velocidad del flujo será la misma en todos los puntos del sistema. Ello puede expresarse así:

$$Q = A_1 v_1 = A_2 v_2 \qquad \text{Ecuación 2}$$

Donde:

Q es la velocidad de flujo (en pulg. cúbicas por segundo),
A es la sección transversal de la corriente (en pulg. cuadradas),
v es la velocidad de la corriente (en pulg. por segundo) y
Los subíndices 1 y 2 designan dos lugares diferentes en el sistema.

Nuevamente, la permeabilidad de las arenas del molde puede complicar la aplicación estricta de esta ley, introduciendo problemas potenciales en el proceso de fundición.

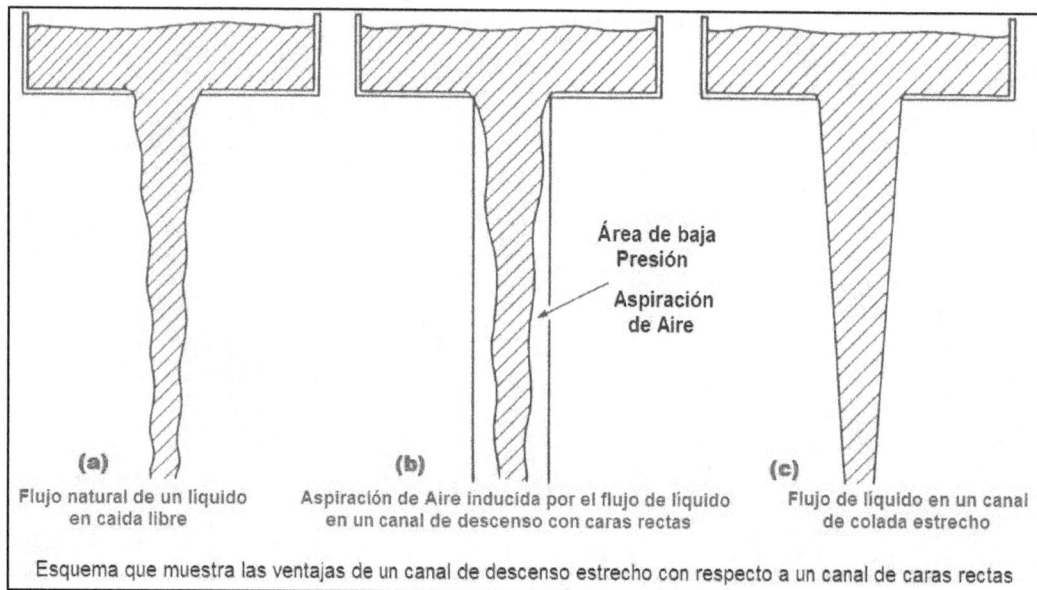

(a) Flujo natural de un líquido en caída libre

(b) Aspiración de Aire inducida por el flujo de líquido en un canal de descenso con caras rectas

Área de baja Presión
Aspiración de Aire

(c) Flujo de líquido en un canal de colada estrecho

Esquema que muestra las ventajas de un canal de descenso estrecho con respecto a un canal de caras rectas

Figura 3

En la Figura 3 se ilustra una aplicación práctica de esta ley, donde podemos observar el flujo de metal desde el basín de colada. Tal como se indicó en la Ecuación 1, la energía potencial es alta pero la velocidad es baja en el momento que la corriente deja el basín. La velocidad se ve incrementada a medida que la corriente líquida desciende, de modo que la sección transversal de la corriente deberá decrecer proporcionalmente para poder mantener balanceada la velocidad de la misma. El resultado es el de una corriente en caída libre como se muestra en la Figura 3 (a).

Si se pretende conducir la corriente descendente por un canal de descenso de paredes paralelas (Figura 3 b), la corriente en su caída originará zonas de baja presión, al separarse de las paredes del canal de descenso es probable que pueda aspirar aire. Como agregado, el flujo tenderá a producir turbulencia y falta de continuidad de flujo, en particular cuando la corriente alcanza la base del canal descendente.

El canal de descenso ligeramente cónico Figura 3 (c) se ha diseñado siguiendo la forma natural de la corriente líquida reduciendo la posible turbulencia y aspiración de aire. También favorece el llenado rápido, estableciendo la característica energía de presión de la condición de colada llena necesaria. Ecuación 1.

Muchos tipos de moldeo de alta producción no poseen canales de descenso cónicos, de modo que quien diseña el sistema de coladas provocará el mismo efecto colocando una restricción, o un " freno" en la base o cerca de ella forzando a la corriente descendente a mantener lleno el canal. Figura 4.

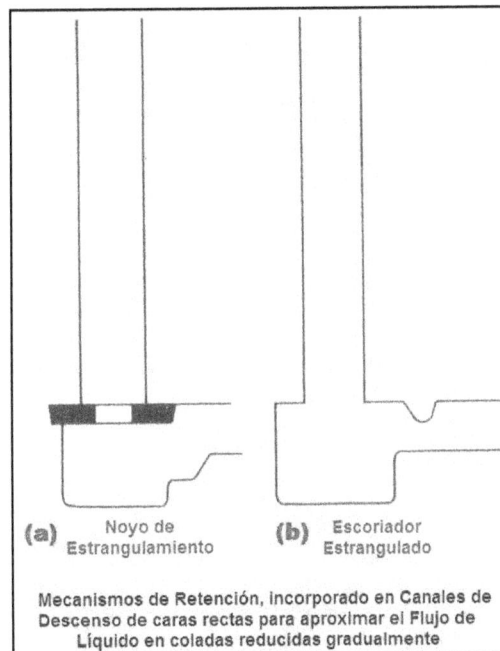

(a) Noyo de Estrangulamiento   **(b)** Escoriador Estrangulado

Mecanismos de Retención, incorporado en Canales de Descenso de caras rectas para aproximar el Flujo de Líquido en coladas reducidas gradualmente

Figura 4

Efectos de Momentum.

La primera ley de Newton establece que un cuerpo en movimiento continuará moviéndose en cierta dirección hasta que alguna fuerza provoque un cambio en su dirección.

Número Reynold y tipos de flujos.

El flujo líquido puede caracterizarse midiéndolo en especial con el número de Reynold, que se puede calcular así:

$$N R = \frac{v\, d\, \delta}{\mu}$$

Donde:

N_R es el número Reynold,
v es la velocidad del líquido,
d es el diámetro del canal líquido,
δ es la densidad del líquido,
μ es la viscosidad del mismo.

Como podemos apreciar en la Figura 5, si el número Reynold de un sistema de corriente fluida resulta menor de 2000, el flujo será <u>laminar</u>, con las moléculas del líquido tendiendo a moverse en líneas rectas sin <u>turbulencia.</u> (Figura 5 a).

Si el número Reynold en la corriente fluida se halla entre 2000 y 20.000, ocurrirá algo de turbulencia (Figura 5 b), pero en la superficie de la corriente podrá mantenerse una capa relativa sin turbulencias. Este tipo de flujo turbulento, común en la mayoría de los sistemas de coladas, puede ser considerado relativamente deseable, siempre que no se rompa la superficie, evitando entrada de aire en el flujo líquido.

Con un número Reynold de cerca de 20.000, el flujo será fuertemente turbulento (Figura 5 c). Esta característica producirá la ruptura de la superficie con una fuerte posibilidad de aire atrapado y formación de impurezas (dross) al reaccionar el flujo del metal con los gases.

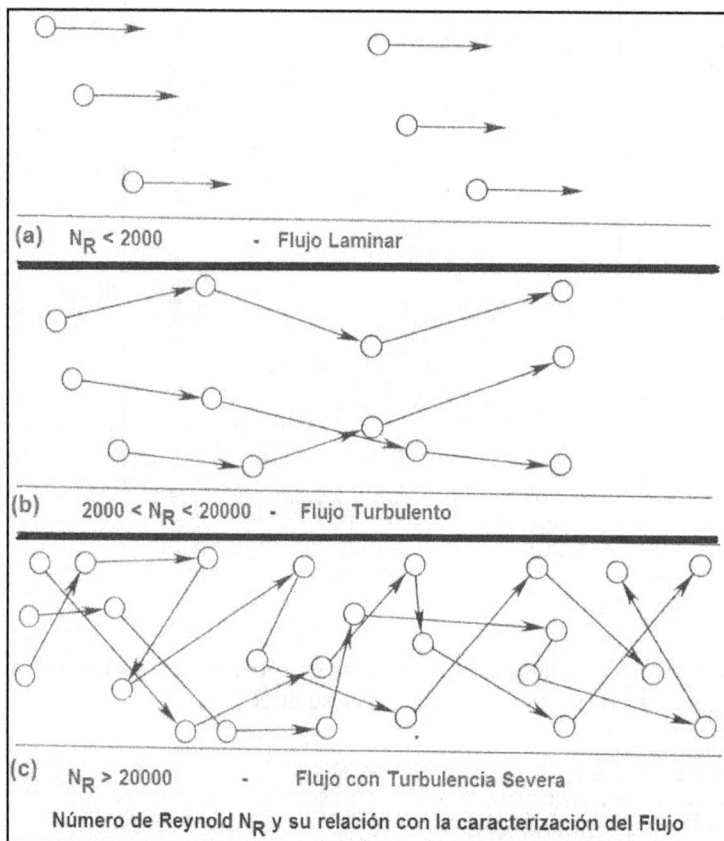

(a) $N_R < 2000$ - Flujo Laminar

(b) $2000 < N_R < 20000$ - Flujo Turbulento

(c) $N_R > 20000$ - Flujo con Turbulencia Severa

Número de Reynold N_R y su relación con la caracterización del Flujo

Figura 5

Cambios bruscos en la sección transversal del canal líquido.-

Como podemos apreciar en la Figura 6 (las zonas de baja presión) con la tendencia resultante a atrapar aire, se pueden originar cuando la corriente líquida se separa de las paredes del molde. En el caso de un brusco aumento de sección (Figura 6 a) los efectos de Momentum harán que la corriente líquida continúe avanzando creando zonas de baja presión en la sección mayor.

En cambio, con una rápida disminución de sección (Figura 6 b) la ley de continuidad nos señala que la velocidad de la corriente líquida se incrementa rápidamente. Este movimiento del flujo creará una zona de baja presión directamente después de la constricción.

Los problemas que se ilustran en la Figura 6 pueden minimizarse realizando cambios graduales en la sección transversal de la corriente líquida: los cambios bruscos deben evitarse.

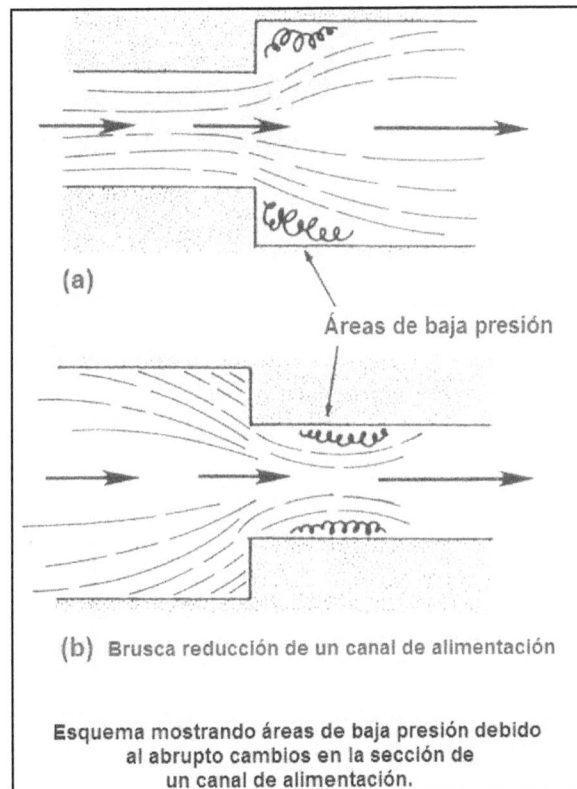

(a)

Áreas de baja presión

(b) Brusca reducción de un canal de alimentación

Esquema mostrando áreas de baja presión debido al abrupto cambios en la sección de un canal de alimentación.

Figura 6

Cambios bruscos en la dirección del flujo.

Como podemos apreciar en la Figura 7, los cambios bruscos en la dirección del flujo pueden producir zonas de baja presión, como se ha descrito previamente. Los cambios graduales en la dirección del flujo pueden minimizar los problemas de aire atrapado. Los cambios bruscos en la dirección de la corriente además de aumentar las posibilidades de perjudicar al metal, aumentarán las pérdidas por fricción durante la corriente.

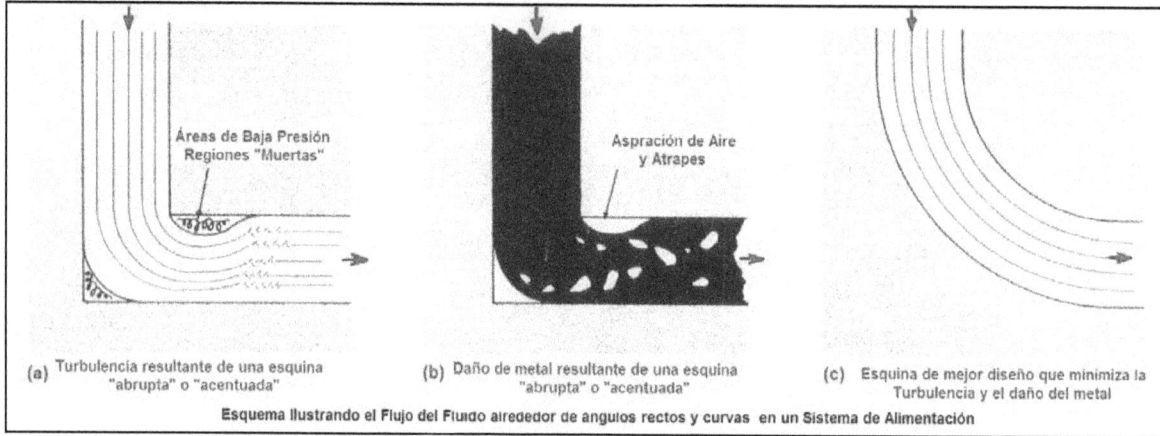

(a) Turbulencia resultante de una esquina "abrupta" o "acentuada"

(b) Daño de metal resultante de una esquina "abrupta" o "acentuada"

(c) Esquina de mejor diseño que minimiza la Turbulencia y el daño del metal

Esquema Ilustrando el Flujo del Fluido alrededor de angulos rectos y curvas en un Sistema de Alimentación

Figura 7

Como podemos apreciar en la Figura 8, un sistema con grandes pérdidas por fricción requerirá una mayor energía de presión para poder mantener una determinada velocidad de flujo.

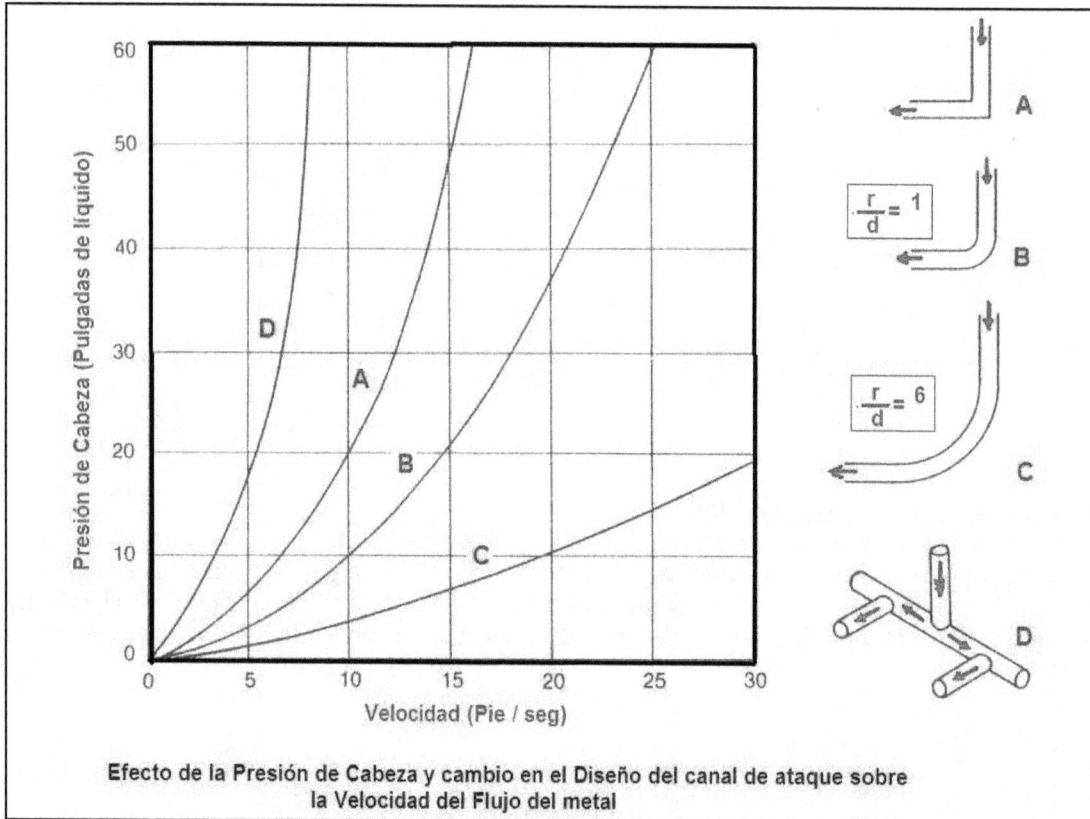

Efecto de la Presión de Cabeza y cambio en el Diseño del canal de ataque sobre la Velocidad del Flujo del metal

Figura 8

Usando una extensión del canal alimentador.

El uso de una prolongación del canal alimentador más allá del último ataque se ilustra en la Figura 1. Generalmente el metal más dañado será el primero que ingresa al sistema de coladas al entrar en contacto con el molde y el aire al fluir dentro del sistema. Para evitar que este metal llegue al molde, se puede usar el efecto de Momentum para que este primer metal pase los ataques y llegue a la prolongación del distribuidor. De este modo los ataques se llenarán con metal más limpio, menos dañado en el inicio de la corriente fluida del metal fundido. En la figura 9 podemos apreciar como podemos igualar el flujo en los ataques, disminuyendo la sección transversal después de cada ataque; esto se realiza en sistemas con ataques múltiples. Como ya se ha notado antes, las energías potencial y de fricción llegan a ser constantes, como se deduce de la Ecuación 1 entre la acción de la presión y de la velocidad.

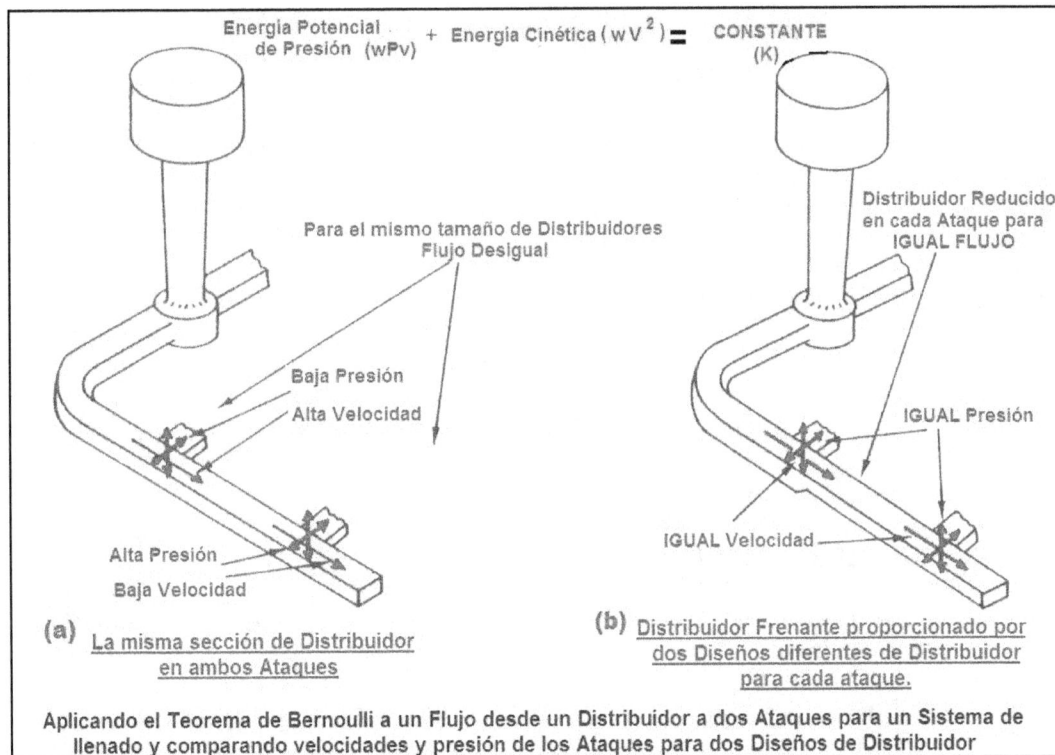

Figura 9

En el primer ataque, la velocidad resulta alta ya que la acción de Momentum hace que el flujo pasa el ataque. En el segundo ataque, la velocidad decrece en el canal distribuidor al ir llegando al final, originando presiones más altas al atravesar los ataques.

Escalonando el distribuidor después del primer ataque, las velocidades y presiones en los dos ataques iniciales pueden llegar a ser iguales. Este efecto puede lograrse dándole un cierto gradualismo al canal distribuidor hacia secciones menores a lo largo de su longitud, pero por razones de modelo se hace más simple en lugar de gradual con escalonamientos sucesivos.

	DISEÑO y SISTEMAS de ALIMENTACIÓN	Ing. Alberto Rodolfo Valsesia Ing. Luis Alberto Aguirre

CONSIDERACIONES DE DISEÑO

Al aplicar ciertos principios del flujo líquido en el diseño de un determinado sistema de coladas, se deberán tomar algunas decisiones antes de proceder al cálculo real de las dimensiones de los distintos componentes.

Distribuidor y ataques.

Las Figura 1 y 2 nos muestra un sistema de coladas con ataques que salen de la parte superior del distribuidor para llegar luego al molde. Esta disposición de ataques en el "sobre" y distribuidor en la "bajera" es muy común y posee la ventaja que el distribuidor permanecerá lleno antes que el metal entre a los ataques. Esto nos asegura "colada llena" condición que ya ha sido discutida. Una colada llena reducirá turbulencia y favorecerá que las impurezas de baja densidad floten en la corriente líquida y se adhieran a las paredes del molde.

Un sistema de distribuidor en el "sobre" y ataques en la "bajera" (o bien ataques que salen de la base del distribuidor del "sobre") es también muy común. Las bases de este diseño resultan del efecto de Momentum que llevará el primer metal a los ataques, y si el distribuidor puede ser llenado rápidamente (por lo menos sobre el nivel de los ataques) desde la parte inferior del distribuidor fluirá un metal limpio, ya que las inclusiones que pudieron llegar a la corriente líquida flotarán sobre el nivel de los ataques.

Un elemento común de este sistema es que la sección transversal total de los ataques, deberá ser menor que la sección transversal del distribuidor. Este sistema presurizado tiene como propósito forzar al metal atorarse en los ataques (canal frenante), llenando así rápidamente el canal distribuidor, aunque el llenado completo del distribuidor del "sobre" dependerá por lo menos de un llenado parcial del molde. Durante esta etapa de llenado incompleto incrementará la posible turbulencia y la generación potencial de impurezas y de aire atrapado.

Sistemas Presurizados vs No Presurizados.

La diferencia entre estos dos sistemas reside en la elección del lugar donde diseñaremos el canal frenante que controlará el flujo líquido, que determinará la velocidad de flujo final del sistema de coladas. Esta decisión incluye la determinación de la velocidad deseada en la colada, o sea, la relación relativa entre la sección transversal del canal de descenso, distribuidor y ataques. Esta relación, expresada numéricamente en el orden: descenso, distribuidor, ataques (D : E : A), define si el sistema de coladas se va incrementando en sección (no presurizado) o bien disminuyendo en sección (presurizado). Los valores comunes de un sistema **No Presurizado** son **1:2:2, 1:2:4 y 1:4:4**. Un sistema típico **Presurizado** es **4: 8: 3**.

Ambos sistemas son ampliamente usados. El Sistema No Presurizado posee la ventaja de reducir la velocidad del metal en el sistema de coladas a medida que se acerca y entra al molde. Las bajas velocidades favorecen un flujo laminar (o menos turbulento), de modo que es ampliamente recomendado para aleaciones muy sensibles a la oxidación y formación de impurezas.

Los Sistemas Presurizados poseen la ventaja en general de reducir tamaño y peso del conjunto que integra las coladas, aumentando así el rendimiento total. La desventaja elemental de todo sistema presurizado es que, en el diseño, las velocidades de la corriente resultan más altas en los ataques justo al entrar al molde. Ello aumenta las posibilidades de erosión de moldes y noyos y toma especial cuidado en el lugar apropiado de los ataques para evitar estos inconvenientes.

Sistemas de coladas Vertical vs Horizontal.

Esta decisión queda determinada simplemente por la orientación de la línea de división del molde. Figura 1 muestra un molde partido horizontalmente convencional, con un sistema de ataques, el más conveniente a lo largo de la división. Los moldes partidos verticalmente requieren una colocación de los componentes de colada vertical, pero las consideraciones para dichos componentes a menudo son las mismas que para un sistema horizontal, por ejemplo, canales de descenso cónicos y prolongación del distribuidor. Como agregado, la necesidad del escalonamiento del canal de descenso para igualar el flujo a través de coladas múltiples resulta evidentemente más crítica que en los sistemas horizontales. El diseño adecuado para un sistema vertical se ilustra en la Figura 10. Una manera común de coladas verticales tanto en moldes partidos horizontalmente así como los verticales se la denomina "colado por debajo".

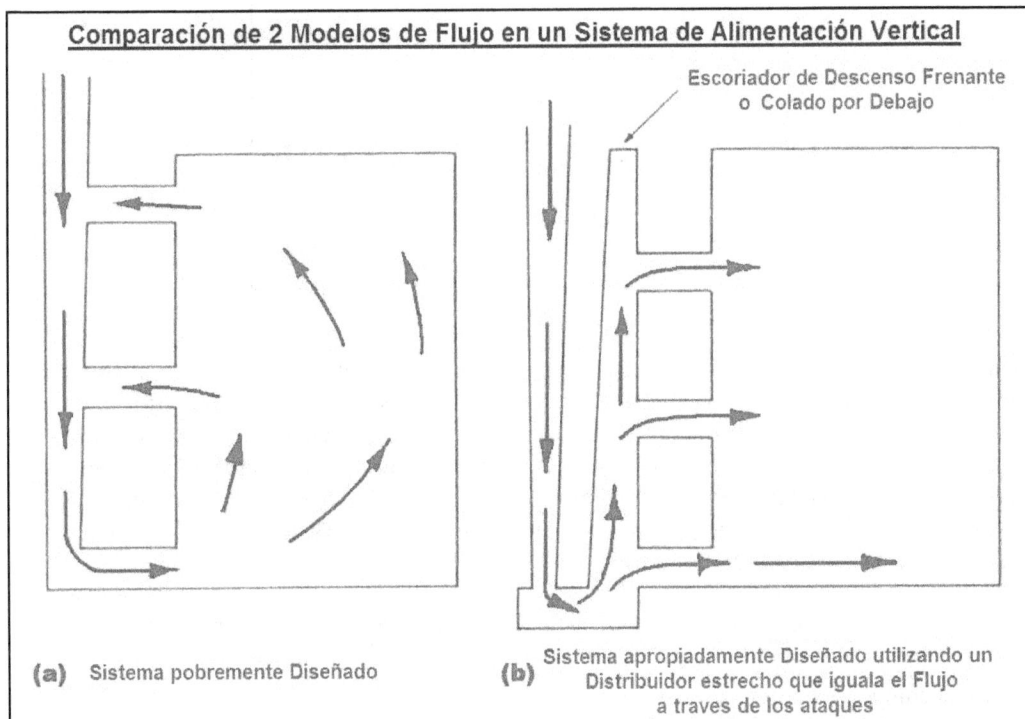

Comparación de 2 Modelos de Flujo en un Sistema de Alimentación Vertical

Escoriador de Descenso Frenante o Colado por Debajo

(a) Sistema pobremente Diseñado

(b) Sistema apropiadamente Diseñado utilizando un Distribuidor estrecho que iguala el Flujo a traves de los ataques

Figura 10

Los elementos que la constituyen se ven en la Figura 11. Este método posee la particular ventaja de introducir metal en la cavidad del molde, en su parte más baja, asegurando así un llenado suave del molde con mínima turbulencia.

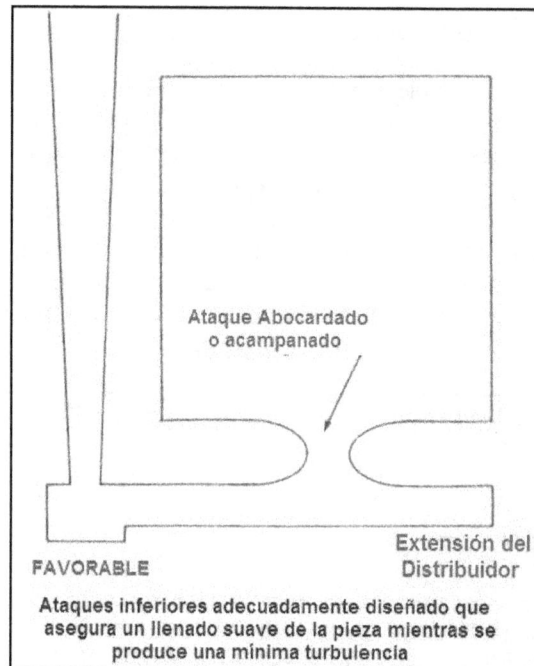

Figura 11

Los tiempos óptimos de llenado del molde se determinan por factores tales como, tipo de metal, peso de la pieza, y espesor típico de la misma. Una vez establecido el tiempo óptimo, se usan los principios del flujo líquido para determinar las dimensiones necesarias del sistema para distribuir el metal con la velocidad mínima requerida, que a su vez determina la sección transversal del canal "frenante" Una vez determinado éste, el resto de los componentes son fácilmente calculados, moviéndonos corriente abajo desde la estrangulación, en un sistema no presurizado, o bien corriente arriba desde el canal frenante (esto es, los ataques) en un sistema presurizado.

FILTROS CERÁMICOS EN EL DISEÑO DE COLADAS

Los filtros cerámicos se usan extensivamente en la industria de la fundición con el propósito de mejorar la limpieza de la pieza y reducir el costo de piezas coladas. Se incorporan en el sistema de coladas. Los filtros cerámicos eliminan de la corriente líquida escorias, impurezas y otros elementos no metálicos antes que el metal entre a la cavidad del molde. La mayoría de las aleaciones que se usan en fundición se hallan pasibles de transportar partículas que puede producir efectos deletéreos sobre las propiedades físicas y aspecto de las piezas. Estas partículas comúnmente incluyen:

→ Óxidos formados durante la fusión, transferencia del metal, y colado.
→ Partículas de refractario provenientes del horno y cucharas.
→ Partículas de refractario presentes en el sistema de coladas o desprendidas del molde o noyos durante el llenado.
→ Productos de reacción provenientes de las operaciones metalúrgicas.
→ Partículas metálicas y no metálicas sin disolver incorporadas como adiciones al metal fundido con el propósito de obtener modificaciones metalúrgicas.

Estas partículas, o inclusiones, actúan como discontinuidades en la matriz del metal de una pieza, y pueden tener una gran variedad de efectos adversos

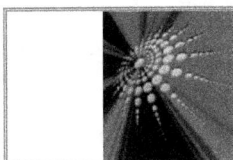

→ Las inclusiones grandes pueden reducir las propiedades mecánicas tales como resistencia a tracción y alargamiento.

→ La resistencia a la fatiga puede reducirse.

→ El maquinado puede resultar más difícil, y la velocidad de desgaste de la herramienta puede ser mayor.

→ La terminación superficial puede quedar afectada.

→ La capacidad para soportar presiones puede quedar reducid

→ Los tratamientos superficiales posteriores tales como anodizado o cubiertas cerámicas pueden quedar afectados.

Todos los recursos convencionales para remover las inclusiones que se encuentran en la corriente líquida hasta ahora se disponen en el diseño de los sistemas de colada. En base a ello, los sistemas de coladas se los diseña para poder separar partículas del metal debido a la diferencia de densidad entre el metal y la inclusión (Tabla 1).

ALEACIONES		Densidad gr/cm^3
Aleaciones de Aluminio		
Aluminio	Al	2,41
Alúmina	Al_2O_3	3,96
Silicato de Alúmina	$3Al_2O_3.2SiO_2$	3,15
Aleaciones de Magnesio		
Magnesio	Mg	
Óxido de Magnesio	MgO	
Aleaciones de Cobre		
Cobre	Cu	8
Óxido de Cobre	CuO	6
Óxido de Zinc	ZnO	5,61
Óxido de Estaño	SnO	6,45
Óxido de Berilio	BeO	3,01
Aleaciones base Hierro		
Fundición de Hierro		6,97
Aceros de Bajo Carbono		7,81
Aceros de Alto Carbono	2% de Carbono	6,93
Óxido Ferroso	FeO	5,70
Óxido Férrico	Fe_2O_3	5,24
Óxido Ferroso-Férrico	Fe_3O_4	5,18
Silicato de Hierro	SiO_4Fe	4,34
Óxido de Manganeso	MnO	5,45
Óxido Crómico	Cr_2O_3	5,21
Óxido de Silicio (Sílice)	SiO_2	2,65

Ambos sistemas, presurizado y no presurizado se usan persiguiendo este propósito. Para resultar efectivo, el sistema de coladas, deberá tener suficiente longitud como para permitir a las partículas de menor densidad tiempo suficiente como para flotar y adherirse a las paredes del molde antes de entrar a la cavidad del mismo. (se refiere al molde del canal alimentador).

En la práctica, este proceso no siempre logra una pieza de calidad adecuada, reduciéndose el rendimiento en particular en los sistemas no presurizados.

Ventajas de los filtros.

Los filtros cerámicos cuando se los usa correctamente, pueden atrapar partículas antes que puedan entrar a la cavidad del molde. Sus características pueden señalarse en las ventajas siguientes:

- Pueden reducirse las inclusiones ocasionadas por el scrap.
- Puede reducirse el sistema de alimentación e incrementar el rendimiento metálico. (Figura 12)
- La maquinabilidad puede mejorarse.
- Puede aumentar la vida útil de las herramientas.
- Puede reducirse el crece por maquinado. (tolerancias para el maquinado).
- Puede incrementarse las propiedades físicas.
- Puede mejorarse la terminación superficial.
- La flexibilidad en el proceso de colada puede mejorarse.

Figura 12

El uso de los filtros de cerámica en un sistema de coladas de diseño convencional puede resultar efectivo en la reducción de defectos relacionados con inclusiones, pero un sistema específicamente diseñado para incorporar filtros cerámicos resultará más efectivo. En la Figura 13 podemos ver un sistema de coladas típico para moldes con división horizontal diseñado para colocar filtros cerámicos. Asegurándonos que el filtro podrá eliminar partículas que se encuentren en la corriente metálica, podremos diseñar un sistema de coladas con los siguientes elementos y ventajas:

- El sistema puede ser despresurizado, reduciendo así la velocidad del metal al entrar a la cavidad del molde.
- Los escoriadores pueden reducirse en tamaño- longitud y sección- incrementando así el rendimiento metálico. Los escoriadores (alimentadores) en la "bajera", dando como resultado un llenado más rápido y más completo, reduciendo la oportunidad de oxidación del metal.

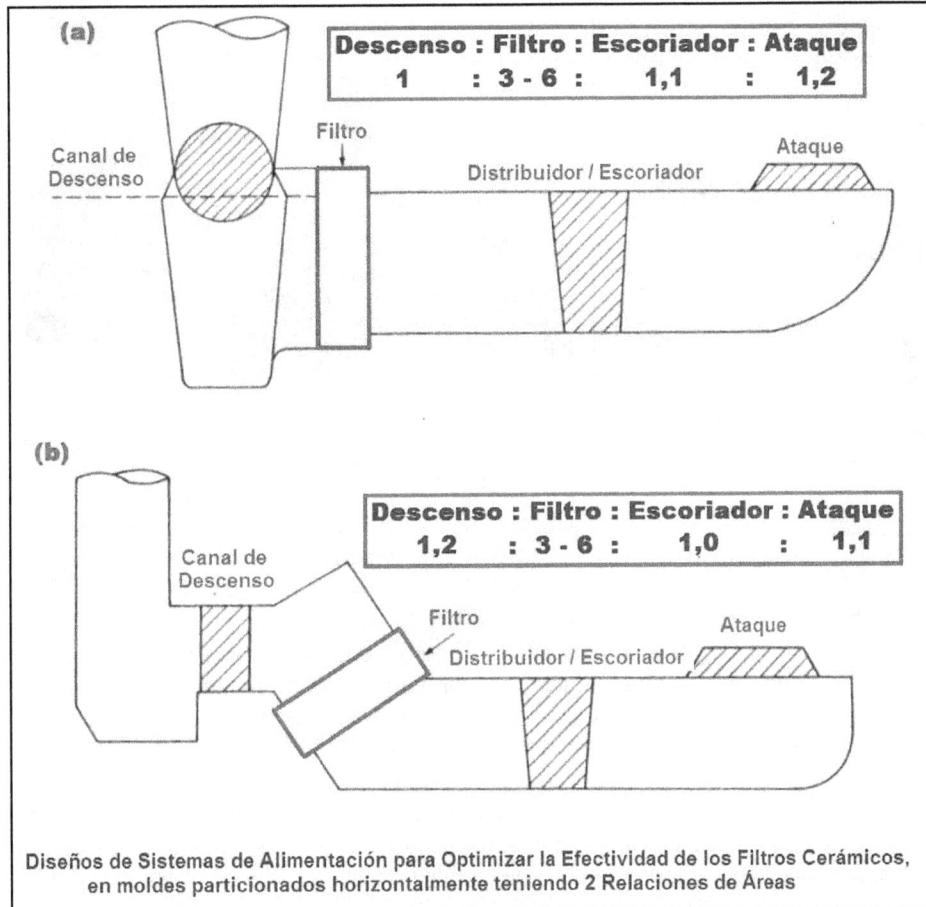

Diseños de Sistemas de Alimentación para Optimizar la Efectividad de los Filtros Cerámicos, en moldes particionados horizontalmente teniendo 2 Relaciones de Áreas

Figura 13

Tipos de filtros.

Los filtros cerámicos se encuentran disponibles dentro de una amplia variedad de materiales y en diferentes formas. Se usan comúnmente mullita, alúmina, sílice, zirconio, y carburo de silicio Las formas más comunes son telas de tejido abierto, espuma reticulada, formas celulares extrudadas, formas prensadas y placas perforadas (Fig. 14).

Las espumas cerámicas y cerámicas celulares resultaron ser las más efectivas para la eliminación de impurezas y son las más ampliamente usadas. Los filtros de noyos fueron ampliamente usados antes del advenimiento de los filtros cerámicos, y resulta importante notar la diferencia entre estos dos tipos y sus aplicaciones.

Figura 14

Noyos filtro (frenante) se han diseñado para que funcionen como estrangulamiento o restricción en el sistema de coladas. La superficie frontal – la razón de la superficie disponible para el pasaje del metal respecto a la superficie total – se encuentra dentro del orden del 20 al 45 %. Los filtros de noyos se han diseñado dentro del sistema de coladas para controlar la velocidad de llenado del molde y pueden ayudar a un rápido llenado del sistema de coladas. Esta acción puede favorecer la flotación y separación de partículas grandes presentes en la corriente de metal líquido, pero la función real no es eliminar partículas. Sus orificios relativamente grandes y espaciados, dividen la corriente fluida en varias corrientes separadas, que a menudo provocan aspiración y formación de óxidos en la corriente descendente.

Filtros cerámicos.- por el contrario, son diseñados para eliminar inclusiones del metal fundido. El filtrado se produce mediante dos mecanismos: filtrado físico y atracción química. (Fig. 15). Cuando se halla correctamente diseñado dentro del sistema de coladas, los filtros no actúan como una restricción significativa del flujo líquido. La superficie abierta (frontal) de la mayoría de los filtros cerámicos se halla dentro del orden de 60 a 85 %, y la corriente después del filtro resulta mucho menos turbulento que al usar los noyos filtros.

	La Microestructura muestra una estructura de área filtrada de una Fundición Nodular entre dos fases del filtro. Se nota claramente un filamento de Escoria de Silicato de Aluminio medido cercano a un poro sobre el cual hay grandes cantidades de partículas de Sulfuro de Magnesio retenidos con grafito Nodular degenerado.
	Los productos de reacción son retenidos tanto en la superficie del Filtro, como dentro de su propia estructura. En una ampliación del orden 25X, mostrando a una inclusión compuesta por silicatos y granos de arena retenidos en la estructura del Filtro.

Figura 15

Uso de los filtros cerámicos.

El diseño óptimo de un sistema de coladas para filtros cerámicos utiliza los siguientes principios:

- La ubicación de los filtros deberá ser realizada fácilmente.
- El tiempo de llenado del molde deberá ser constante y no deberá quedar afectada por la presencia del filtro.
- Deberá usarse el filtro adecuado para su uso.
- El sistema de coladas deberá producir el mínimo de turbulencia del metal en la corriente líquida después del filtro ni tampoco en la cavidad del molde.
- Las dimensiones del sistema de coladas deberán mantenerse dentro de los valores mínimos.

Colocación del filtro.- La ubicación y posición del filtro cerámico se halla influenciada por los métodos de moldeo, planificación de modelos, y cualquier proceso metalúrgico que se desarrolle dentro del mismo molde, tales como la nodulización y adición de inoculantes que se realiza en ciertas piezas de hierro fundido.. El método de moldeo resulta particularmente importante para determinar la posición del filtro. En los procesos de moldeo que utilizan modelos que se desgastan, los filtros se colocan más fácilmente dentro del basín de colada. En moldes con "división" horizontal, los filtros habitualmente se colocan según Figura 16.

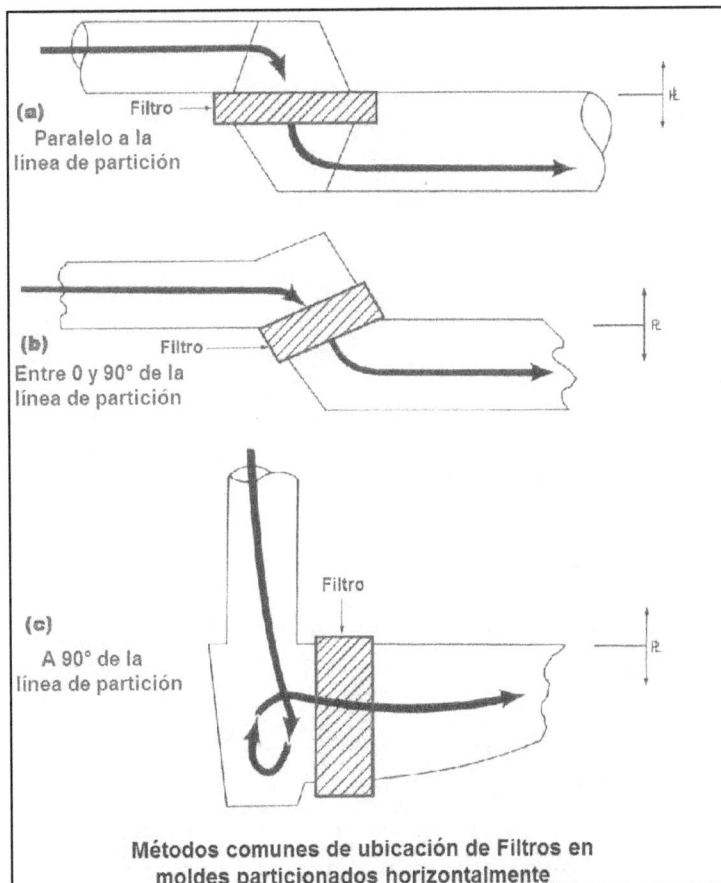

Métodos comunes de ubicación de Filtros en moldes particionados horizontalmente

Figura 16

Los filtros no deberán ser colocados en la base del canal de descenso, ya que ello incrementa la posibilidad de rotura del filtro reduciendo así su efectividad. En moldes partidos verticalmente (división vertical) los filtros se colocan según se ve en fig. 17.

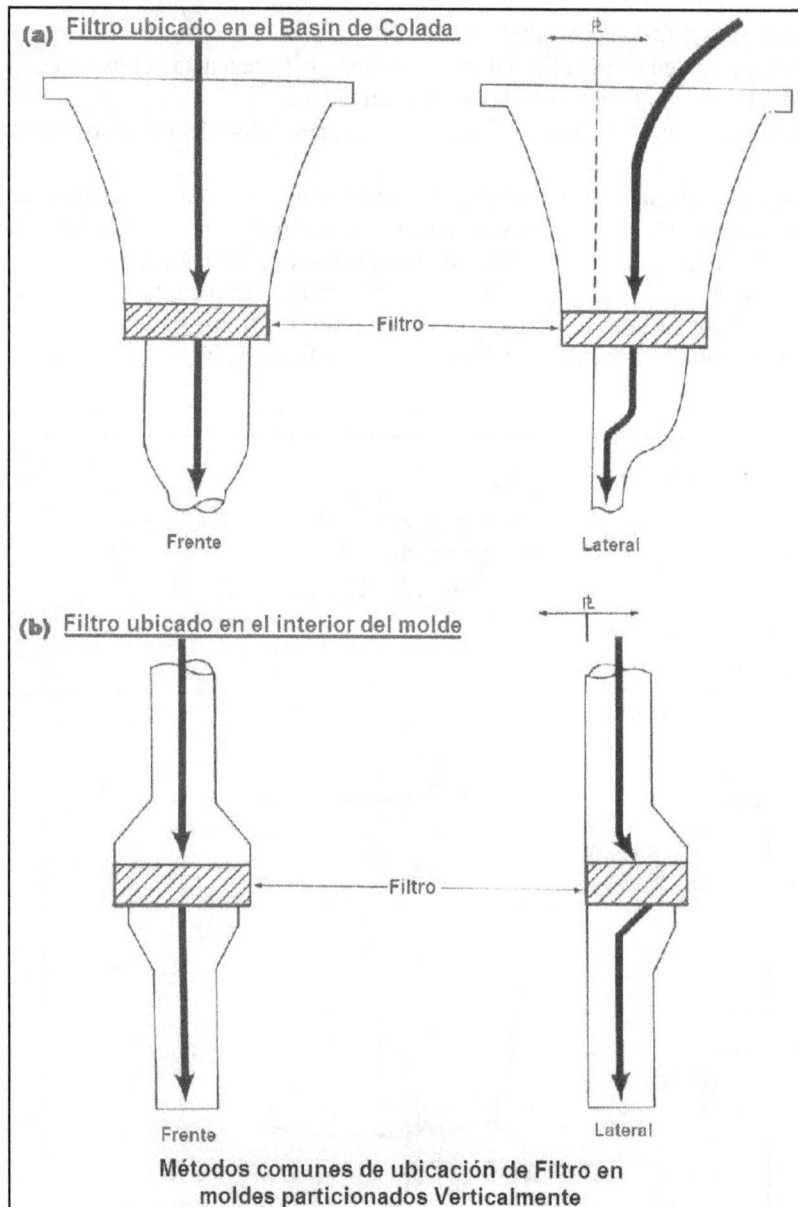

Figura 17

Aunque se usan filtros en el basín de colada, resultan más eficaces cuando se los coloca más alejados dentro del sistema de coladas. Cuando se realizan adiciones metalúrgicas en la cavidad del molde, los filtros deberán ser colocados corriente abajo, como se muestra en Fig.18.

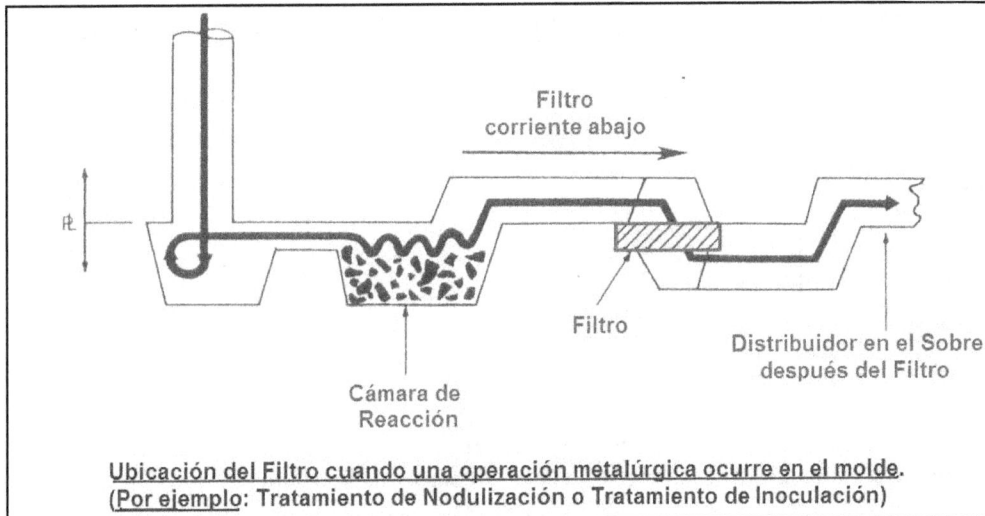

Ubicación del Filtro cuando una operación metalúrgica ocurre en el molde.
(**Por ejemplo**: Tratamiento de Nodulización o Tratamiento de Inoculación)

Figura 18

__Relación superficie del filtro / superficie de estrangulación__. El tamaño y cantidad de filtros requerido, se halla determinado por la velocidad requerida para el llenado del molde y el volumen de metal a ser filtrado. A medida que ocurre el proceso de filtrado, algunas células en el filtro comienzan a taparse (o bloquearse), y la velocidad a la cual puede pasar el metal puede reducirse. Este fenómeno se ilustra en la Figura 19.

El tamaño del filtro se determina de manera que pueda trabajar con flujo llamado normal Figura 19. En general, la razón necesaria entre superficie filtrante y superficie de estrangulamiento (choke) se halla dentro de valores 2:1 a 4:1 en el comienzo de la colada. Si el filtro resulta demasiado pequeño, se puede llegar a taponar totalmente, dando como resultado un llenado incompleto del molde.

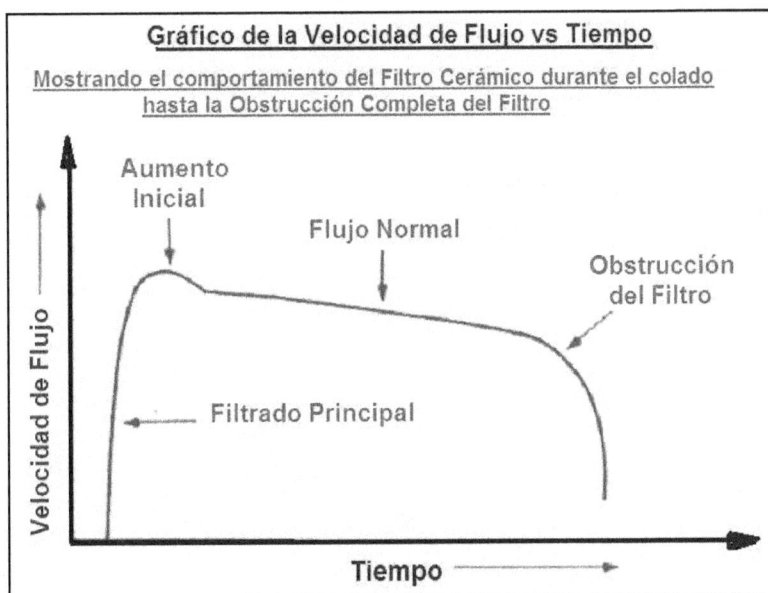

Figura 19

81

MÉTODOS DE CÁLCULO de SISTEMAS DE ALIMENTACIÓN

1°.- EL MÉTODO MEEHANITE

Se busca una pieza prototipo

$P = 100$ lbs $= 45$ Kg.
$t = 6,3$ seg
$S_A = 1$ pulg^2 $= 6,4$ cm^2

Nuestras piezas van a caer en la siguiente clasificación:

PLACA: **Una de las dimensiones es menor 5 veces que las otras dos (Espesor)**
BARRA: **Una de las dimensiones es mayor 5 veces que las otras dos (Largo)**

Siempre a igual peso entre PLACA y BARRA debe darse un mayor N° de ataques en una Placa.
La pieza mas comprometida, desde el punto de vista de la Solidificación es la Placa.
Si existiese alguna duda en la clasificación de un elemento más inclinaríamos por la placa.
Sabemos que los canales de alimentación se definen sabiendo una sección. O sea con una sección del sistema de alimentación cálculo las otras.
Para utilizar este método disponemos de una tabla donde los datos que se dan son los siguientes:

PESO (Libras)	t_1 (seg.)	t_2 (seg.)	t_3 (seg.)
500	32	35	38
1000			
1450	65	71	78
1500			

t_1 , t_2 , t_3 tiempos de llenado .

Si es barra el llenado es lento. (t_3)

Si es placa el llenado es rápido. (t_1)

Ejemplo:
La pieza es una placa:
P = 1450 lbs.
t = 65 seg.
S_A = ¿? (Incognita)

Hay que compararlo con nuestra pieza tipo:
P = 100 lbs.
t = 6,3 seg.
S_A = 1 pulg^2

Diferentes alternativas de Cálculo por MEEHANITE para la misma pieza – Ejercitación

En este caso lo compararemos con el $t = 6,3$ seg.   Procedimiento directo

[t = 6,3 seg]

Directo	
Mayor	mayor
Menor	menor

65 seg_____1450 lbs
6,3 seg_____x = $\frac{6,3 \text{ seg} \times 1450 \text{ lbs}}{65 \text{ seg}}$ = 140,53 lbs [6,3seg]

[t = 6,3 seg]   100 lbs_____1 pulg^2
[t = 6,3 seg]   140,53 lbs_____x = 1,4 pulg^2 S_A= 1,4 pulg^2

Ahora calculando mediante el método inverso comparando [P = 100 lbs]

[P = 100 lbs]   Procedimiento inverso

Directo	
Mayor	mayor
Menor	menor

1450 lbs_____65 seg
100 lbs_____x = 4,48 seg

[P = 100 lbs]   6,3 seg_____1 pulg^2
[P = 100 lbs]   4,48 seg_____x = 1 pulg^2 x 6,3 seg = 1,4 pulg^2

INVERSO	
Mayor	menor
Menor	mayor

S_A= 1,4 pulg^2

Ahora calculo el tiempo t sabiendo como dato:
La pieza es

P   = 1450 lbs.
S_A = 1,4 pulg^2
t   = ¿? (Incognita)
Hay que compararlo con nuestra pieza tipo:

P = 100 lbs.
t = 6,3 seg.
S_A = 1 pulg^2

En este caso lo compararemos con el $\underline{S_A = 1\ pulg^2}$.

$$[\ S_A = 1\ pulg^2\ ] \qquad \underline{Procedimiento\ directo}$$

Directo	
Mayor	mayor
Menor	menor

$1,4\ pulg^2$ _____ $1450\ lbs$
$1\ pulg^2$ _____ $x = 1035\ lbs$

$[S_A = 1\ pulg^2]$
$[S_A = 1\ pulg^2]$

$100\ lbs$ _____ $6,3\ seg$
$1035\ lbs$ _____ $x = \dfrac{6,3\ seg\ x\ 1035\ lbs}{100\ lbs}$ =

Directo	
Mayor	mayor
Menor	menor

$$\boxed{t = 65\ seg}$$

- -

Ahora calculando mediante el método inverso comparando $[\ P = 100\ lbs\ ]$

$$[\ \mathbf{P} = 100\ lbs\ ] \qquad \underline{Procedimiento\ inverso}$$

Directo	
Mayor	mayor
Menor	menor

$1450\ lbs$ _____ $1,4\ pulg^2$
$100\ \ lbs$ _____ $x = 0,0965\ pulg^2$

$[\ \mathbf{P} = 100\ lbs\ ]$
$[\ \mathbf{P} = 100\ lbs\ ]$

$1\ \ pulg^2$ _____ $6,3\ seg$
$0,0965\ pulg^2$ _____ $x = \dfrac{1\ pulg^2\ x\ 6,3\ seg}{0,0965\ pulg^2}$ = 65 seg

Inverso	
Mayor	menor
Menor	mayor

$$\boxed{t = 65\ seg}$$

- -

Ahora calculo el Peso P sabiendo como dato:

La pieza es

P	$= ¿?$ (Incognita)
S_A	$= 1,4\ pulg^2$
t	$= 65\ seg$

Comparar
$P = 100\ lbs$
$t = 6,3\ seg$
$S_A = 1\ pulg^2$

Hay que compararlo con nuestra pieza tipo:

$$P = 100\ lbs.$$
$$t = 6,3\ seg.$$
$$S_A = 1\ pulg^2$$

En este caso lo compararemos con el $\underline{S_A = 1 \text{ pulg}^2}$.

$$[\ S_A = 1 \text{ pulg}^2\ ] \qquad \underline{\text{Procedimiento inverso}}$$

Inverso	
Mayor	menor
Menor	mayor

1,4 pulg^2_____65 seg
1 pulg^2_____x = 91 seg

$[S_A = 1 \text{ pulg}^2]$
$[S_A = 1 \text{ pulg}^2]$

6,3 seg_____100 lbs
91 seg_____x = 1444 lbs

Directo	
Menor	menor
Mayor	mayor

$$\boxed{P = 1444 \text{ lbs}}$$

Ahora calculo P mediante el procedimiento inverso [t = 100 lbs]

P   = ¿? **(Incognita)**
S_A = 1,4 pulg^2
t = 65 seg

Hay que compararlo con nuestra pieza tipo:

Comparar
P = 100 lbs
t = 6,3 seg
S_A = 1 pulg^2

$$[\ t = 6,3 \text{ seg}\ ] \qquad \underline{\text{Procedimiento inverso}}$$

Inverso	
Mayor	menor
Menor	mayor

65 seg_____1,4 pulg^2
6,3 seg_____x = 14,44 pulg^2

$[\ t = 6,3 \text{ seg}\ ]$
$[\ t = 6,3 \text{ seg}\ ]$

1 pulg^2_____100 lbs
14,44 pulg^2_____x = $\dfrac{14,5 \text{ pulg}^2 \times 100 \text{ lbs}}{1 \text{ pulg}^2}$ = 1444 lbs

Directo	
Menor	menor
Mayor	mayor

$$\boxed{P = 1444 \text{ lbs}}$$

CALCULO DEL DIMENSIONAMIENTO DE LA SECCIÓN DE ATAQUE (S_A)

Sabiendo ya la S_A, hay que dimensionar el espesor de ataque:
<u>Por ejemplo:</u>

Se toma el espesor de ataque c = 12 mm (este valor no es al azar pues se toma el 25 al 30 % de espesor de las piezas)

Por ejemplo: S_A = 1,6 pulg^2

Hay que trabajar en cm o mm.

1 pulg^2_____6,45 cm^2

1,6 pulg^2_____x = 10,32 cm^2 $\cong$ 10 cm^2

Sabemos que para aleaciones ferrosas

S_A	:	S_E	:	S_D
1	:	1,3	:	1,1
10 cm^2	:	13 cm^2	:	11 cm^2

Se determina el diámetro: Ø

Se determina el lado menor del trapecio: **a**

Cálculo del a (Trapecio) para S_E :

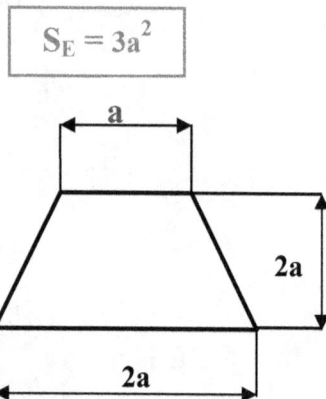

$$S_E = 13 \text{ cm}^2 \qquad S_E = 3a^2$$

$$S_E = 3a^2$$

$$S_E = 13 \text{ cm}^2$$
$$3a^2 = 13 \text{ cm}^2$$

$$a = \sqrt{\frac{13 \text{ cm}}{3}}$$

$$a = 2,08 \text{ cm}$$

Cálculo del D (Ø) para S_D :

$$S_D = \frac{\pi \, D^2}{4}$$

$$S_D = \frac{\pi \, D^2}{4} = 11 \text{ cm}^2$$

$$D = \sqrt{\frac{4 \cdot 11}{\pi}} \text{ cm.}$$

$$D = 3,74 \text{ cm.}$$

Determinamos que el N° de ataque para nuestra pieza es de 4 :

$$S_A = b.c$$

$$S_A = 10 \text{ cm}^2$$

$$c = 12 \text{ mm} = 1,2 \text{ cm}$$

(es el 25 al 30 % del espesor de la pieza)

$$b.c = 10 \text{ cm}^2.$$

$$b \cdot 1,2 \text{ cm} = 10 \text{ cm}^2.$$

$$b = \frac{10 \text{ cm}^2}{1,2 \text{ cm}}$$

$$c = 8,3$$

(Este sería el ancho total para los 4 ataques)

Divido el valor de **c** por 4 (que es el N° de ataques)

$$c = \frac{8,3}{4} = 2,08 \text{ cm}$$

2°.- EL MÉTODO SUECO.

Por este método se utilizan gráficos de piezas que llegan a pesos de 60 a 80 kg pero se pueden calcular para piezas de pesos mayores.

Este método es más exacto que el método Meehanite, se determinar S_{Ataque} en función del tiempo de llenado, velocidad, densidad y en base a las pérdidas del sistema.

Sabemos que el caudal

$$Q = \frac{Volumen}{tiempo}$$

$$Q = Velocidad \times Sección$$

$$\eth = \frac{P}{V} \implies V = \frac{P}{\eth}$$

$$Q = \frac{Volumen}{tiempo} = Velocidad \times Sección$$

$$S_A = \frac{Velocidad.....}{Tiempo \times Seccion}$$

$$S_A = \frac{Volumen.....}{tiempo \times velocidad} = \frac{\frac{P}{\eth}}{t \times v} = \frac{P}{\eth . t . v}$$

Pero para que las unidades nos den en cm^2, esa S_A se multiplica por 1000 y luego se multiplica por α porque es un coeficiente general de pérdidas de todo el sistema.

$$S_A = \frac{P \times 1000}{\alpha . \eth . t . v}$$

Las unidades que debe presentarse estas variables para que sean iguales y nos de S_A en cm^2 debe ser

$P = [kg]$

α = adimensional

$\eth = \left[\frac{gr}{cm^3}\right] = \left[\frac{kg}{dm^3}\right]$

$t = [seg]$

$v = \left[\frac{mm}{seg}\right]$

88

La variación de altura [ΔH] que existe entre la pieza y la superficie de la caja donde se encuentra el embudo se denomina altura de presión.

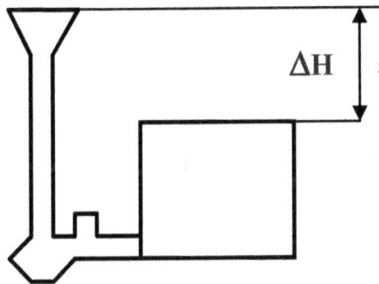

ΔH | **altura de presión**

ΔH = desde el borde superior de la pieza
hasta el borde superior del embudo

1°.- Cálculo de α

el valor de **α** lo obtenemos mediante la siguiente formula:

$$\alpha = \frac{1}{\sqrt{1+\sum c}}$$

$$\boxed{\alpha = \frac{1}{\sqrt{1+\sum c}}}$$

1°) – Pérdida de c_1

Cambio de sección del embudo de colada / Canal de Descenso

Simétrico   **Asimétrico**

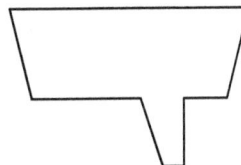

$c_1 = 0,3$ $c_1 = 0,5$

2°) – Pérdida de c_2

Cambio de dirección que presenta el canal de descenso de vertical a horizontal

1 sola dirección

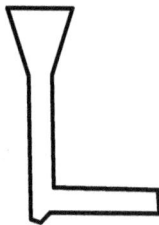

1 bifurcación

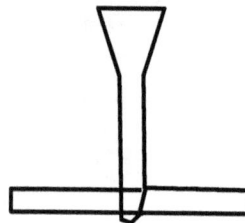

$c_2 = 2$

$c_2 = 4$

3°) – Pérdida de c_3

Debido al número de ataques varía la pérdida de energía

$$c_3 = 2N$$

$$\boxed{N = N° \text{ de Ataques}}$$

4°) – Pérdida de c_4

Debido a la longitud de la S_A (La suma de todas las longitudes individuarles de los sistemas de ataque. La llamamos L)

$$L = \sum l$$

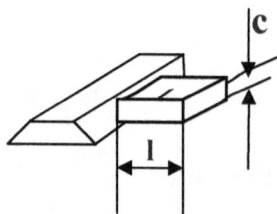

Y debido al espesor de la S_A

Si $c \leq 5$ mm $c_4 = 0,01 \times L$

Si $c > 5$ mm $c_4 = 0,005 \times L$

Se suman los valores de c y también existe un gráfico, sino se quiere calcular por fórmula:

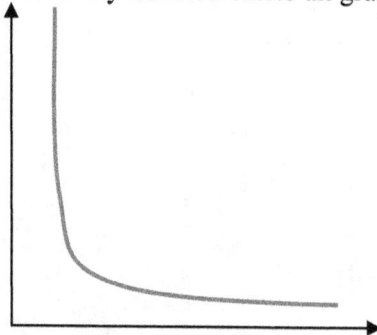

$$\alpha = \frac{1}{\sqrt{1 + \sum c}}$$

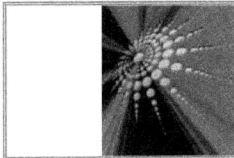

2º.- Cálculo del tiempo (t)

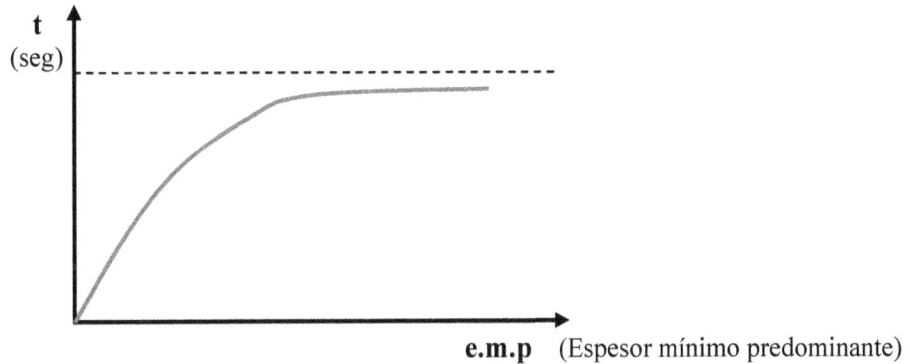

Siempre se toma el espesor mínimo predominante (predominantemente significa si es el más representativo de la pieza). Si encontramos un tiempo de llenado perfecto de 7 seg y lo lleno en 4 seg aumentaríamos la velocidad dinámica, por lo tanto erosionaríamos el molde por ese motivo hay que limitarse.

Ejemplo:

CÁLCULO de la S_A en base al MÉTODO SUECO y recálculo de α

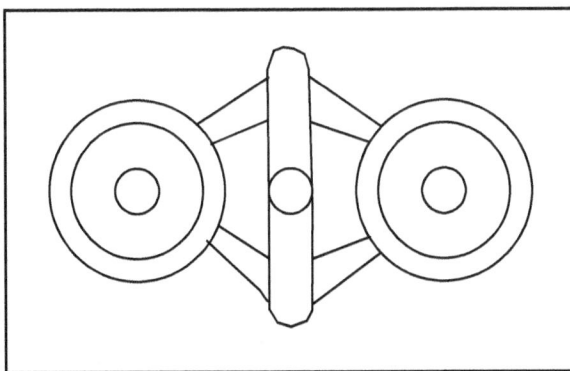

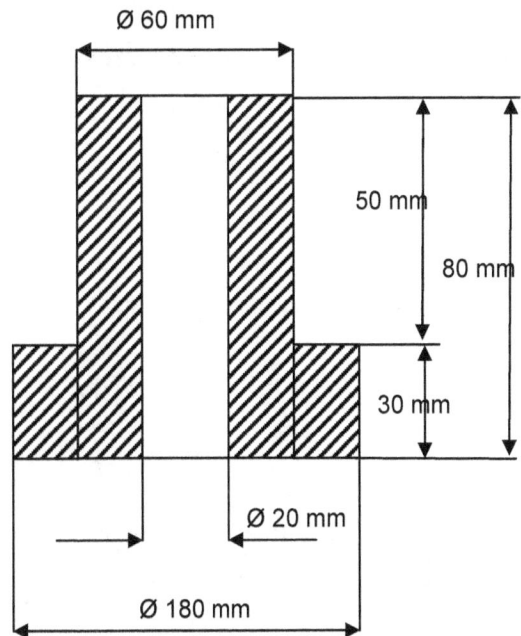

DATOS:

$\eth$ = 8,6 Kg / dm^3

h_1 = 180 mm (Canal de Descenso)

b = 2 mm (Espesor de Ataque) Es el 20 al 30 % del Espesor de la pieza.

l = 8 mm (Longitud del Canal de Ataque).

t = 22 seg. (Tiempo de llenado).

h_0 = 80 mm (Altura desde el nivel de la sección de ataque hasta el nivel superior de la pieza)

v = 150 mm / seg. (velocidad de llenado).

N = 4 (N° de ataques).

Embudo simétrico

$$S_A = \frac{P \times 1000}{\alpha . \eth . t . v}$$

1°.- Cálculo el Peso (P)

$$V_1 = \frac{\pi}{4} 1,8^2 \text{ dm}^2 .0,3 \text{ dm} = 0,763 \text{ dm}^3 \quad \rightarrow \quad V_1 = 0,763 \text{ dm}^3$$

$$V = \frac{\pi D^2}{4} . L$$

$$V_2 = \frac{\pi}{4} 0,6^2 \text{ dm}^2 .0,5 \text{ dm} = 0,141 \text{ dm}^3 \quad \rightarrow \quad V_2 = 0,141 \text{ dm}^3$$

$$V_3 = \frac{\pi}{4} 0,2^2 \text{ dm}^2 .0,8 \text{ dm} = 0,025 \text{ dm}^3 \quad \rightarrow \quad V_3 = 0,025 \text{ dm}^3$$

$$V_{TOTAL} = (V_1 + V_2 + V_3) \times 2 \text{ piezas}$$

$$V_{TOTAL} = (0,763 + 0,141 - 0,025) \text{ dm}^3 \times 2 \text{ piezas} = 1,758 \text{ dm}^3 \quad \rightarrow \quad \underline{V_{TOTAL} = 1,758 \text{ dm}^3}$$

$$\eth = \frac{P}{V} \quad \rightarrow \quad P = \eth .V = 1,758 \text{ dm}^3 . 8,6 \text{ Kg} = 15 \text{ Kg} \quad \rightarrow \quad \underline{P = 15 \text{ Kg}}$$

2°.- Cálculo t̄ (tiempo)

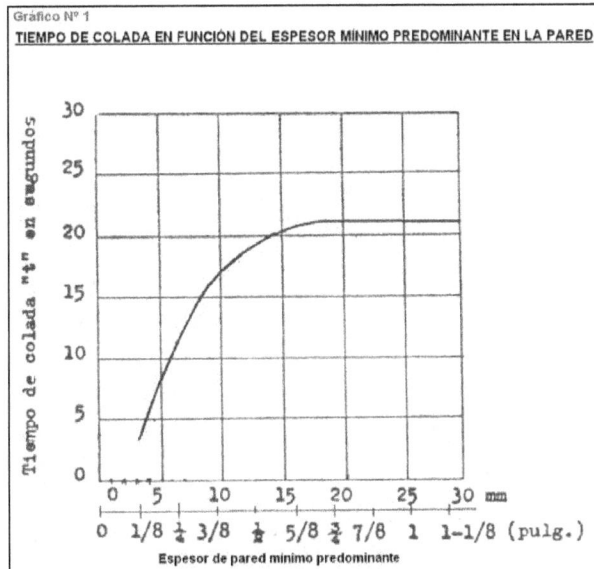

Gráfico N° 1

TIEMPO DE COLADA EN FUNCIÓN DEL ESPESOR MÍNIMO PREDOMINANTE EN LA PARED

3°.- Cálculo V (velocidad de llenado)

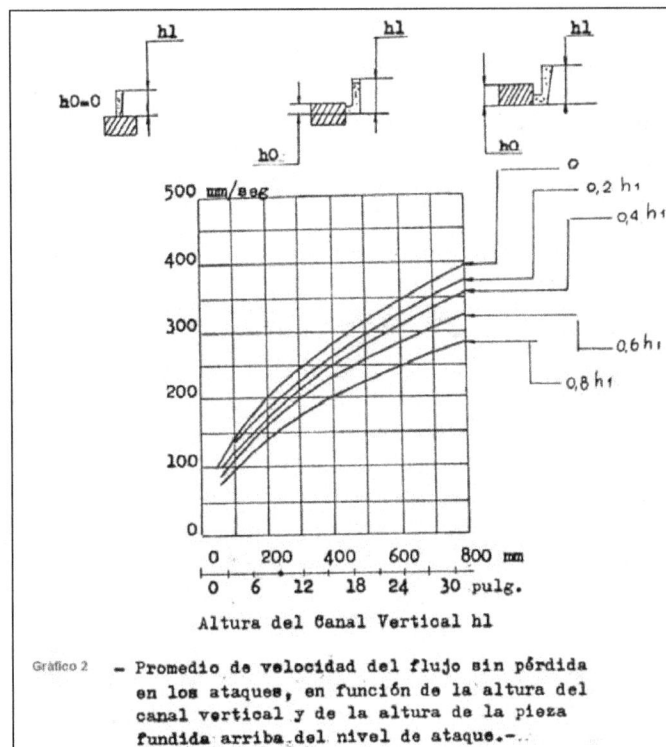

Altura del Canal Vertical hl

Gráfico 2 — Promedio de velocidad del flujo sin pérdida en los ataques, en función de la altura del canal vertical y de la altura de la pieza fundida arriba del nivel de ataque.-

4°.- Cálculo α

$$\alpha = \frac{1}{\sqrt{1 + \sum c}}$$

$c_1 = 0,3$ $\rightarrow$ por Embudo Simétrico

$c_2 = 4$ $\rightarrow$ por Canal Alimentador bifurcado

$c_3 = 2.N = 2 . 4 = 8$ $\rightarrow$ por N = N° de Ataque es igual a 4

$c_4 = 0,005.L$ $\rightarrow$ $L = \sum l = 4 . 8 \text{ mm} = 32 \text{ mm} \rightarrow L = 32 \text{ mm}$

$c_4 = 0,005 . 32 \text{ mm}$
$c_4 = 0,16$

$\sum c = c_1 + c_2 + c_3 + c_4$

$\sum c = 0,3 + 4 + 8 + 0,16$

$\sum c = 12,46$

$$\alpha = \frac{1}{\sqrt{1 + \sum c}} = \frac{1}{\sqrt{1 + 12,46}} \rightarrow \alpha = 0,2725$$

5°.- Cálculo de S_A

$$S_A = \frac{P \times 1000}{\alpha . \delta . t . v}$$

$$S_A = \frac{15 \, Kg \times 1000}{0{,}27 . 8{,}6 \, Kg/dm^3 . 22 \, seg. . 150 \, cm/seg} = 1{,}97 \, cm^2$$

$$S_A = \underline{1{,}97 \, cm^2}$$

6°.- Cálculo de las otras Secciones S_E ; S_D ; S_A

S_E → **a** (a del Trapecio)
S_D → Ø (diámetro del Canal de Descenso)
S_A → c (ancho del Canal de Ataque)

Sabemos que para aleaciones ferrosas

S_A	:	S_E	:	S_D
1	:	1,3	:	1,1
1,97 cm^2	:	2,56 cm^2	:	2,17 cm^2

Se determina el diámetro: Ø

Se determina el lado menor del trapecio: **a**

Cálculo del a (Trapecio) para S_E :

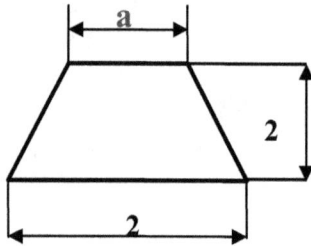

$$S_E = 2,56 \text{ cm}^2 \qquad S_E = 3a^2$$

$$\boxed{S_E = 3a^2}$$

$$S_E = 2,56 \text{ cm}^2$$
$$3a^2 = 2,56 \text{ cm}^2$$

$$a = \sqrt{\frac{2,56 \text{ cm}}{3}} = 0,92 \text{ cm}$$

$$\boxed{a = 0,92 \text{ cm}}$$

Cálculo del D (Ø) para S_D :

$$\boxed{S_D = \frac{\pi \, D^2}{4}}$$

$$S_D = \frac{\pi \, D^2}{4} = 2,17 \text{ cm}^2$$

$$D = \sqrt{\frac{4 \cdot (2,17)}{\pi} \text{ cm.}}$$

$$\boxed{D = 1,657 \text{ cm.}}$$

Determinamos que el Nº de ataque para nuestra pieza es de 4 :

$$\boxed{S_A = b.c}$$

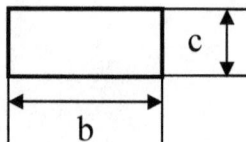

$$S_A = \frac{1,97 \text{ cm}^2}{4}$$

$$S_A = 0,49 \text{ cm}^2$$

$$c = 9 \text{ mm} = 0,9 \text{ cm}$$

(es el 25 al 30 % del espesor de la pieza)

$$b \cdot c = 0,49 \text{ cm}^2.$$

$$b \cdot 0,9 = 0,49 \text{ cm}^2.$$

$$b = \frac{0,49 \text{ cm}^2}{0,9 \text{ cm}}$$

$$\boxed{b = 0,544 \text{ cm}}$$

7°.- Recálculo de α

Cálculo de C_1 → Se calcula en base a h_1 (Altura del Canal de Descenso)
Se calcula en base a D (Diámetro del Canal de Descenso)

Datos
h_1 = 180 mm
D = 16,57 mm   Embudo Simétrico

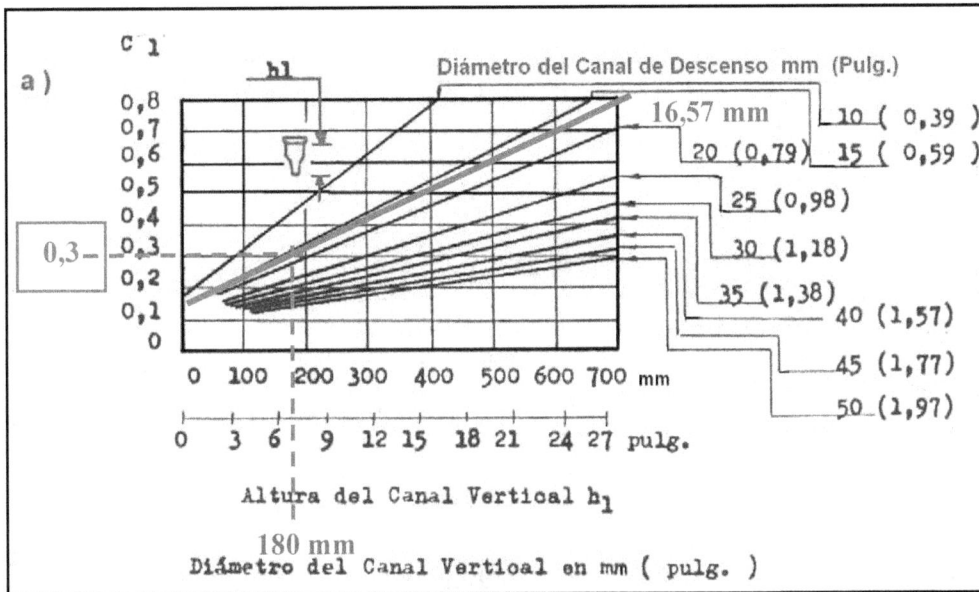

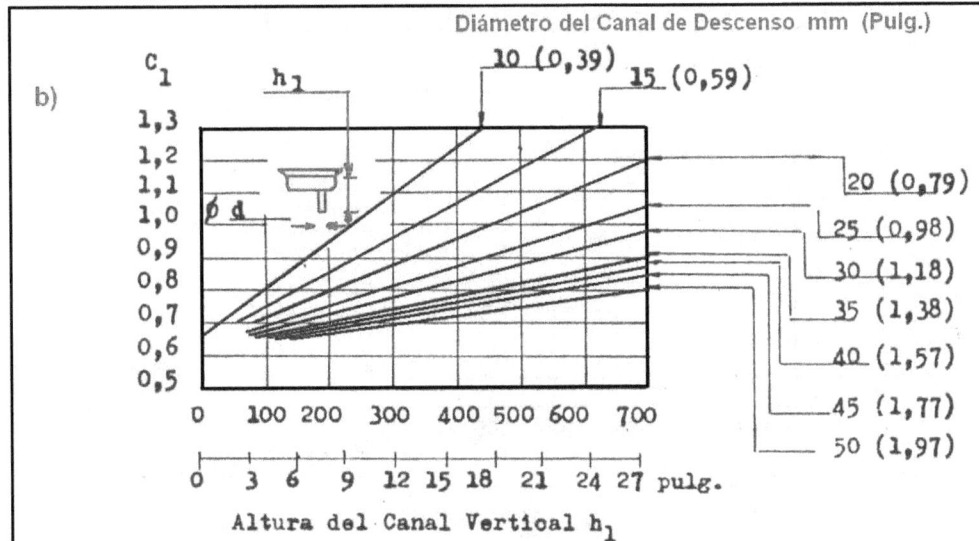

Fig. 5.- Valor de pérdida C_1 en función de la altura del canal vertical y su diámetro, para uniones cónicas y agudas

Cálculo de c_2   →   Se calcula la Longitud Total del Canal Distribuidor (L)
Se calcula en base a a (del Canal Distribuidor del trapecio S_E)

Datos
a = 9,2 mm
L = 280 mm

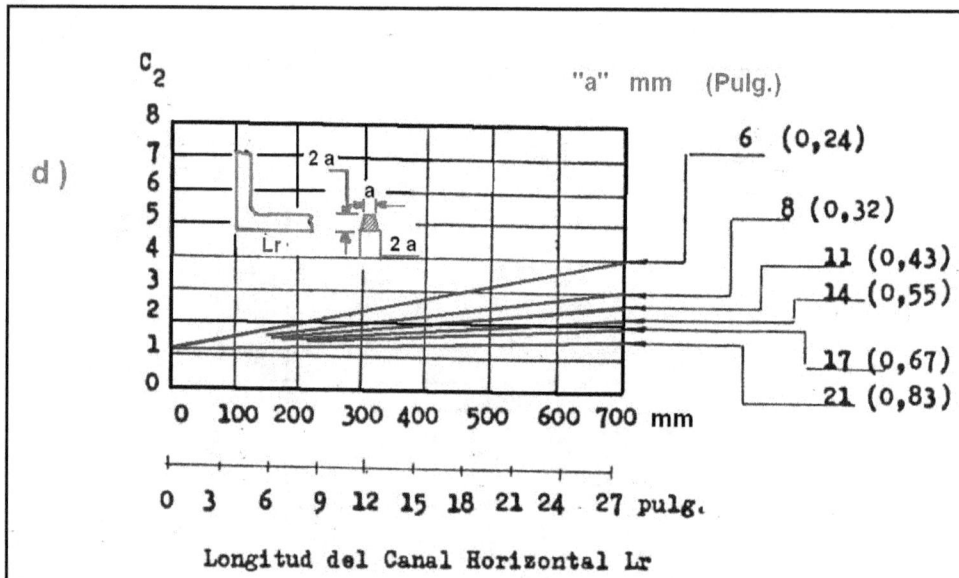

Fig. 6 .- Valor de pérdida C_2 en función de la longitud
y dimensiones del canal horizontal simple

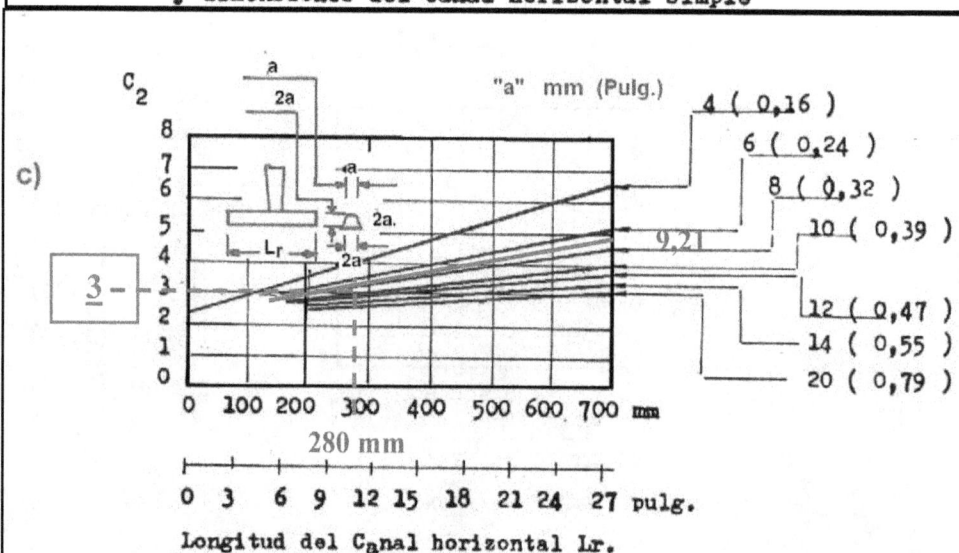

Fig. 6.- Valor de pérdida C_2 en función de la longitud y dimensiones
del canal horizontal doble

Cálculo de C_3 ➔ NO SE RECALCULA

Datos
$C_3 = 2 \cdot N$ (N = N° de Ataques)
$C_3 = 2 \cdot 4 = 8$
$C_3 = 8$

Cálculo de C_4 ➔ Se calcula en base a un coeficiente (**g**)
Se calcula en base a **a** (del Canal Distribuidor del trapecio S_E)

Datos
$b = 5,47$ mm
$c = 9$ mm

$$g = \frac{b+c}{2 \cdot b \cdot c} = \frac{5,47+9}{2 \cdot 5,47 \cdot 9} = 0,14 \rightarrow g = 0,14$$

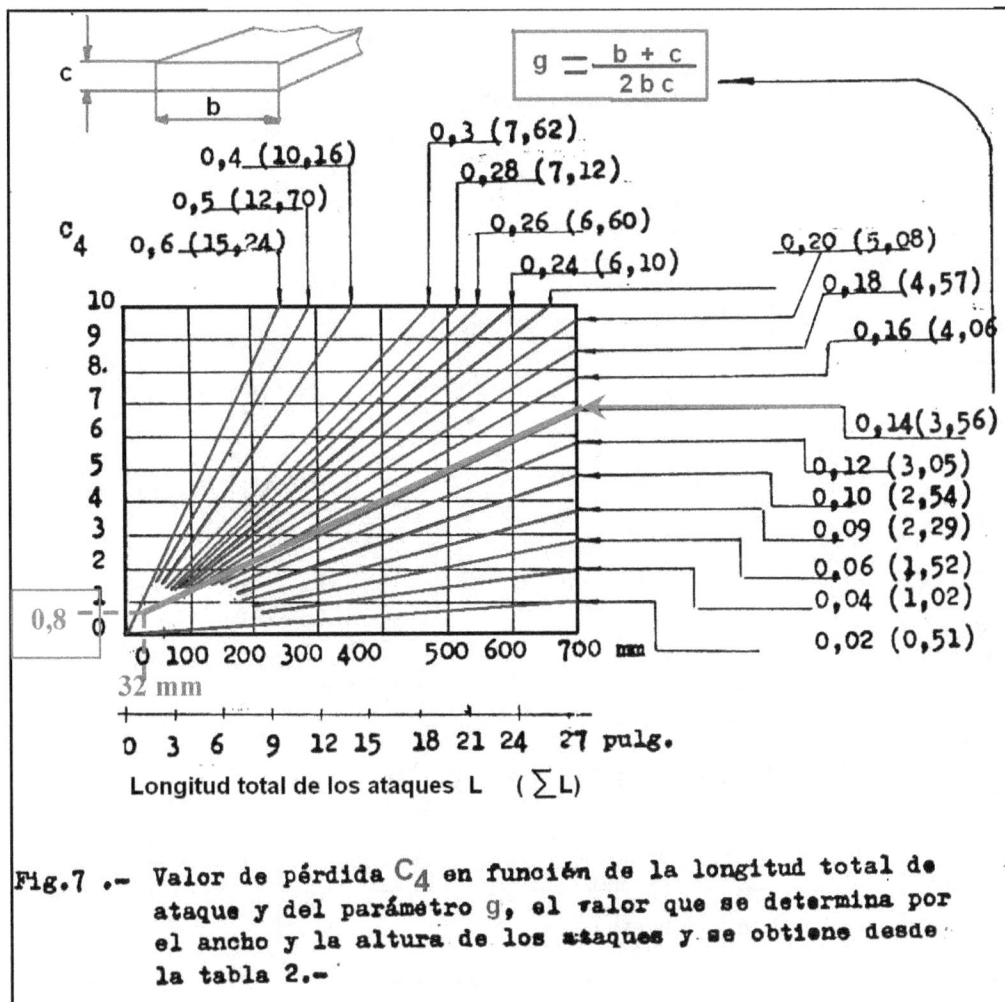

Fig.7 .- Valor de pérdida C_4 en función de la longitud total de ataque y del parámetro g, el valor que se determina por el ancho y la altura de los ataques y se obtiene desde la tabla 2.-

99

3°.- EL MÉTODO SARIÁN

Ejemplo

Pieza:	Polea
$\emptyset_{EXTERIOR}$	380 mm
$\emptyset_{INTERIOR}$	90 mm
Altura:	150 mm

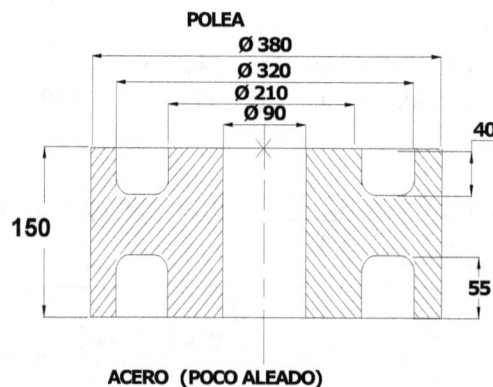

POLEA

ACERO (POCO ALEADO)

1°.- Cálculo del Peso REAL

$$V_1 = \frac{\pi \, (D^2 - d^2) \cdot L}{4}$$

$V_1 = \frac{\pi}{4} \, (3,8^2 \, dm^2 - 3,2^2 \, dm^2) \cdot 1,5 \, dm = 4,9 \, dm^3$ → $V_1 = 4,9 \, dm^3$

$V_2 = \frac{\pi}{4} \, (2,1^2 \, dm^2 - 0,9^2 \, dm^2) \cdot 1,5 \, dm = 4,2 \, dm^3$ → $V_2 = 4,2 \, dm^3$

$V_3 = \frac{\pi}{4} \, (3,2^2 \, dm^2 - 0,9^2 \, dm^2) \cdot 0,55 \, dm = 4,2 \, dm^3$ → $V_3 = 4,2 \, dm^3$

$$V_{TOTAL} = 11,6 \, dm^3$$

$\delta = \frac{P}{V}$ $P = V \cdot \delta = 11,6 \, dm^3 \cdot 7,8 \, Kg / dm^3 =$ → $P_{PIEZA} = 90,5 \, Kg$

$$P_{TOTAL} = P_{PIEZA} + \text{Montante} + \text{Colada} = 90,5 \, Kg \cdot 1,33 = \rightarrow \quad P_{TOTAL} = 120,4 \, Kg$$

$$V_{APARENTE} = \frac{\pi}{4} \left(3,8^2 \text{ dm}^2\right) . \ 1,5 \text{ dm} = 16,9 \text{ dm}^3 \quad \rightarrow \quad V_{APARENTE} = \underline{\mathbf{16,9 \text{ dm}^3}}$$

SECCIÓN MÍNIMA del SISTEMA

$$S_m = \frac{P}{t \cdot K \cdot L}$$

Donde:

S_m = Sección Mínima del Sistema

P = Peso del Sistema Total (Pieza + Montante + Sistema de Alimentación)

t = tiempo de llenado en seg.

$$t = S \sqrt{P}$$

K = Coeficiente que sale de la Relación $\dfrac{P}{V_{Aparente}}$ y del Tipo de aleación **(Tabla III)**

S = Coeficiente S para el cálculo del llenado en función del $\dfrac{P}{V_{Aparente}}$ **(Tabla II)**

L = Coeficiente que depende del Tipo de Aleación. **(Tabla IV)**

2°.- Cálculo del $P_{TOTAL} / V_{APARENTE}$

$$\frac{P_{TOTAL}}{V_{APARENTE}} = \frac{120,4 \text{ Kg}}{16,9 \text{ dm}^3} = \mathbf{7} \rightarrow \quad \frac{P}{V} \boxed{= 7}$$

3°.- Cálculo del coeficiente "S"

Para $\quad \dfrac{P_{TOTAL}}{V_{APARENTE}} = 7 \quad \rightarrow \quad$ **Según TABLA II** $\rightarrow \quad \boxed{S = 1,4}$

4°.- Cálculo del Tiempo de llenado "t"

Para $\boxed{t = S \sqrt{P}} = 1,4 \sqrt{120,4 \text{ Kg}} = 15,36 \text{ seg} \quad \rightarrow \quad \boxed{t = 15,36 \text{ seg}}$

5°.- Cálculo del coeficiente "K"

Según <u>Tipo Aleación:</u> ACERO POCO ALEADO SECO

Para $\dfrac{P_{TOTAL}}{V_{APARENTE}}$ = 7   ➜   **Según TABLA III** ➜ $\boxed{K = 1,5}$

6°.- Cálculo del coeficiente "L"

Según <u>Tipo Aleación:</u>
ACERO POCO ALEADO SECO ➜ **Según TABLA IV** ➜ $\boxed{L = 1,0}$

7°.- Cálculo de la <u>*SECCIÓN "TOTAL" MÍNIMA del SISTEMA*</u> "S$_m$"

$$\boxed{S_m = \frac{P}{t \cdot K \cdot L}} = \frac{120,4 \ Kg}{15,36 \ seg. \cdot 1,5 \cdot 1,0} = 5,8 \ cm^2 \quad ➜ \quad \boxed{S_m = 5,8 \ cm^2}$$

8°.- Cálculo de las otras Secciones S_E ; S_D ; S_A

S_E ➜   a (a del Trapecio)
S_D ➜   Ø (diámetro del Canal de Descenso)
S_A ➜   b (ancho del Canal de Ataque)

Si elegimos el siguiente escalonamiento:

S_D	:	S_E	:	S_A
1	:	2	:	2
5,8 cm^2	:	11,6 cm^2	:	11,6 cm^2

Se determina el diámetro: Ø

Se determina el lado menor del trapecio: **a**

Cálculo del a (Trapecio) para S_E :

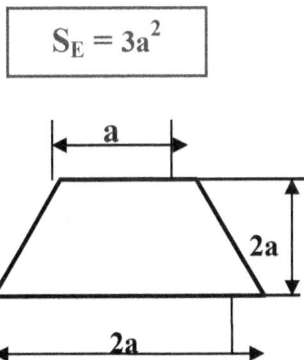

$$\boxed{S_E = 3a^2}$$

$$S_E = 11,6 \text{ cm}^2 \qquad S_E = 3a^2$$

$$S_E = 11,6 \text{ cm}^2$$
$$3a^2 = 11,6 \text{ cm}^2$$

$$a = \sqrt{\frac{11,6 \text{ cm}}{3}} = 1,97 \text{ cm}$$

$$\boxed{a = 1,97 \text{ cm}}$$

Cálculo del D (Ø) para S_D :

$$\boxed{S_D = \frac{\pi D^2}{4}}$$

$$S_D = \frac{\pi D^2}{4} = 5,8 \text{ cm}^2$$

$$D = \sqrt{\frac{4 \cdot (5,8)}{\pi} \text{ cm.}} \quad \Rightarrow \quad \boxed{D_S = 2,72 \text{ cm.}}$$

SE Sección a la entrada
SS Sección a la salida

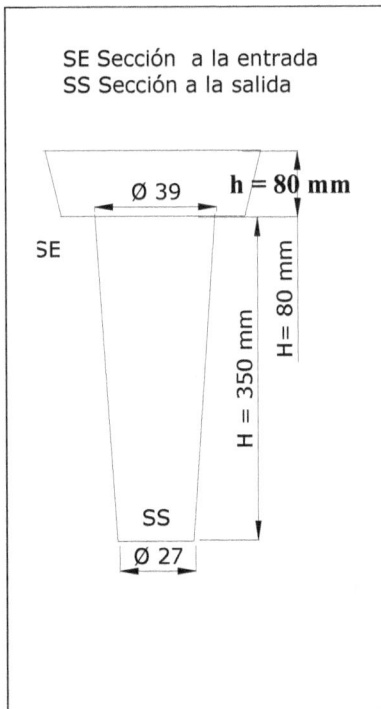

El caudal Q_E a la entrada debe ser igual al caudal Q_S de la salida del Canal de Descenso.

$$\boxed{Q_E = Q_S}$$

Siendo el $\boxed{Q = \text{Velocidad} \times \text{Sección}}$

Siendo el $\boxed{Q_E = \sqrt{2.g.h} \cdot S_E}$

Siendo el $\boxed{Q_S = \sqrt{2.g.H} \cdot S_S}$

$$\frac{Q_E}{Q_S} = \sqrt{\frac{2.g.h}{2.g.H}} \cdot \frac{S_E}{S_S}$$

$$\frac{Q_E}{Q_S} = \sqrt{\frac{h}{H}} \cdot \frac{S_E}{S_S} \Rightarrow \boxed{S_E = S_S \sqrt{\frac{H}{h}}} = 5,8\sqrt{\frac{350}{80}} = 12,13$$

$$S_E = 12,13 \text{ cm}^2 \Rightarrow \boxed{D_E = \sqrt{\frac{4 \ S_E}{\pi}}} \Rightarrow \boxed{D_E = 3,93 \text{ cm}^2}$$

Ø 39   h = 80 mm

SE

H = 80 mm

H = 350 mm

SS

Ø 27

Determinamos que el N° de ataque para nuestra pieza es de 4 :

$$S_A = b.c$$

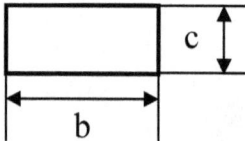

$$S_A = \frac{11,6 \text{ cm}^2}{4}$$
$$S_A = 2,9 \text{ cm}^2$$

$$c = 25 \text{ mm} = 2,5 \text{ cm}$$

(es el 25 al 30 % del espesor de la pieza)

$$b \cdot c = 2,9 \text{ cm}^2.$$

$$b \cdot 2,5 = 2,9 \text{ cm}^2.$$

$$b = \frac{2,9 \text{ cm}^2}{2,5 \text{ cm}}$$

$$b = 1,16 \text{ cm}$$

TABLAS para CÁLCULO DE SISTEMAS DE ALIMENTACIÓN por Método de SARIAN

TABLA I
Coeficiente "S" para el Cálculo del Tiempo de llenado
en función del espesor promedio predominante

ESPESORES ALEACIONES	≤ 6 mm	7-10 mm	11-15 mm	16-20 mm	21-40 mm	41-60 mm	≥ 60 mm
Base Aluminio	1,8	2,0	2,2	2,4	2,6	3,0	3,0
Base Cobre	0,65	0,7	0,75	0,8	0,9	1,1	1,2
Fundición Gris	1,4		1,44		1,66	1,89	

TABLA II
Coeficiente "S" para el Cálculo del Tiempo de llenado
en función del $\frac{P}{V}$ (Aceros)

$\frac{P}{V}$	0 – 1,0	1,1 - 2,0	2,1 - 3,0	3,1 – 4,0	4,1 – 5,0	5,1 – 6,0	> 6
S	0,8	0,9	1,0	1,1	1,2	1,3	1,4

ACEROS
"Velocidad de Llenado"

PESO Kg	VELOCIDAD de LLENADO $\frac{Kg}{seg}$
0 – 15	1,5
15-25	2
25-50	2,5
50-125	3,2
125-250	5
> 250	6

105

TABLA III
Coeficiente "K" para el Cálculo de la Sección Mínima del Sistema en función del $\frac{P}{V}$ y del Tipo de Aleación

$\frac{P}{V}$ ALEACIONES	0 – 1,0	1,1 - 2,0	2,1 - 3,0	3,1 – 4,0	4,1 – 5,0	5,1 – 6,0	> 6
Fundición Verde / Seco	0,55	0,65	0,75	0,85	0,95	1,05	1,15
Acero Verde	0,60	0,65	0,70	0,75	0,80	0,90	0,95
Acero Seco	0,95	1,00	1,15	1,20	1,30	1,40	1,50
Base Cobre Bronce Estaño Verde / Seco	0,30 0,35	0,40 0,45	0,50 0,55	0,60	0,65	0,70	0,75
Bronce al Aluminio. Verde / Seco	0,25 0,30	0,35 0,40	0,45 0,50	0,55	0,60	0,65	0,70
Base Aluminio Verde	0,20 0,25	0,30 0,35	0,40 0,45	0,50	0,55	0,60	0,65
Base Aluminio Seco	0,30 0,40	0,45 0,50	0,60 0,70	0,75	0,80	0,85	0,90

TABLA IV
Coeficiente "L" para el Cálculo de la Sección Mínima del Sistema en función del Tipo de Aleación

ALEACIÓN	L
Fundición	1,0
Base Cobre y Base Aluminio	1,0
Acero 2 -3 % Cr y 22-24 % Ni	0,8
Acero Cr-Si con 2,5% - 3 % Si	0,8
Acero Perlítico al Mn 1,6 – 2,0 % Mn	0,9
Acero Cr-Ni 1,1%Cr máx; 3% Ni	0,9
Acero al Mo 0,30 / 0,50 % Mo	0,9
Aceros No Aleados	1,0
Aceros Baja Aleación	0,9

ALEACIÓN	ESCALONAMIENTO	RECOMENDACIONES
Base COBRE	1 : 2,88 : 4,8	Piezas Generales
	1 : 4,0 : 4,0	Piezas Generales
FUNDICIÓN	1 : 0,75 : 0,50	Piezas > 10 Tn
	1 : 0,81 : 0,625	
	1 : 0,86 : 0,715	Piezas < 10 Tn
	1 : 0,96 : 0,90	Piezas de Paredes Finas
	1 : 0,75 : 0,50	
	1 : 0,90 : 0,50	
	1 : 0,95 : 0,90	Radiadores
	1 : 0,75 : 0,50	
	1 : 0,75 : 0,25	
	1 : 1,20 : 0,90	
FUNDICIÓN MALEABLE	1 : 0,50 : 2,45	
	1 : 0,67 : 1,67	
ACEROS	1 : 0,50 : 0,625	
	1 : 1 : 1	
	1 : 2 : 2	
	1 : 2 : 1	
LATONES	1 : 2 : 1	
	1 : 2,88 : 4,8	
Base ALUMINIO	1 : 4 : 4	
	1 : 6 : 6	
	1 : 2,2 : 2	
	1 : 2 : 1	
	0,6 : 1 : 0,75	
	1 : 2 : 4	
	5 : 6 : 10	
Base MAGNESIO	1 : 2 : 2	
	1 : 4 : 4	
	1 : 2 : 2	

MAZAROTAS

EL DISEÑO DE MAZAROTAS

El diseño de mazarotas, o mazarotaje, se entiende por el desarrollo de reservorios adecuados de metal de alimentación más allá del necesario para una pieza determinada, conformados de modo de eliminar las cavidades de rechupe o bien trasladarlas a lugares donde se las pueda aceptar según los usos a los cuales esté sometida la pieza en cuestión. Cuando el metal solidifica y enfría dando así forma a la pieza deseada, pasa por tres etapas distintas en lo referente a la contracción volumétrica o "rechupe". (Las excepciones a este comportamiento de contracción en algunos hierros fundidos, serán señaladas más tarde).

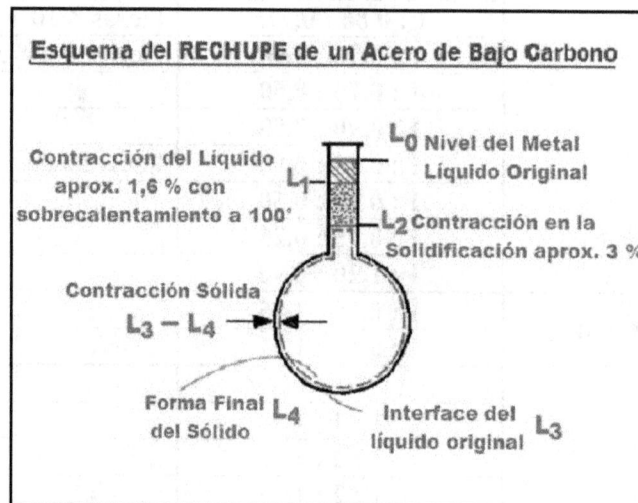

Figura 20

Estas etapas se muestran esquemáticamente en la Figura 20, y son:

1. **Contracción líquida**: El metal líquido disminuye su volumen desde la temperatura de sobrecalentamiento enfriando hasta la temperatura de solidificación.

2. **Contracción al solidificar:** El metal solidifica, pasando de líquido a sólido de mayor densidad. En metales puros, esta contracción ocurre a una sola temperatura, pero en las aleaciones esta solidificación ocurre dentro de un intervalo de temperaturas o " intervalo de solidificación "

3. **Contracción sólida:** La pieza solidificada enfría desde el punto de solidificación hasta temperatura ambiente.

Esta ultima contracción, contracción sólida (también llamada contracción de modelista), se compensa confeccionando el modelo (y por consiguiente la cavidad del molde) algo más grande que las dimensiones deseadas en la pieza final. La contracción líquida y la contracción al solidificar son consideradas por la práctica del mazarotaje. En ausencia de mazarotas, una pieza podrá solidificar como se muestra en la Figura 21.

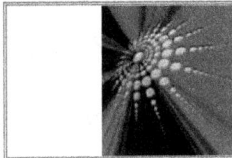

SECUENCIA de LA CONTRACCIÓN DE LA SOLIDIFICACIÓN en UN CUBO DE HIERRO

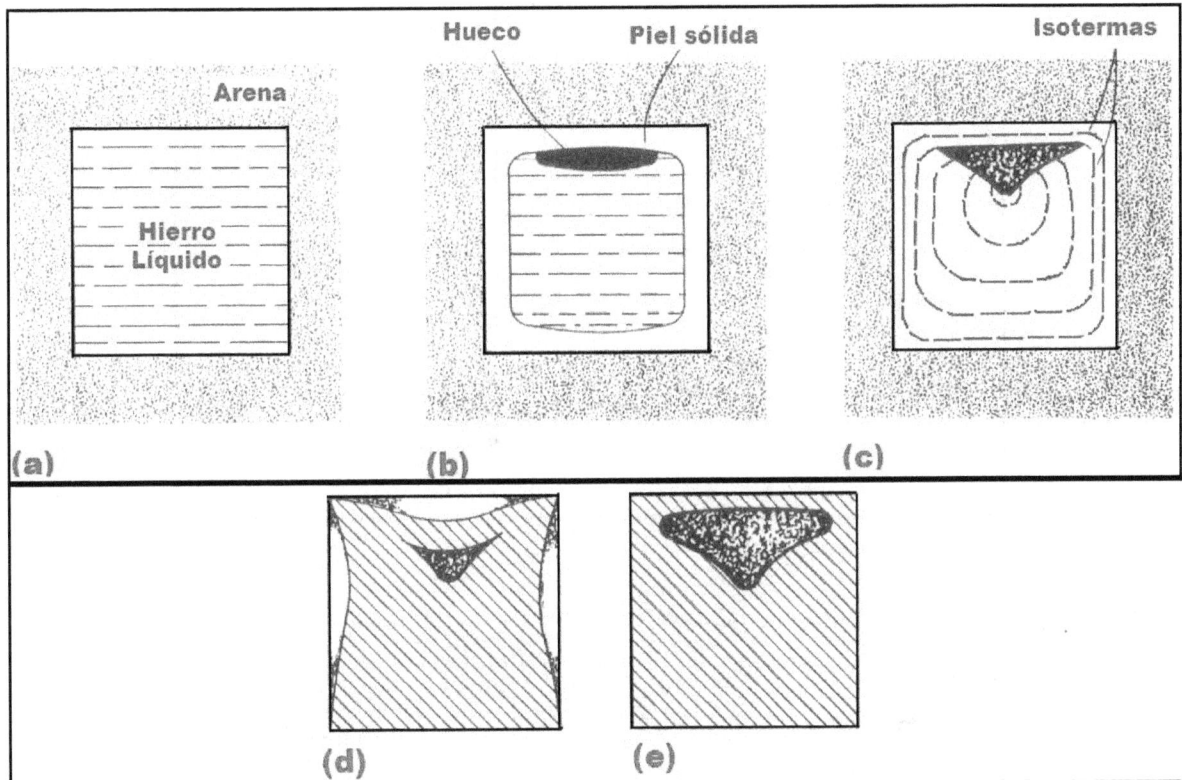

Figura 21

(a) .- Metal líquido inicial.

(b) .- Formación de Piel Sólida y huecos de contracción.

(c) .- Contracción o Rechupe interno.

(d) .- Contracción o Rechupe interno mas contracción lateral.

(e) .- Superficie perforada.

Se observan defectos en piezas con rechupe-inducido incluso huecos de rechupes internos deformación superficial en forma plana o disco, y superficies deprimidas puntuales. Estos defectos variarán según las diferentas aleaciones: por ejemplo, el rechupe interno podrá ser más disperso, o en aleaciones con un comportamiento tendiente a formar una piel gruesa pueden no presentar deformaciones superficiales.

Para eliminar estos defectos indeseables en las piezas, se deberá utilizar una mazarota para satisfacer la contracción líquida y proveer el metal líquido necesario para compensar la contracción sólida que se produce dentro de la pieza. Figura 22.

MÉTODOS de CONTROL de LA CONTRACCIÓN un CUBO DE HIERRO para REDUCIR EL TAMAÑO DE LA MAZAROTA

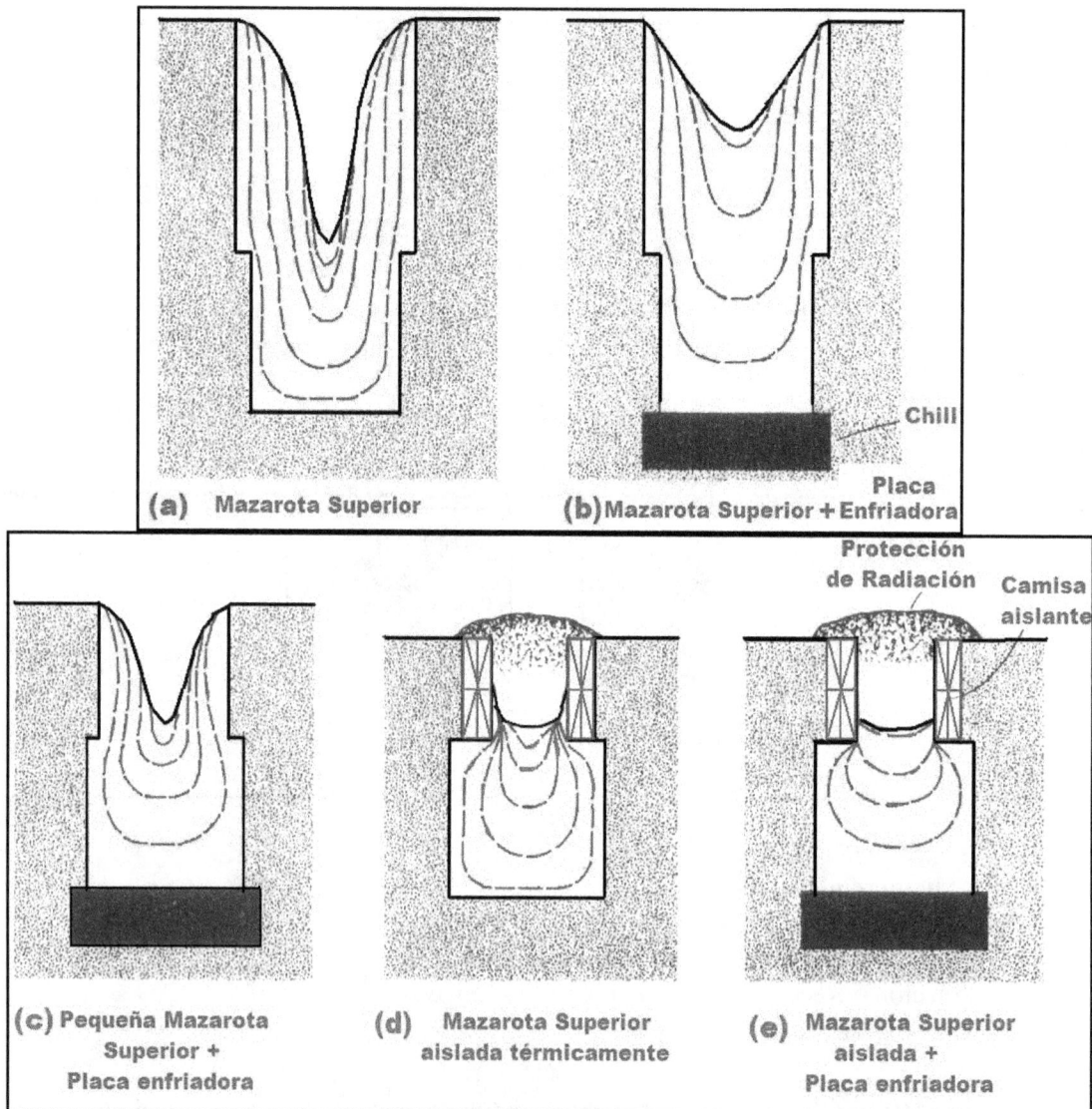

(a) Mazarota Superior

(b) Mazarota Superior + Enfriadora — Chill / Placa

(c) Pequeña Mazarota Superior + Placa enfriadora

(d) Mazarota Superior aislada térmicamente

(e) Mazarota Superior aislada + Placa enfriadora — Protección de Radiación / Camisa aislante

Figura 22

Tal como se ilustra en la Figura 22, la mazarota resulta a menudo mayor que la parte de pieza que alimenta, ya que deberá proveer metal de alimentación durante el tiempo en que la pieza se SE vaya solidificando. Se han utilizado varios métodos para reducir el tamaño de la mazarota requerida, incluso con el uso de enfriadores (esto es, *reduciendo el tiempo de solidificación*) o bien aislando la mazarota (o sea , *aumentando su tiempo de solidificación*).

EL DISEÑO ÓPTIMO DE LA MAZAROTA.

Los métodos de ingeniería utilizados en el diseño de las mazarotas se pueden enunciar sencillamente asegurándonos que las mismas provean el metal de alimentación:

→ En el momento preciso.
→ En el lugar adecuado.
→ Con la cantidad de metal necesaria.

A esta lista podemos agregar algunas otras consideraciones:

→ La ínter unión mazarota / pieza deberá diseñarse de modo de reducir los costos de su remoción
→ La cantidad y tamaño de las mazarotas deberá minimizarse para aumentar el rendimiento y reducir costos.
→ El lugar de las mazarotas debe ser elegido de modo de no exagerar problemas potenciales en un diseño de pieza particular (por ejemplo, tendencia a fisuras en caliente o distorsiones).

En la práctica, estas consideraciones se hallan frecuentemente en conflicto, y el diseño final de las mazarotas y el desarrollo del modelo representan un compromiso.

Volumen de metal para poder alimentar.

La mazarota debe ser adecuada como para satisfacer los requerimientos de la contracción líquida y sólida de la pieza. Además, la misma mazarota solidificará, de modo que las necesidades totales en la contracción serán solicitadas por la combinación mazarota / pieza. En concreto la mazarota también debe ser capaz de satisfacer su propia contracción. Naturalmente que los requerimientos dependerán de la aleación utilizada, la magnitud del sobrecalentamiento, la geometría de la pieza y los elementos del moldeo.

Contracción líquida: dependerá de la aleación y de la magnitud del sobrecalentamiento. Tal como se indica en la Figura 1 la contracción líquida para los aceros al carbono se la considera en general dentro del orden entre 1,6 a 1,8 % con 100 °C de sobrecalentamiento. Para los hierros grises grafíticos, la contracción líquida se ha considerado dentro de 0,68 a 1,8 % con 100 °C de sobrecalentamiento. Como se indica en la tabla 1 la contracción durante la solidificación varía considerablemente de acuerdo a la aleación de metal usada dentro de los hierros fundidos grafíticos en los que puede ocurrir expansión.

TABLA 1.
Contracción durante la solidificación para diferentes metales fundidos.

ALEACIÓN	% de Contracción Volumétrica durante la Solidificación
Acero al carbono	2,5 - 3
Acero 1% C	4
Fundición Blanca	4 - 5,5
Fundición Gris	Varía desde 1,6 % de contracción hasta 2,5 de expansión.
Fundición Nodular	Varía desde 2,7 % de contracción hasta 4,5 de expansión.
Cobre	4,9
Cu 30 Zn	4,5
Cu 10 Al	4
Aluminio	6,6
Al 4,5 Cu	6,3
Al 12 Si	3,8
Magnesio	4,2
Zinc	6,5

Forma de la pieza.

La forma de la pieza afectará el tamaño de la mazarota necesaria para satisfacer los requerimientos durante la solidificación por razones obvias ya que a mayor tiempo de solidificación de la pieza, la mazarota deberá mantener la reserva líquida de acuerdo a lo solicitado. Por las mismas razones, las piezas con paredes delgadas (en las que la solidificación será más rápida), los requisitos de alimentación serán menores de los calculados habitualmente. Ello ocurre sabiendo que la contracción durante la solidificación será satisfecha por el líquido que entra al molde desde el sistema de alimentación. La tabla 2 indica el efecto de la diferente forma de la pieza en los requerimientos de mazarotaje en piezas fundidas en acero.

TABLA 2
Requerimientos mínimos en el volumen requerido en mazarotas para acero..

Tipos de PIEZAS	% Mínimo Volumen de Mazarota fundida (V_m / V_p)			
	Mazarotas Aisladas Térmicamente.		Mazarotas en Arena	
	H/D = 1:1	H/D = 2:1	H/D = 1:1	H/D = 2:1
Piezas Muy Macizas (cubos, etc.): Relación de Dimensión. 1:1,33:2	32	40	140	198
Piezas Macizas: Relación de Dimensión. 1:2:4	26	32	106	140
Piezas Medianas: Relación de Dimensión. 1:3:9	19	22	58	75
Piezas Ligeramente Delgadas: Relación de Dimensión. 1:10:10	14	16	30	38
Piezas Delgadas: Relación de Dimensión. 1:15:30	9	10	13	15
Piezas Muy Delgadas: Relación de Dimensión. 1:>15:>30	8	8	11	13

Ubicación de las mazarotas.

Para determinar la posición correcta de la mazarota, los métodos de ingeniería deben usar el concepto de solidificación dirigida. Si se deben evitar las cavidades de contracción en la pieza, la solidificación debe proceder en forma direccional desde aquellas zonas de la pieza más alejadas de las mazarotas, pasando por las zonas intermedias de la pieza, y finalmente llegar a la mazarota misma, donde ocurrirá la solidificación final. La contracción en cada una de las etapas de la solidificación se halla alimentada por el metal líquido que recibe de la mazarota.

La habilidad para lograr dicha direccionalidad en la solidificación dependerá de:
→ La aleación y su forma de solidificar.
→ El molde y sus elementos.
→ El diseño de la pieza.

Debemos considerar dos tipos de piezas: piezas con paredes de espesores uniformes y piezas con paredes de espesores variables.

Solidificación progresiva y direccional.- La Figura 23 ilustra el efecto de la solidificación progresiva y direccional de una pieza. Con la cavidad del molde llena, la solidificación avanzará desde la pared del molde, donde se formará una película de metal sólido. A medida que el calor avanza hacia el molde, esta película crecerá progresivamente hacia el centro. Existen dos condiciones que pueden hacer variar la velocidad de este crecimiento.

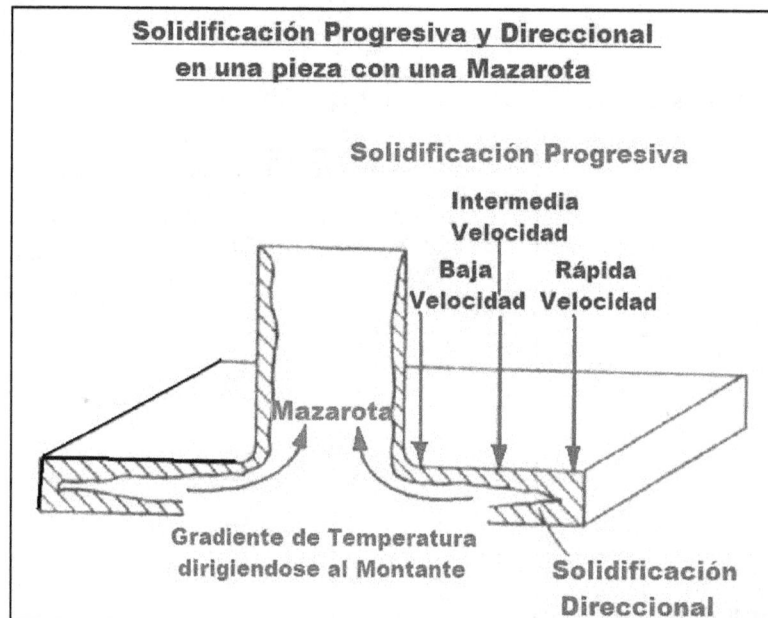

Figura 23

En el borde de pieza, donde la mayor superficie permite una transferencia de calor más rápida hacia el molde, la velocidad en la solidificación será más rápida. En la mazarota, donde la masa de la misma provee más calor, y donde la transferencia de calor hacia el molde se reduce en el ángulo interno de la unión mazarota / pieza, la velocidad de formación de la piel sólida se verá reducida. La combinación del efecto de borde, y la acción de la mazarota favorecen la solidificación direccional. Si el frente de solidificación en forma de cuña en el borde de pieza puede ser mantenido, podrá proveerse un canal de líquido de metal de alimentación a través de su avance hacia la mazarota. . Si , sin embargo, las paredes que avanzan progresivamente en sentido paralelo en la zona intermedia de la pieza comienzan a encontrarse, el movimiento del metal líquido de alimentación se verá restringido, dando como resultado un rechupe axial o central.

Forma de la solidificación. La capacidad de producir y mantener una solidificación direccional dependerá fundamentalmente de la forma en que la aleación es capaz de solidificar. Las aleaciones se las puede clasificar en tres tipos basados en sus intervalos de solidificación:

→ **Corto** : intervalo líquido / sólido < 50 ° C
→ **Intermedio:** intervalo de 50 a 110 ° C.
→ **Largo:** intervalo > 110 ° C.

Esta clasificación no es del todo precisa, pero la forma general en la solidificación se ilustra en las Figuras 24 a 27.

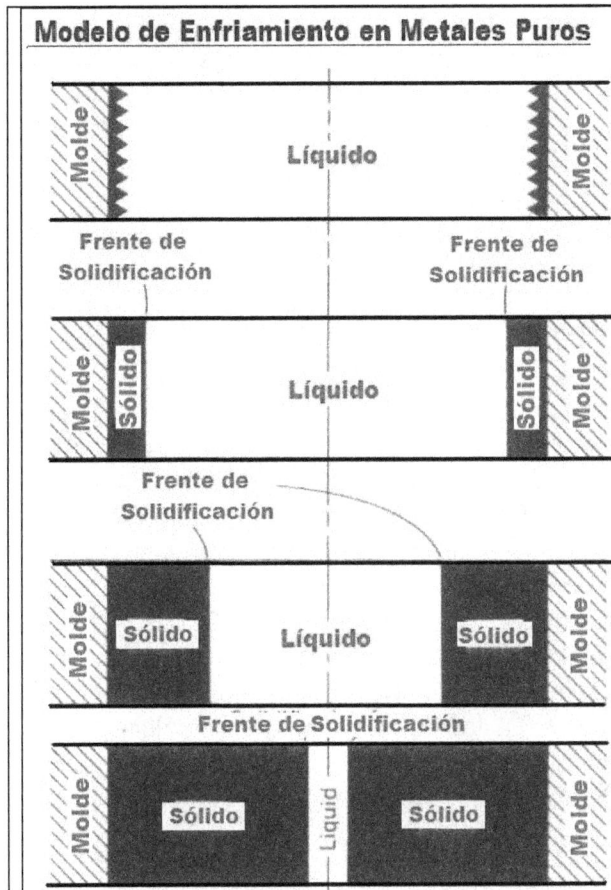

Modelo de Enfriamiento en Metales Puros

Modo de Enfriamiento en Aleaciones que tienen un corto rango de Solidificación

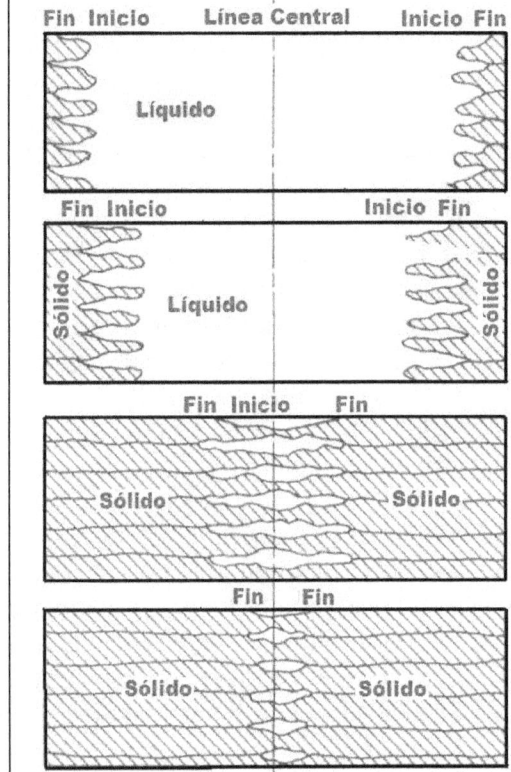

Figura 24

Figura 25

Para los metales puros (Figura 24), en los que el intervalo de solidificación se aproxima a cero, el progreso de la solidificación de las paredes de la pieza hacia el centro se realiza según un frente de solidificación plano. Para el caso de las aleaciones con un intervalo de solidificación corto (Figura 25) aparecerá una fuerte tendencia a la formación de una película, y el frente de avance de la solidificación cristalina hacia el centro (comienzo de la solidificación) no progresará mucho más rápido que el resto (fin de la solidificación). Este crecimiento cristalino corto favorece el mantenimiento del líquido metálico de alimentación en contacto con todas las superficies en vías de solidificación.

Esta fuerte solidificación progresiva en estas aleaciones de cortos intervalos, promueve el desarrollo de una solidificación direccional durante los intervalos de temperatura de la pieza en el transcurso de la solidificación de la pieza fundida. Por ejemplo, en un acero al carbono, con gradientes de solo 0,022 a 0,045 ºC./ mm en placas, y 0,135 hasta 0,269 ºC./mm en barras resultan suficiente como para producir secciones libres de rechupe a través de una solidificación direccional.

Para el caso de aleaciones con intervalos de solidificación grandes (Figura 26), se ve dificultada la solidificación direccional. Aunque inicialmente se forme una película en las paredes del molde, la solidificación no se realiza progresivamente hacia el centro. Más bien ésta se produce en la pieza durante la solidificación en zonas dispersas. Esta forma de solidificación, digamos no compacta (pastosa) favorece el desarrollo de numerosos canales de metal líquido durante el fin de la solidificación. La alimentación a través de estos canales se ve restringida, y aparecerá una porosidad dispersa por contracción a través de la pieza fundida.

Esta solidificación resulta típica en varias aleaciones base cobre, en las que la dificultad de alimentación causada por porosidad por contracción se ve agravada, especialmente en secciones gruesas, como consecuencia de la alta conductividad térmica de estas aleaciones, las que ayudan a mantener una temperatura casi uniforme a través de la solidificación de la pieza. Para favorecer una solidificación direccional en estas aleaciones se requieren intervalos de temperatura tan altos como 1,46 ° C./ mm. , que se puede alcanzar generalmente solo mediante un enfriamiento severo de una porción de la pieza durante la solidificación. En general, el objetivo del mazarotaje en estas aleaciones, no es eliminar el rechupe sino asegurar que éste se encuentre finamente disperso (micro-porosidad). Para aleaciones con un intervalo de solidificación intermedio (Figura 27), la forma en solidificar combinará elementos de ambos casos, formación de una película sólida y solidificación tipo "pastoso". Las aleaciones con intervalos de solidificación cortos pueden variar su modo de solidificar hacia las intermedias en secciones gruesas, en las que las pérdidas de calor desde la superficie de la pieza se verán retardadas a medida que se calienta el molde. A medida que el gradiente de temperaturas desde el centro de las secciones que solidifican hacia el borde de la pieza se van reduciendo, el crecimiento de los cristales pasará de columnar a equiaxial dispersos a través del centro todavía líquido.

Figura 26

Figura 27

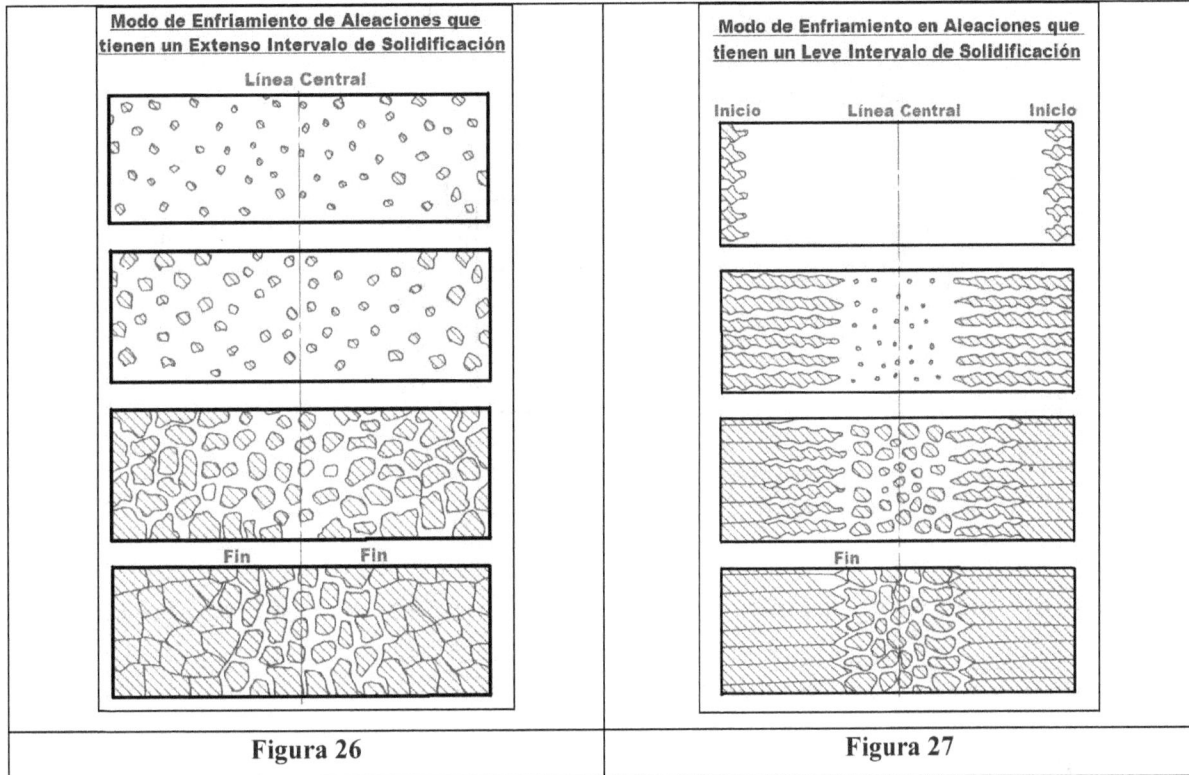

Esta diversidad en los modelos de solidificación configura rechupes típicamente diferentes en la pieza y en la mazarota (Figura 28 y 29) y ocasiona problemas de ingeniería diferentes a solucionar con diseños de pieza y mazarotas. La selección de los métodos adecuados dependerá fundamentalmente de la posibilidad de promover una solidificación dirigida.

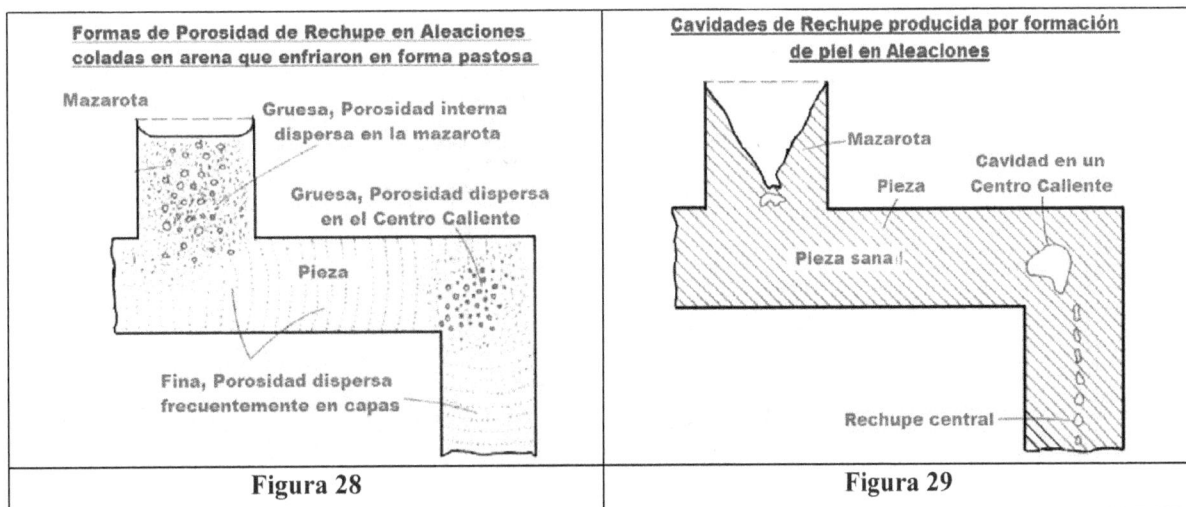

Figura 28

Figura 29

En la Figura 30 se ilustra el efecto de las variables en distintos moldes y metales sobre el desarrollo de una solidificación progresiva (y por lo tanto direccional).

Esquema de los EFECTOS DE LAS VARIABLES DEL MOLDE y el METAL SOBRE LA SOLIDIFICACIÓN PROGRESIVA

(a) Efecto de la Conductividad del Molde sobre la Solidificación del Metal.

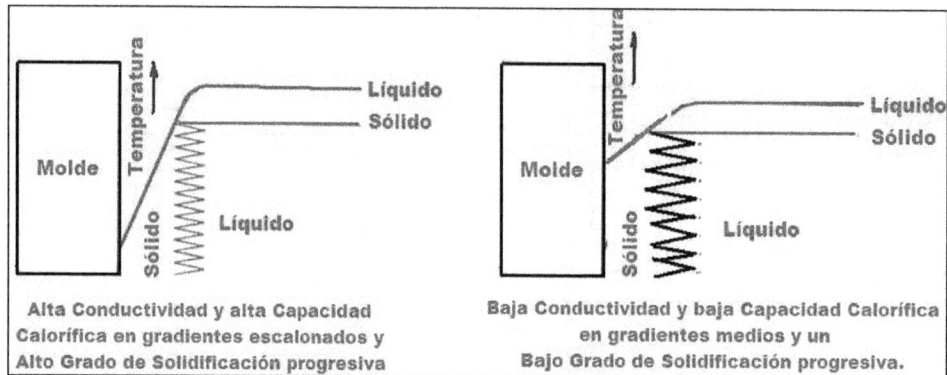

(b) Efecto del Intervalo de Solidificación (Líquido-Sólido) sobre la Solidificación del Metal.

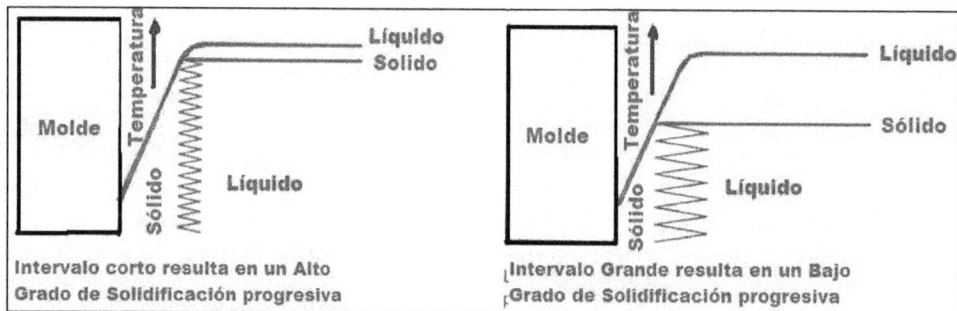

(c) Efecto de la Conductividad sobre la Solidificación del Metal.

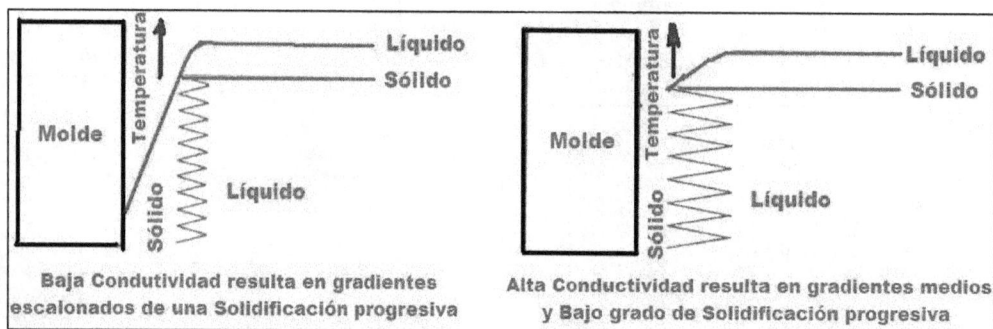

(d) Efecto de la Temperatura de Fusión sobre la Solidificación del Metal.

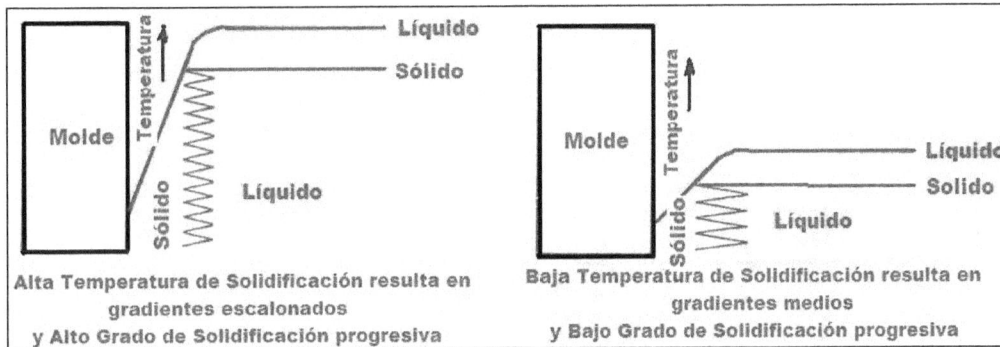

Figura 30

Piezas con paredes de espesor uniforme. La aleación usada y la configuración de la sección, serán objetos determinantes en los límites de la distancia de alimentación en la que una pieza puede solidificar libre del rechupe central o axial. Como se muestra en la Figura 31, la distancia de alimentación en una sección con un borde de enfriamiento es la resultante del efecto de la mazarota y el efecto de borde ya vistos.

La Figura 31 nos ilustra sobre algunos puntos clave:

→ La acción de borde resulta generalmente mayor que la acción de la mazarota.

→ Ante la ausencia de borde de enfriamiento, la distancia de alimentación entre mazarotas se reduce sustancialmente.

→ Si se excede la distancia de alimentación máxima en una determinada sección, el efecto de borde nos dará un borde sano hasta su distancia normal, pero aparecerá un rechupe central o axial extendiéndose hacia una distancia variable en una sección que normalmente podría resultar sana debido al efecto de mazarota.

Relación de la Distancia de Alimentación en Placas de Acero

Ancho Sección >> que 3 T
Espesor : T

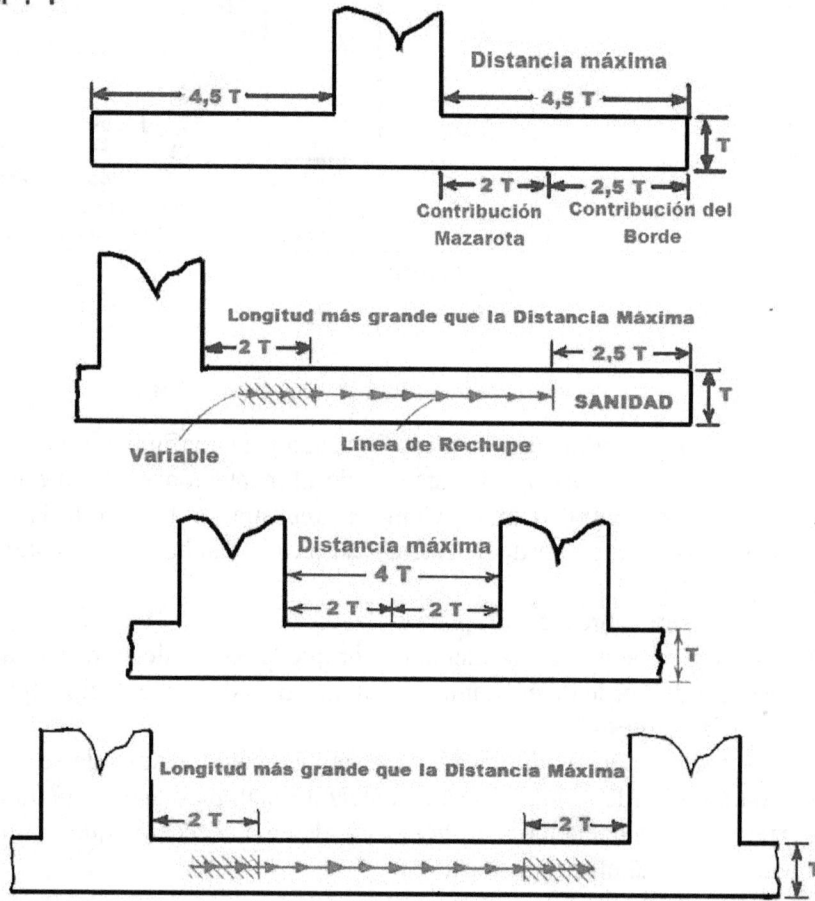

Figura 31

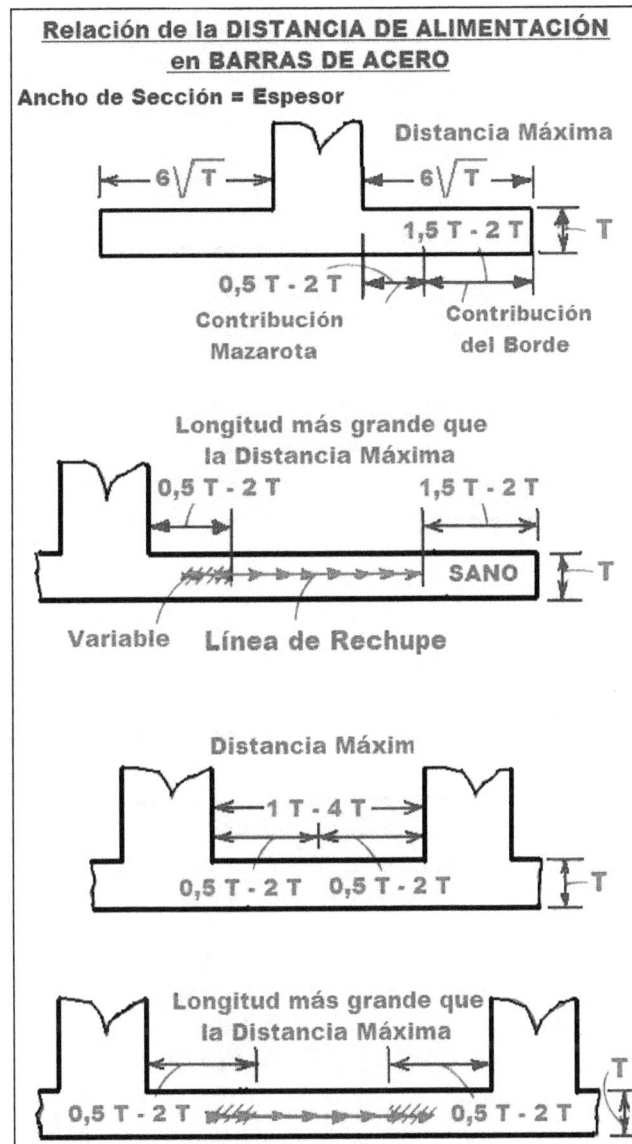

Figura 32

La Figura 32 describe la misma relación que en las Barras de Acero. Cuando comparamos con las Figuras 31 y 32 también destaca el hecho que secciones con forma de barras tendrán distancias de influencia (alimentación) más cortas que secciones tipo placa del mismo espesor.

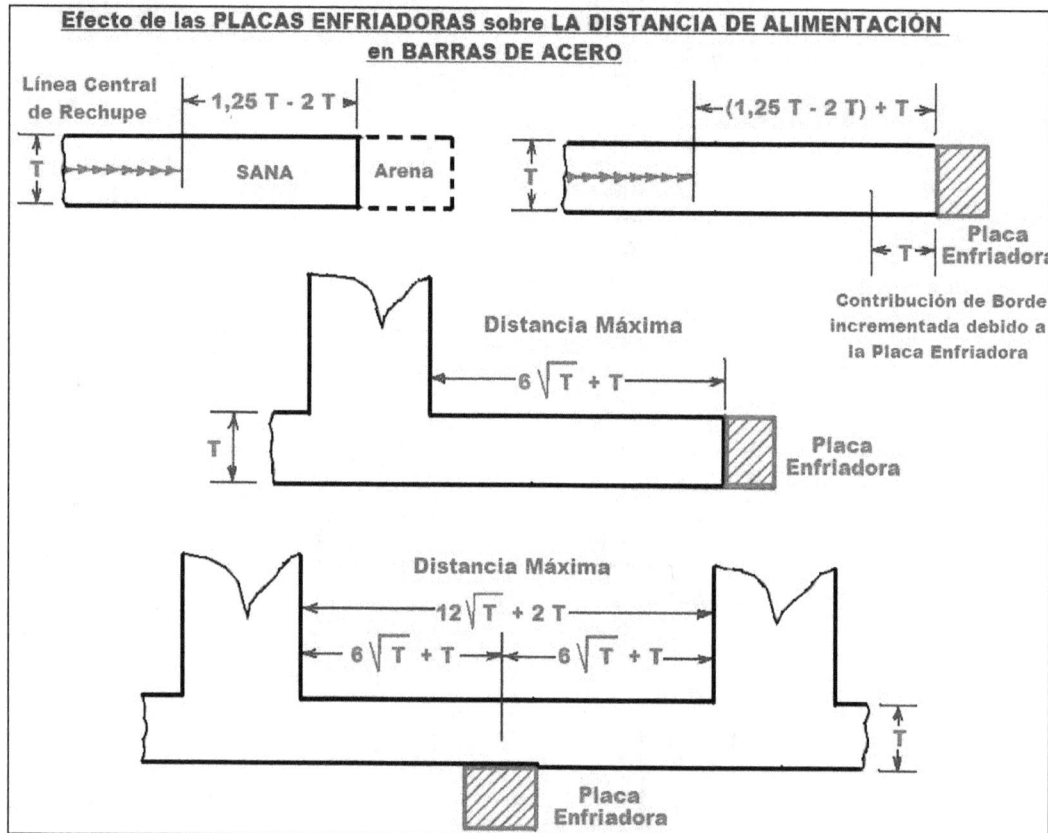

Figura 33

La Figura 33 muestra el uso de Placas Enfriadoras para extender la distancia de alimentación. Cuando aplicamos al borde de una sección de una pieza, la Placa Enfriadora retirará o absorberá el calor rápidamente, aumentando el desarrollo de la Solidificación Dirigida a partir del borde. Esto adicionará a la longitud de la zona que será sano debido al Efecto de borde.

Como agregado, si colocamos un enfriador entre mazarotas en una pieza en la que no se presenta una acción de borde de enfriamiento, este enfriador, cumple la acción artificial de producir una acción de borde. Mediante este artificio, la distancia entre mazarotas puede sustancialmente aumentarse, reduciendo así el número de ellas necesario para obtener una pieza sana. El uso de dichos enfriadores se ilustra en la Figura 34.

Uso de PLACAS ENFRIADORAS para REDUCIR EL NÚMERO DE MAZAROTAS (T) SOBRE UNA BRIDA DE ACERO

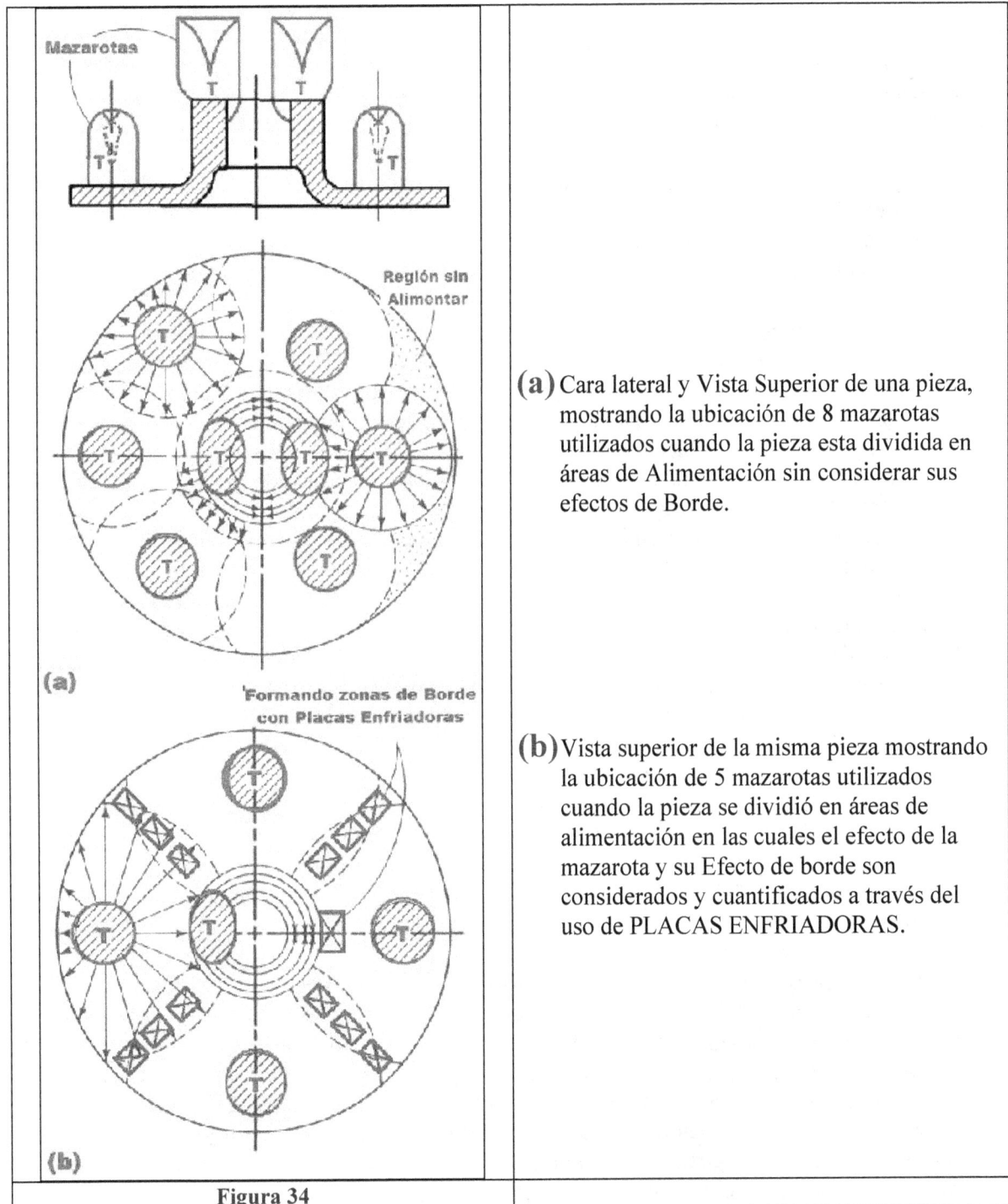

(a) Cara lateral y Vista Superior de una pieza, mostrando la ubicación de 8 mazarotas utilizados cuando la pieza esta dividida en áreas de Alimentación sin considerar sus efectos de Borde.

(b) Vista superior de la misma pieza mostrando la ubicación de 5 mazarotas utilizados cuando la pieza se dividió en áreas de alimentación en las cuales el efecto de la mazarota y su Efecto de borde son considerados y cuantificados a través del uso de PLACAS ENFRIADORAS.

Figura 34

El primer intento es el de subdividir esta pieza en secciones alimentadas por mazarotas colocadas considerando ausencia de efecto de borde (excepto la periferia de la brida), ello nos da en total ocho mazarotas (dos en el cubo y seis en la brida). La superposición de las zonas de alimentación de la mazarota (en base a la acción de la misma), satisface los requerimientos de alimentación de la brida, pero aun quedan zonas san alimentar (en las cuales podrían aparecer rechupes axiales o de centro) , lo cual nos obliga a adicionar por lo menos una mazarota más en la brida.

La segunda subdivisión de la pieza, usa enfriadores para lograr efectos artificiales de borde, reduciendo el número de mazarotas necesarias a solamente cinco (una en el cubo y cuatro en la brida) . La aplicación de los enfriadores, además de asegurar una pieza sana, nos aporta ventajas económicas simplificando los procesos de moldeo y modelos, incrementando el rendimiento y reduciendo costos de remoción de mazarotas.

Señalamos nuevamente que las distancias de alimentación en secciones de espesores uniformes dependen de las características de la aleación y la configuración de la sección correspondiente (esto es , si se trata de placa o barra) para poder determinar hasta donde podemos obtener una solidificación direccional. Si las paredes de las secciones intermedias en el curso de la solidificación progresiva se encuentran, distorsionando y reduciendo los canales de alimentación a través de los cuales puede llegar el metal líquido de alimentación, puede producirse un rechupe axial o central. Si se sobrepasa la distancia óptima de alimentación, no podrá solucionarse el rechupe de centro o axial aumentando el tamaño de la mazarota. Hacemos notar que la mayor cantidad de información y datos se refieren a aceros al carbono. Durante décadas se han utilizado una gran cantidad de tablas y nomogramas. Para otras aleaciones no se hallan disponibles valores precisos, de modo que sus respectivas distancias de alimentación se refieren comparándolas por su similitud (o falta de similitud) con los aceros al carbono. Un método para poder realizar estas comparaciones es el calcular la resistencia en la alimentación de centro (center line feeding) .Estas medidas indican que algunas aleaciones (por ejemplo, Monel) tendrán distancias de alimentación muy semejantes a las de aceros al carbono., y los métodos usados por los técnicos pueden usar tablas y nomogramas establecidos para los aceros.

Algunas aleaciones, tales como los aceros 18-8, aceros 12 % Cr, 99,8 % Cu y latones 60 / 40 tendrán distancias de alimentación en secciones similares mayores, de modo de poder usar un multiplicador en nomogramas para aleaciones de acero. En otras aleaciones, tales como bronces 88-10-2, y bronces 85-5-5-5., Al 8 % Mg y Al –4,5 Cu, la resistencia a la alimentación en la línea del centro es tan grande que la distancia de alimentación resulta virtualmente inexistente a menos que puedan usarse placas enfriadoras.

Finalmente, existen los hierros fundidos grafíticos. En estos materiales, la cristalización de grafito de baja densidad en forma de flecos o nódulos, puede producir o promover un comportamiento de auto-alimentación durante la solidificación y permitir distancias de alimentación infinitas siempre que la primera demanda de líquido de alimentación sea satisfecha por el sistema de coladas o por la mazarota. Piezas muy grandes en hierro gris o nodular pueden fabricarse bajo normas convencionales y satisfacer los ensayos de ultrasonido y radiográficos con un mínimo de mazarotaje. La razón de esta práctica se debe a la rigidez de los moldes evitando así el movimiento de las paredes del mismo.

Piezas con secciones de espesores variables. La mayoría de las piezas comerciales producidas poseen secciones de espesores variables y configuraciones dispares. Secciones más gruesas con velocidades de solidificación lenta suelen unirse a otras más finas con solidificación rápida. Las secciones más gruesas, en consecuencia, actuarán como mazarotas, proveyendo las demandas de metal de alimentación a las secciones más delgada.

La selección del método usado para el mazarotaje varía desde el problema de la distancia entre mazarotas, hasta el lugar donde las debemos colocar, de modo que cada una de las secciones que solidificará último encuentre satisfecho sus requisitos de alimentación.

En consecuencia, los ingenieros en métodos, deben dividir la pieza en secciones que requieran mazarotas, determinando los caminos de alimentación por los cuales se desarrollará la direccionalidad en la solidificación desde las secciones que solidifican primero hacia las que lo hace al final. Estos caminos de alimentación a menudo se los puede controlar mediante el uso racional de enfriadores o con materiales aislantes con el propósito de minimizar los requerimientos de mazarotas. En la Fig. 35 se muestra algunos métodos usando mazarotas para secciones pesadas aisladas, utilizando una pieza con dos secciones pesadas unidas por una sección más delgada. En la Fig.35 (a), que no posee mazarotas, se producen rechupes en las secciones más gruesas. Cuando se aplica una mazarota adecuada en un solo lado (Fig. 35 b), aparece el rechupe en la otra sección gruesa., centro caliente, ya que la sección de interunión solidifica primero.

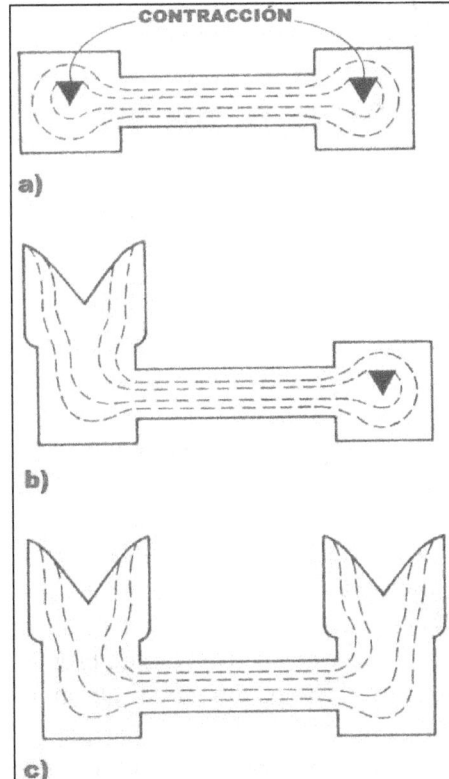

Figura 35

Una solución simple es usar mazarotas en ambos lados (Fig. 35 c). Así quedaron establecidos dos caminos de alimentación, que se establecen desde el centro hacia fuera donde se encuentran las dos mazarotas.

Se muestran como alternativa dos métodos mediante los cuales se puede generar un camino de alimentación simple. En la Fig. 35 (d) , se aplicó un enfriador en la sección aislada con el propósito de reducir el tiempo de solidificación que deberá ser menor que el de la sección conectora. En la Fig.35 (e) ,el tiempo de solidificación de la sección conectora en cambio fue dilatado o retardado mediante el uso de un relleno exotérmico o aislante.

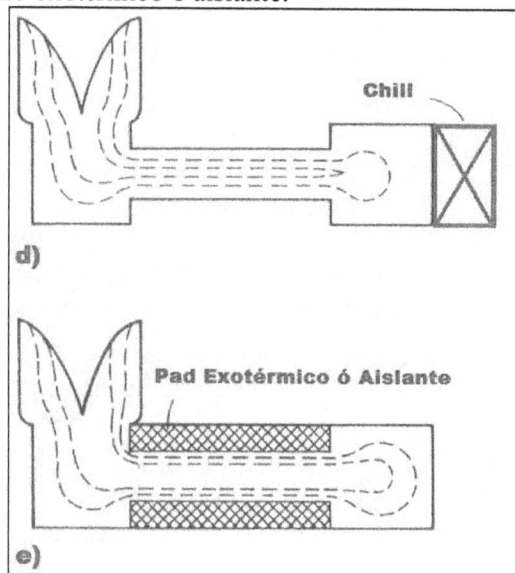

Figura 35

Duración del metal de alimentación disponible

Se han desarrollado una serie de métodos para calcular las dimensiones de las mazarotas necesarias para asegurar que el metal líquido de alimentación se halle disponible el tiempo necesario como lo requiera la pieza durante el período de solidificación. Algunos de estos métodos se discuten brevemente.

Mejoras usadas en el diseño de las mazarotas. En la industria de la Fundición se utilizan varios elementos que contribuyen a mejorar la alimentación e incrementar la sanidad y reducir costos en la confección de piezas fundidas. Las ayudas en la alimentación reducen la velocidad en la transferencia de calor desde la mazarota hacia el molde y la atmósfera. En el diseño de mazarotas, existen tres tipos de ayuda en la alimentación corrientemente usadas:

→ Camisas exotérmicas o paneles, con el propósito de aislar las paredes laterales de las mazarotas y también el tope de las mismas del molde propiamente dicho.

→ Cubrientes de superficie con el propósito de aislar la cabeza de las mazarotas de la atmósfera.

→ Noyos de rotura entre la mazarota y pieza para facilitar la separación de la mazarota de la pieza; el uso de estos materiales se ilustra en Figura 36.

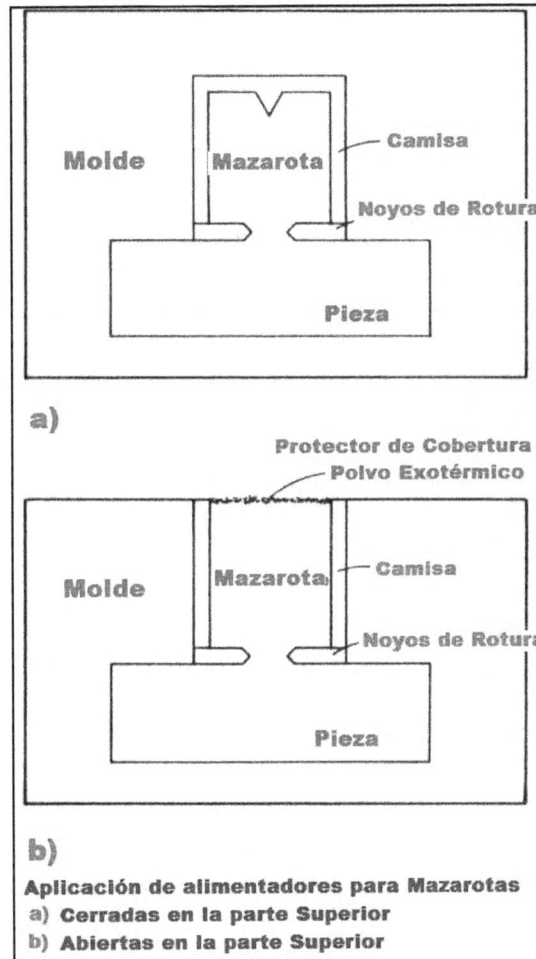

Figura 36

El metal es transferido desde la mazarota mediante tres mecanismos diferentes: gravedad, presión atmosférica (o presión aplicada mediante otros medios, como ocurre en fundición a presión) y por capilaridad. En la mayoría de los procesos de moldeo, la presión atmosférica resulta la más importante.

Ventajas de la ayuda en la alimentación.

Todos estos elementos dilatan la solidificación y la formación de una piel de metal sólido en la mazarota. Ello favorece la rotura de la superficie de la mazarota, asistiendo la transferencia de metal desde la mazarota hacia la pieza. Las aleaciones, en particular aquellas que poseen un intervalo amplio de solidificación, son las que más se ven favorecidas. Esta ayuda en la alimentación incrementa el gradiente de temperaturas entre mazarota y pieza. Como resultado, se favorece una solidificación direccional desde la pieza hacia la mazarota: o sea, se establece un camino de alimentación más amplio.

Estas ayudas en la alimentación, reducen la velocidad de transferencia entre mazarota y molde, incrementa el módulo efectivo de la mazarota comparado con el módulo geométrico de la misma. Para un módulo determinado, los elementos de ayuda en la alimentación lograrán que la mazarota resulte así menor que la que no posee aislantes. Se necesita menor cantidad de metal para obtener una pieza sana, reduciéndose el costo de producción de la pieza. El reducir el tamaño de la mazarota puede permitir para una determinada pieza el poder realizarla en moldes menores o aumentar el número de piezas por molde, ambos resultan en una reducción de costos.

Los valores de los elementos de ayuda en la alimentación están dados en la tabla 3, en la cual se calcula el tiempo de solidificación de una mazarota de 102 mm de diámetro y 102 mm de altura Este cálculo se determina para tres aleaciones con varias combinaciones de material aislante en los laterales y el tope de la mazarota. También se da el porcentaje del calor total perdido desde la mazarota solidificando a través de la radiación por el tope. Esto destaca el hecho que resulta significativo mantener el tope caliente para reducir la pérdida de calor por radiación en particular en piezas de acero comparada con aluminio.

TABLA 3

EFECTO SOBRE LAS AYUDAS DE MAZAROTAJE sobre EL TIEMPO de SOLIDIFICACIÓN

ALEACIONES	Pérdida de Radiación en la parte Superior %	Tiempo de Solidificación (minutos)			
		Mazarota de Arena Abierto Superior	Camisa Exotérmica Abierta Superior	Mazarota Arena Aislada Superiormente	Camisa Exotérmica Aislada Superiormente
Acero _ _ _ _ _ 42		5	7,5	13,4	43,0
Cobre _ _ _ _ _ .26		8,2	15,1	14,0	45,0
Aluminio _ _ _ _ 8		12,3	31,1	14,3	45,6

Propiedades térmicas de los materiales. Son clasificados por sus propiedades térmicas como exotérmicas, aislantes e isotérmicos-aislantes, las camisas para mazarotas y cubrientes de superficie. En la Figura 37 se muestran las propiedades generales térmicas de cada una de estas clasificaciones.

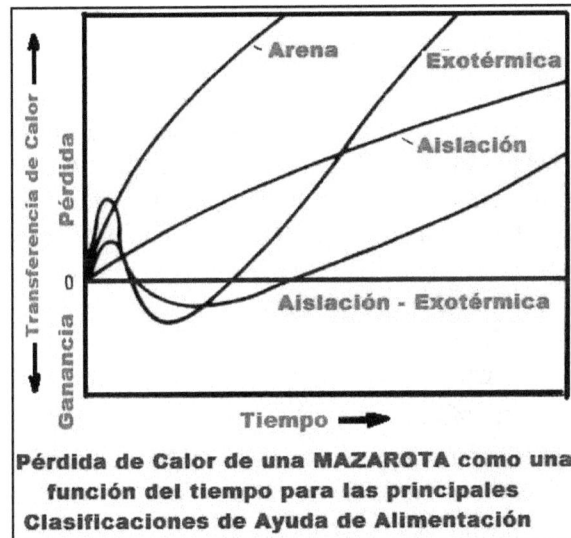

Figura 37

La ayuda de alimentación *exotérmica* se basa en la oxidación del aluminio para producir calor. Estos materiales tienden a ser de relativa alta densidad, y la matriz pose propiedades térmicas similares a las de los moldes de arena después de haberse producido la reacción exotérmica. Inicialmente poseen un efecto de enfriamiento al recibir el metal fundido y su efecto se produce refundiendo el metal que pudo haber solidificado al iniciarse una fuerte reacción exotérmica. Estos materiales exotérmicos se utilizan en mazarotas pequeñas e intermedias y no se recomiendan para grandes mazarotas que poseen un tiempo de solidificación prolongado. Los materiales exotérmicos pueden fácilmente contaminar al metal.

Los cubrientes de superficie, son materiales de un tipo especial de exotérmico, y poseen una composición basada en la reacción de la *termita*. Estos materiales se usan algunas veces sobre mazarotas grandes. Se deberá controlar cuidadosamente la contaminación; el metal producido por la reacción de la termita no deberá ingresar con el metal de alimentación en la pieza.

Los materiales *aislantes* se componen de material refractario con baja densidad. Manifiestan un enfriamiento inicial muy bajo sobre el metal fundido y su capacidad en minimizar las pérdidas de calor se basa en su baja densidad. Se los usa habitualmente en mazarotas laterales pequeñas e intermedias y en aleaciones con bajas temperaturas de colado. No se recomiendan para mazarotas grandes, puesto que estos materiales de baja densidad se degradan térmicamente cuando se exponen a altas presiones y altas temperaturas durante un cierto período de tiempo. Ofrecen menor tendencia a contaminar al metal.

Los *exotérmicos-aislantes* consisten en material exotérmico rodeado por una matriz altamente refractaria y aislante. Son los más versátiles, con un enfriamiento inicial bajo, una reacción exotérmica prolongada y buena capacidad aislante después de la reacción exotérmica. Los materiales exotérmicos-aislantes se usan para toda la gama de mazarotas. Su propensión a contaminar al metal se encuentra entre los materiales aislantes y los exotérmicos.

Contaminación del metal. Estos materiales se fabrican con un mínimo de posibilidad de contaminación. Dependiendo de su formulación y su método de aplicación, algunos elementos pueden llegar a ser absorbidos por el metal. Estos pueden ser: Carbono, Silicio, Aluminio, Oxígeno, Nitrógeno y Azufre. Pero el uso tan difundido de estos materiales nos muestra que la contaminación no resulta normalmente un problema, aunque no debe dejarse de lado su posibilidad.

Cuellos de mazarotas y noyos de rotura.

Con el propósito de promover una solidificación direccional desde la pieza hacia la mazarota, el módulo del cuello de la mazarota, M_n , deberá estar entre el módulo de la pieza y el de la mazarota M_c y M_r La regla general para el módulo de la mazarota requerida fue $M_r = 1,2\,M_c$

La regla general para el diseño del cuello de mazarota – por lo menos para aleaciones en las que se forma película sólida (skin-forming) – es $M_n = 1,1\,M_c$.

Una vez más, los hierros grises grafíticos son la excepción ya que la fase de expansión del grafito hace innecesario que el cuello de la mazarota permanezca abierto para alimentar o proveer metal de transferencia durante <u>todo</u> el tiempo que dura la solidificación. Dependiendo de la composición química de la pieza, el cuello de la mazarota para hierros grises y nodulares podrá tener módulos con valores entre 0,67 y 1,1 veces el módulo de la pieza. Se encuentran ampliamente disponibles las reglas generales para el diseño de cuellos de mazarotas para piezas en hierro fundido. (Figura 38).

Para la remoción económica de las mazarotas, se pueden usar noyos de rotura entre la con arenas aglomeradas o con materiales cerámicos. Para mazarotas con camisas, el espesor de los noyos de rotura es generalmente el 10 % del diámetro de la mazarota, y el diámetro de estos cuellos entre el 40 y 50 % del diámetro de la mazarota. Manteniendo la masa del noyo de rotura pequeña, éste alcanza rápidamente la temperatura del metal que lo rodea y no interfiere en forma apreciable en la solidificación de la mazarota.

REGLAS DE DISEÑO GENERALES para CUELLOS DE MAZAROTAS UTILIZADAS en FUNDICIÓN DE HIERRO vistas Lateralmente y Superiormente

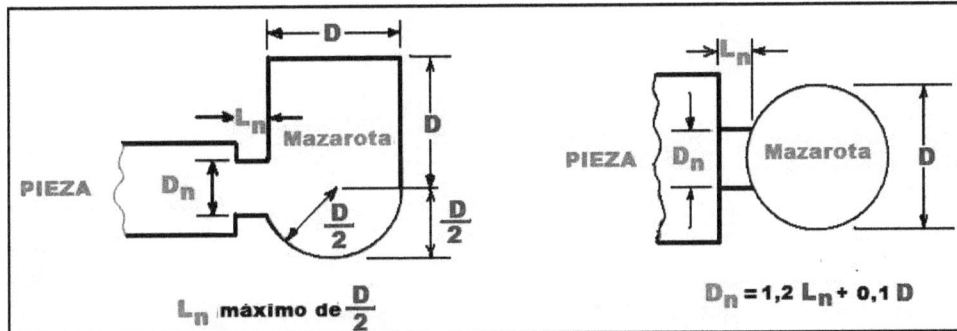

Tipo General de Mazarota Lateral

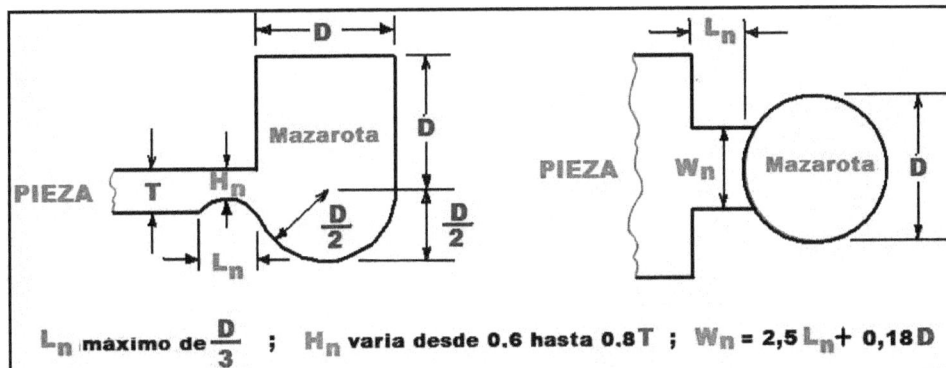

L_n máximo de $\dfrac{D}{2}$

$D_n = 1,2\,L_n + 0,1\,D$

Mazarota Lateral para PLACA

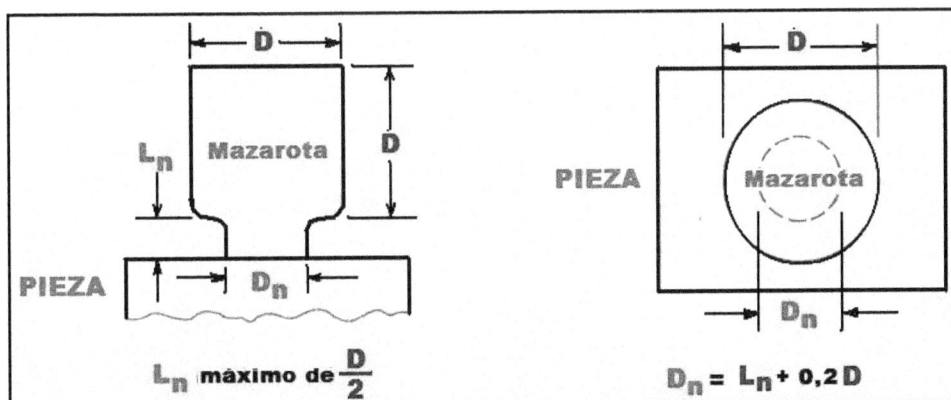

L_n máximo de $\dfrac{D}{3}$; H_n varia desde 0.6 hasta 0.8 T ; $W_n = 2,5\,L_n + 0,18\,D$

Mazarota redonda Superior

L_n máximo de $\dfrac{D}{2}$

$D_n = L_n + 0,2\,D$

Figura 38

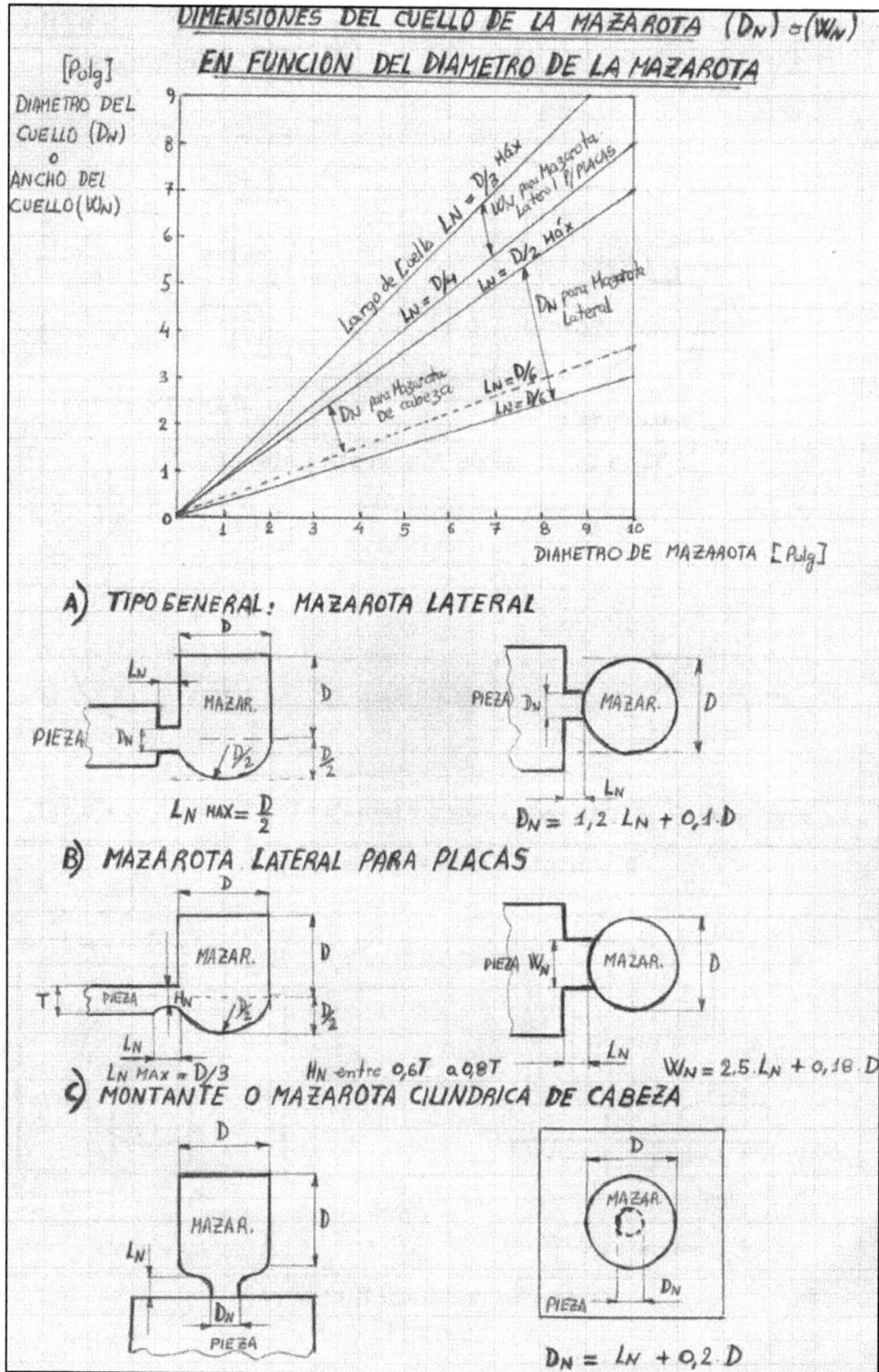

Figura 38

Ubicación óptima de mazarota y cuello.

La aplicación de la mazarota requerida para una determinada pieza, puede generar problemas. Por ejemplo, la mazarota necesaria o el tamaño del cuello no se adaptan fácilmente a la configuración de la pieza. Se puede crear un problema importante simplemente al colocar la mazarota, ya que la nueva forma de unión mazarota / pieza tendrá su propio esquema de solidificación, algunas veces con resultados no deseados.

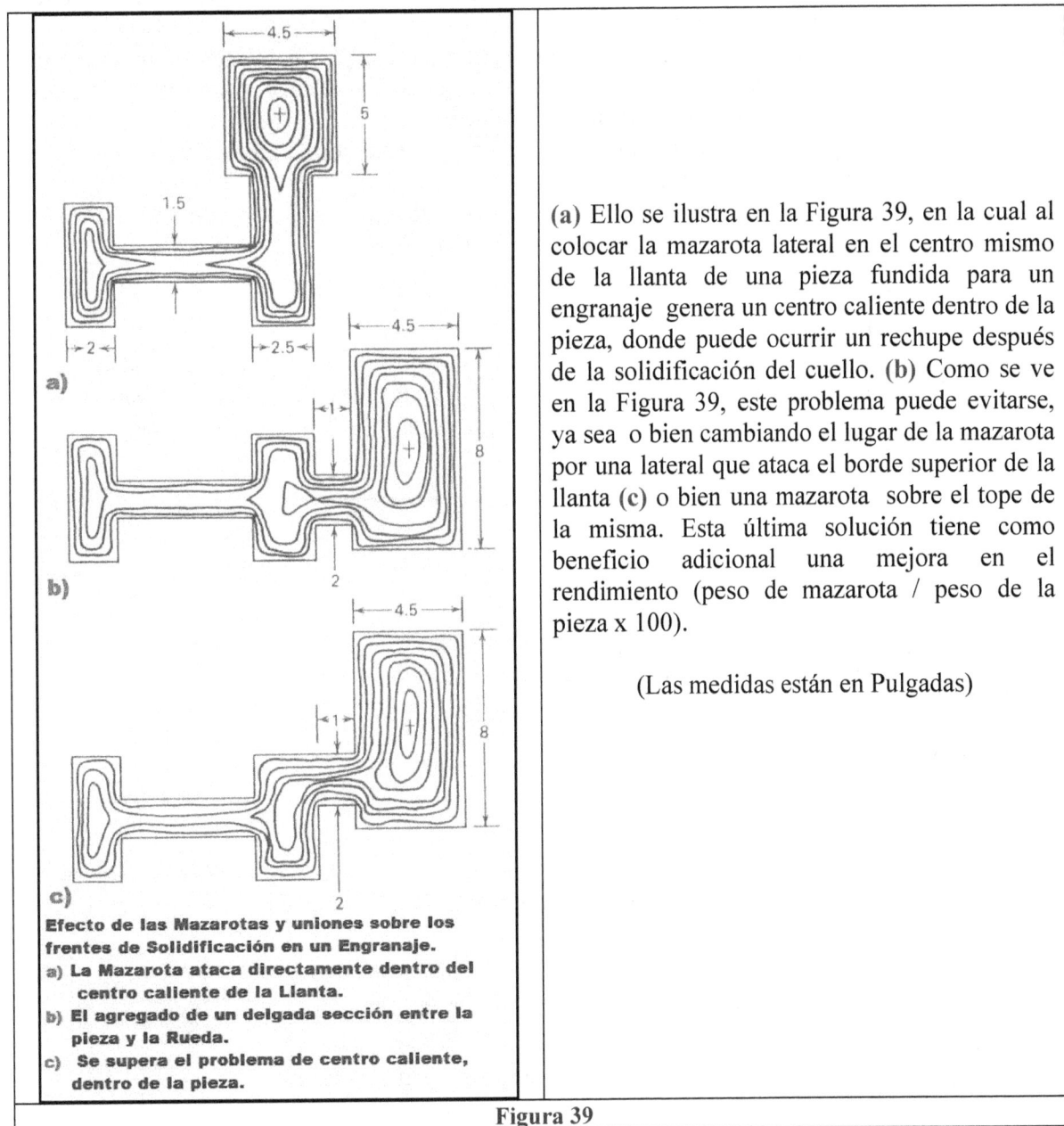

(a) Ello se ilustra en la Figura 39, en la cual al colocar la mazarota lateral en el centro mismo de la llanta de una pieza fundida para un engranaje genera un centro caliente dentro de la pieza, donde puede ocurrir un rechupe después de la solidificación del cuello. **(b)** Como se ve en la Figura 39, este problema puede evitarse, ya sea o bien cambiando el lugar de la mazarota por una lateral que ataca el borde superior de la llanta **(c)** o bien una mazarota sobre el tope de la misma. Esta última solución tiene como beneficio adicional una mejora en el rendimiento (peso de mazarota / peso de la pieza x 100).

(Las medidas están en Pulgadas)

Efecto de las Mazarotas y uniones sobre los frentes de Solidificación en un Engranaje.
a) La Mazarota ataca directamente dentro del centro caliente de la Llanta.
b) El agregado de un delgada sección entre la pieza y la Rueda.
c) Se supera el problema de centro caliente, dentro de la pieza.

Figura 39

CÁLCULO DE MAZAROTAS

Siempre los cálculos de mazarota se hacen con la intención de calcular el diámetro, altura y el cuello (cuello es la zona de ínter-unión entre la mazarota y la pieza que se busca del afinar el cuello de manera de poder quebrar o cortar).

Existen en algunos metales que no se puede aplicar este cuello debido a que es muy dúctil y en esa zona no se produciría su rotura.

La esfera es el mejor volumen que contiene más masa y con la menor superficie del enfriamiento pero la unión de la esfera con la pieza es un punto y además si utilizamos la esfera como mazarota no posee salidas, esto sería un inconveniente.

El hecho de que la esfera posea un solo punto de contacto con la pieza esta zona se enfría rápidamente y se obstruye la alimentación.

Lo que se utiliza habitualmente como mazarota son los cilindros. Las mazarotas esféricas se utilizan "ciegas" es decir que no poseen contacto con la atmósfera.

Mazarota esférica (es ideal pues posee la menor $V_{enfriamiento}$ de todas las figuras geométricas).

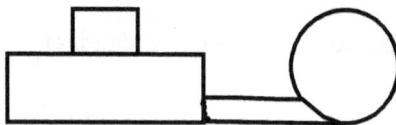

Mazarota esférica ciega (se debe aumentar un diferencial de presión de manera que la solidificación se de cómo el principio de solidificación dirigida y la mazarota esférica solidifique última).

"La condición primordial de la mazarota es que solidifique en último lugar con respecto a la pieza y su alimentación se ubique en la parte más gruesa de la pieza (centro caliente)."

Las condiciones en las que debe trabajar la mazarota es con:

→ Presión metalostática.
→ Presión atmosférica.

Factores que ayudan en el llenado

Los cilindros utilizados no pueden ser cualquier cilindro.

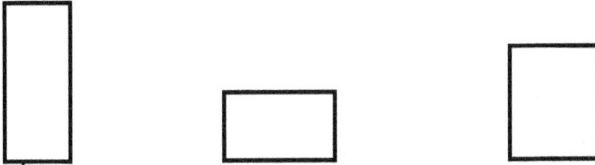

Posee el problema de la esbeltez, posee mucha superficie de enfriamiento y por lo tanto la $V_{enfriamiento}$ será más rápida.

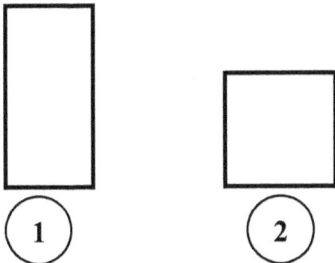

A igual volumen la mazarota (2) va a mantener el calor mayor tiempo que el (1).

A veces la altura de la caja me condiciona la altura de la mazarota que a veces se aumenta la altura de la mazarota sobre la caja y también se debe compensar esta altura aumentando el embudo de colada es decir deben encontrarse a la misma altura.

A veces se utilizan mazarotas que con su geometría cilíndrica se las hace ovaladas acompañando la geometría de las piezas.

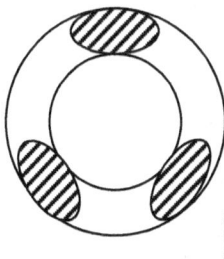

El rendimiento de una mazarota es el porcentaje que puede alimentar la mazarota a la pieza (se habla de η_{masa} [kg])

El $\eta_{masa} = 14\,\%$ es decir <u>de 100 kg de mazarota</u>   ➔   <u>14 kg alimenta a la pieza</u>

$$\boxed{\eta_{masa} = 14\,\%}$$

<u>Si se utilizan manguitos exotérmicos que son preparados a base de Al_2O_3 y FeO (Aluminiotermia, el η_{masa} puede llegar a **64 %**</u>

En la práctica se utiliza **2,5 D ≥ H ≥ D**

$$
\left.
\begin{array}{l}
\mathbf{H \geq D} \\
\mathbf{H \leq 2,5\ D}
\end{array}
\right\}
$$
Relación admisible

Si nos alejamos de estos valores aumentamos la superficie de enfriamiento y la velocidad de enfriamiento (v_e) también aumenta y como sabemos es que la ve de la mazarota debe ser la menor de todo el sistema.

<u>La zona donde debemos colocar la mazarota lo debemos saber de antemano (no existe cálculo para averiguarlo).</u>

<u>Debemos ubicarlo como ya mencionamos en la zona donde la pieza solidifica último (sección gruesa) centro caliente.</u>

Cuando la mazarota solidifica, lo primero en solidificar es la superficie de la mazarota que se <u>encuentra en contacto con la atmósfera y esto me perjudica una condición que me ayuda a la buena alimentación que es la presión atmosférica, cuando sucede esto lo que se debe usar o echar es polvo exotérmico (cubriente de superficie para mazarota) que mantiene más caliente la zona superior de la mazarota).</u>

Si la mazarota es ciega el efecto de la presión atmosférica se debe suplir agregando una cuña en <u>la mazarota o un manguito o noyo de grafito que le produce una presión que más ayuda a darle el sentido de solidificación y se ubique el rechupe de solidificación en la mazarota.</u>

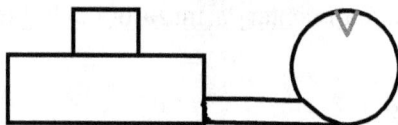

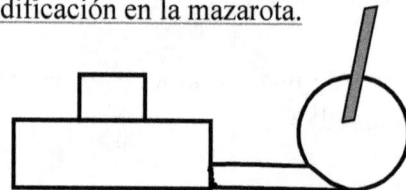

Se dice que la mazarota posee un buen rendimiento cuando la altura o profundidad alcanzada en la mazarota por el rechupe resulta un 80% de la altura de la mazarota.

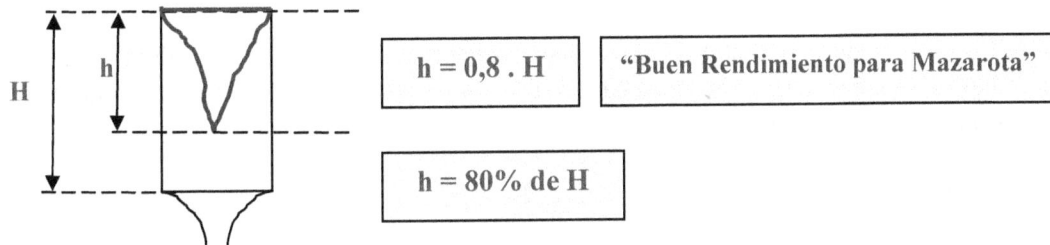

$$h = 0,8 \cdot H$$

"Buen Rendimiento para Mazarota"

$$h = 80\% \text{ de } H$$

Ejemplo:

Poseemos una pieza de 100 kg y posee una variación volumétrica del orden del 80% (por lo tanto disminuye el volumen de la pieza en 92 kg.).

Debido a su variación volumétrica precisamos una mazarota que nos de ese faltante de material que serían 8 kg. de metal.

Incógnita: ¿Cual será el peso de la mazarota?

Si el El η = es de **14 % en peso**.

14 Kg de metal dado de la mazarota ——————— **100 kg** mazarota
8 Kg de metal que tendrá que dar la mazarota ————— x = **57,14 Kg** de mazarota

Puede suceder que para mazarotas de igual tamaño y dimensiones dan distintos rechupes.

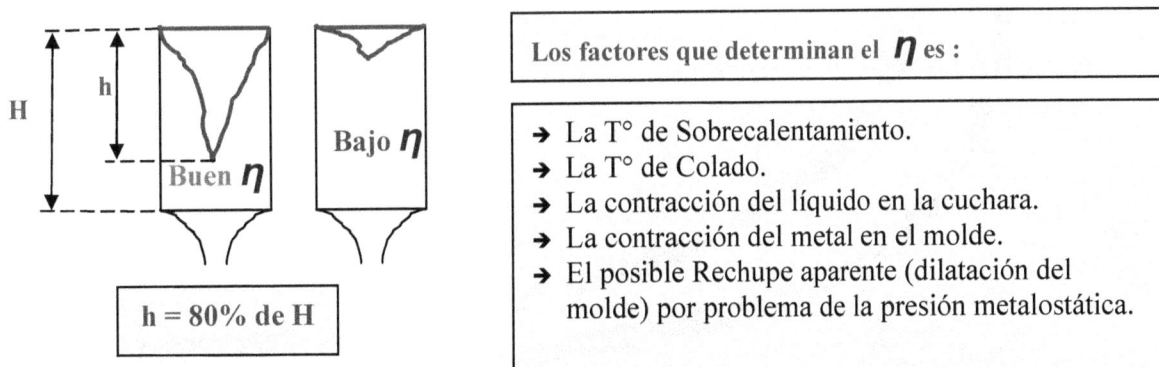

$$h = 80\% \text{ de } H$$

Los factores que determinan el η es :

→ La T° de Sobrecalentamiento.
→ La T° de Colado.
→ La contracción del líquido en la cuchara.
→ La contracción del metal en el molde.
→ El posible Rechupe aparente (dilatación del molde) por problema de la presión metalostática.

METODOS DE CALCULO DE MAZAROTAS

1°.- Método FACTOR FORMA.

Caine halló un método de cálculo de mazarotas mediante el FACTOR DE FORMA que es una relación en base a la geometría de la pieza para realizar la mazarota (se tomaron en cuenta también que los otros factores sean uniforme)

El FACTOR FORMA (F)

$$F = \frac{LARGO + ANCHO}{ESPESOR}$$

Que toda la pieza tenga el mismo factor F tiene la misma o idéntica condición de compromiso durante su solidificación (siempre considerando que los factores de llenado, y de molde sean idénticos). Es decir que a igual Factor de Forma se van a encontrar los mismos problemas de solidificación.

En base al factor de Forma existe un gráfico que posee dos curvas que nos dan sobre ordenadas el volumen relativo de mazarotas que precisamos calcular para nuestra pieza.

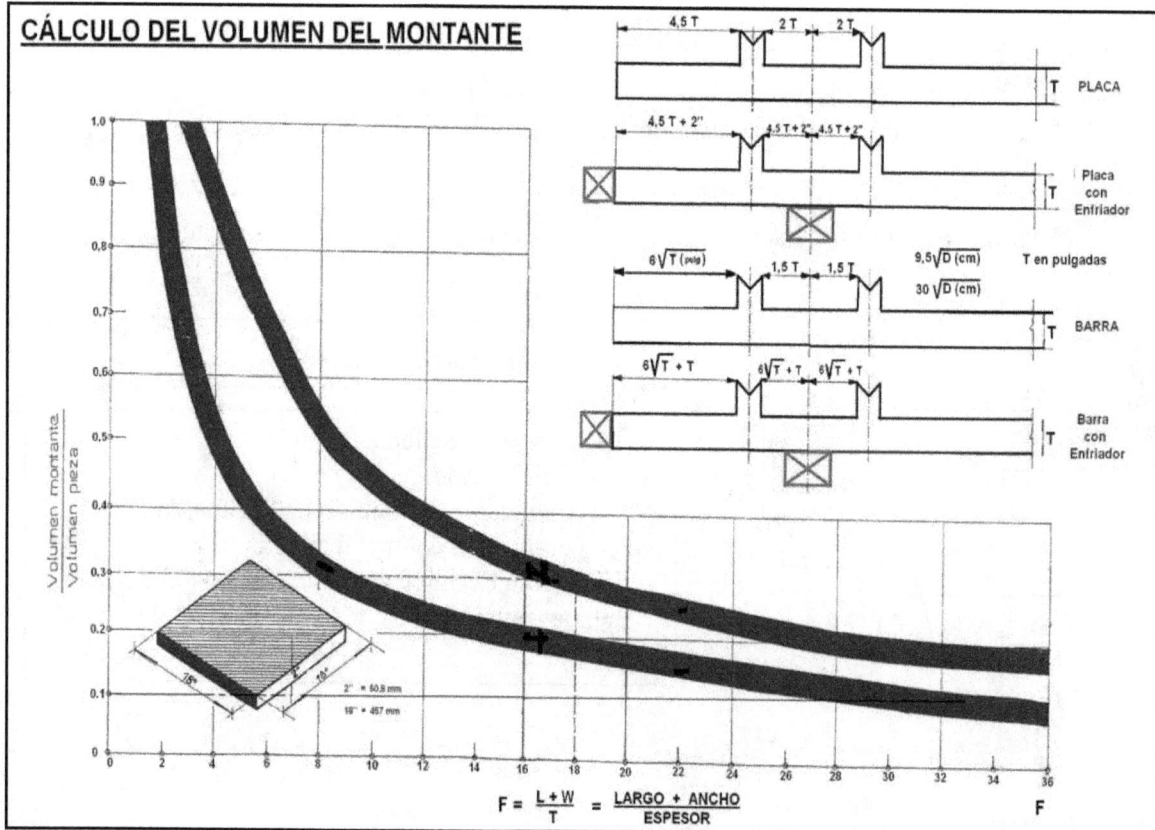

CÁLCULO DEL VOLUMEN DEL MONTANTE

$$F = \frac{L + W}{T} = \frac{LARGO + ANCHO}{ESPESOR}$$

138

Siempre el volumen relativo de mazarotas nos da el VOLUMEN TOTAL DE LAS MAZAROTAS NECESITADAS.

<u>Por ejemplo</u>: si poseemos un volumen relativo de mazarota igual a 0,3% → significa que el 30% del peso de la pieza es el peso total de las mazarotas a utilizar.

> *A medida que Disminuya el factor forma* ➜ *Aumenta el volumen relativo de mazarota.*

La única figura geométrica que siempre posee el mismo número de FACTOR DE FORMA independientemente de su tamaño es la esfera y F=2, y el cubo.
        (la esfera posee mayor volumen concentrado y menor velocidad de enfriamiento).
Esfera y cubo poseen igual Factor de Forma = 2 y son los más comprometidos.
    Cuando existan dos piezas adosadas se busca o halla el Factor de Forma para la pieza más robusta.

<u>Por ejemplo</u> en el caso de una placa con un cubo (son la misma pieza), cuando llenemos esta pieza la placa se enfría y se alimenta del cubo o la sección más gruesa (por el principio de solidificación dirigida).

    Existe un gráfico que nos determina cuanto va a alimentar el cubo (Pieza Principal) a la placa (Pieza Secundaria) y sacamos el coeficiente de incidencia (Ci).
    En base a un mejor estudio se divide la pieza según su velocidad de enfriamiento en PRINCIPAL y SECUNDARIO.
    Una pieza se dice que se autoalimenta por si sola es decir que satisface su propia contracción es decir que durante su llenado ya se contrae.

    Siempre las mazarotas debe calcularse con la disminución que sufre la pieza secundaria **(coeficiente de incidencia Ci)** y el coeficiente de incidencia se saca mediante un gráfico que con relación de espesores entre el secundario y primario y con tres curvas que según sea el primario la barra o la placa saco Ci.

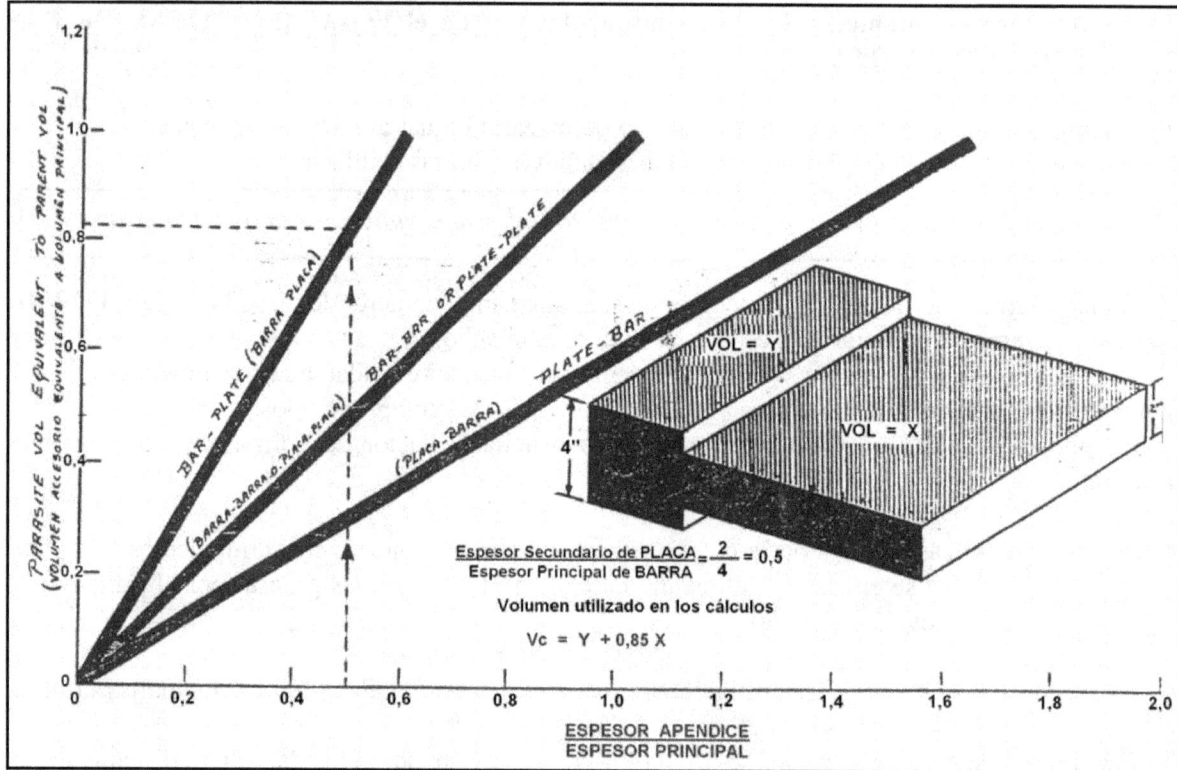

Espesor Secundario de PLACA / Espesor Principal de BARRA $= \frac{2}{4} = 0,5$

Volumen utilizado en los cálculos

$Vc = Y + 0,85\,X$

El coeficiente de incidencia (Ci) vale 1 significa que la pieza secundaria no existe, no hay, siempre el coeficiente de incidencia Ci es menor de Ci 1

El coeficiente de incidencia (Ci) me indica en cuanto se alimenta la pieza secundaria de la pieza principal.

Para averiguar el volumen de la pieza para el cálculo Vp_c.

$$V_{Pc} = V_{PR} + C_i \cdot V_S$$

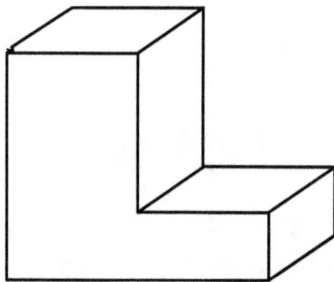

V_{PC} = Volumen de la pieza para el cálculo
V_{PR} = Volumen de la pieza principal
V_S = Volumen de la pieza secundaria
Ci = Coeficiente de incidencia

Siempre el V_{Pc} va a ser menor que el volumen de la pieza geométrica real.

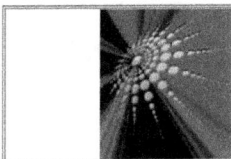

Método de cálculo del N° de Mazarotas por Zonas de Influencia de la Mazarota.

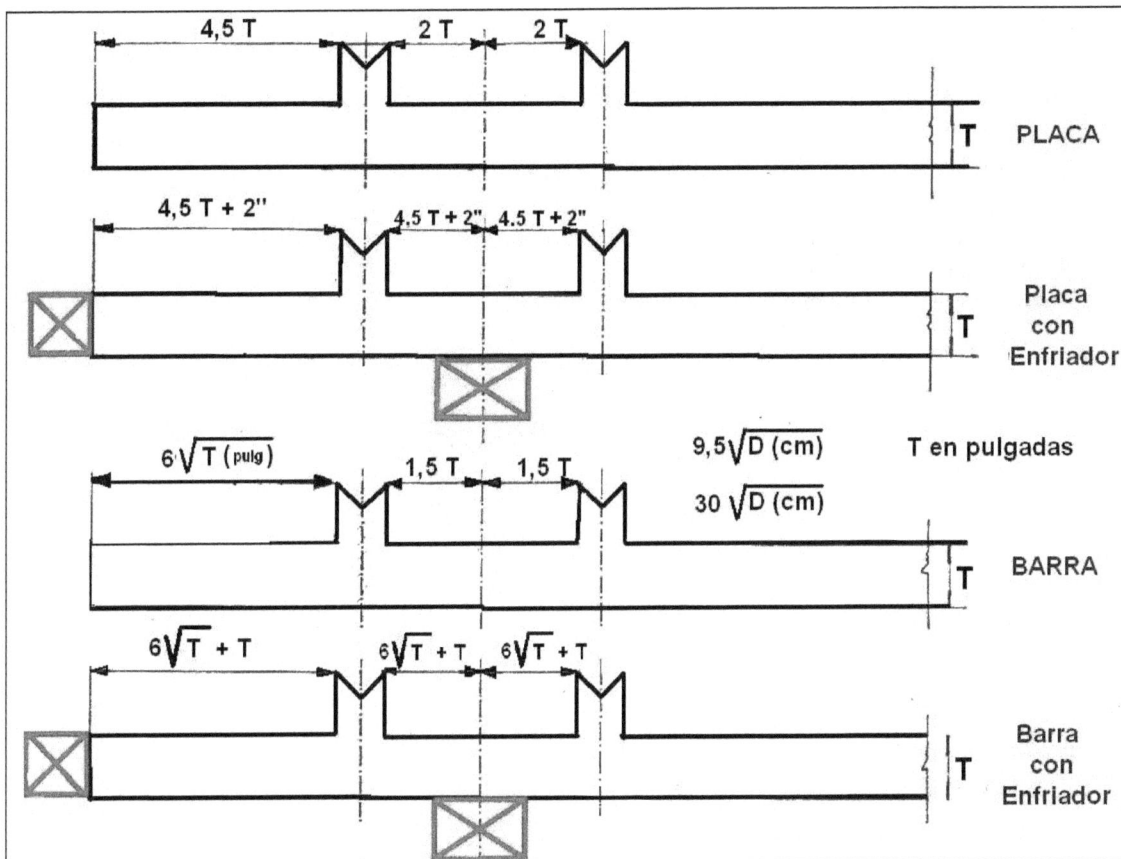

El efecto de borde es que sobre el borde de la pieza la velocidad de enfriamiento es mas rápida por el efecto de borde y el radio de acción es mayor.

Podemos aumentar el radio de acción con placas enfriadoras

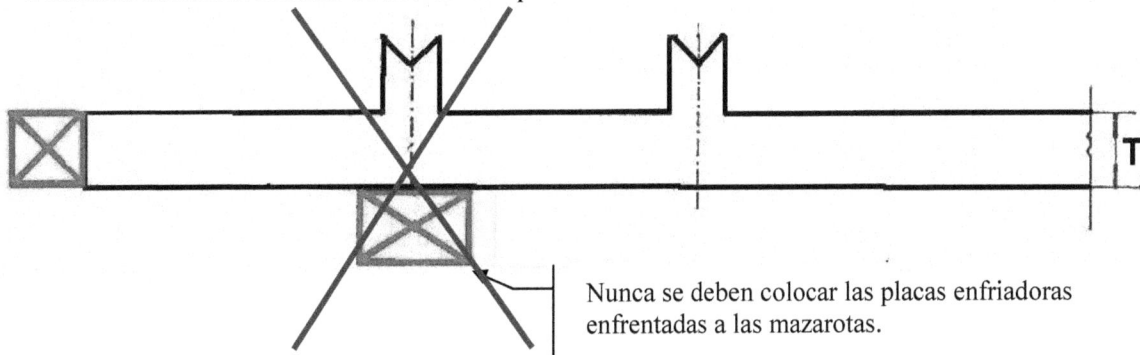

Nunca se deben colocar las placas enfriadoras enfrentadas a las mazarotas.

Se deben colocar sobre bordes para aumentar el radio de acción de las placas enfriadoras.

Los mazarotas no los puedo modificar en su diámetro, lo que si puedo hacer es modificar el N° de mazarotas.

El cambio de volumen de Mazarota no me modifica la zona de incidencia / zona de influencia.

Ejemplo N° 1

Pieza:	Anillo
$\emptyset_{EXTERIOR}$	1200 mm
$\emptyset_{INTERIOR}$	800 mm
Altura:	200 mm

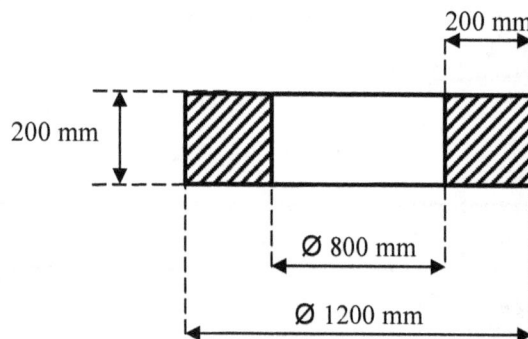

1°.- Cálculo del Perímetro medio

$$\textbf{Perimetro}_{\textbf{medio}} = \pi \textbf{ D}_{\textbf{medio}}$$

$Perímetro_{medio} = \pi .10 \, dm = 31,4 \, dm$ ➔ $Perímetro_{medio} = 31,4 \, dm$

2°.- Cálculo de la Zona de incidencia (Z)

$$\textbf{Z} = \textbf{2 z}_\textbf{i}$$

Considerando la pieza que es una barra ➔ $\textbf{z}_\textbf{i} = \textbf{1,5 T}$

$\textbf{Z} = \textbf{2 z}_\textbf{i} = 2 .1,5T = 2 . 2.1,5 \, dm = 6 \, dm$ ➔ $\underline{Z = 6 \, dm}$

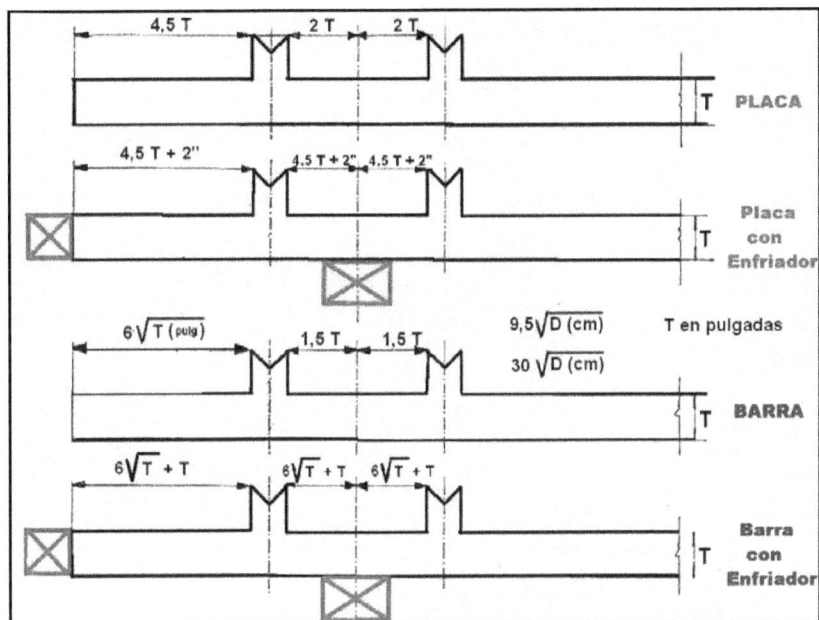

3°.- Cálculo del N° de Mazarotas

$$\text{N° de Mazarotas} = \frac{P_{Medio}}{Z}$$

$$\text{N° de Mazarotas} = \frac{P_{Medio}}{Z} = \frac{31,4 \text{ dm}}{6} = 5 \text{ Mazarotas}$$

N° de Mazarotas = 5 Mazarotas

4°.- Cálculo del Volumen total relativo de Mazarotas por FACTOR FORMA

$$F = \frac{\text{Largo} + \text{Ancho}}{\text{Espesor}}$$

$$F = \frac{\text{Largo} + \text{Ancho}}{\text{Espesor}} = \frac{(31,4 \text{ dm} + 2 \text{ dm})}{2 \text{ dm}} = 16,7$$

Si aumentamos en esta pieza el Largo (Por ejemplo el doble)

$$F = \frac{Largo + Ancho}{Espesor} = \frac{(\textbf{31,4 dm} + 2 \text{ dm})}{2 \text{ dm}} = 30$$

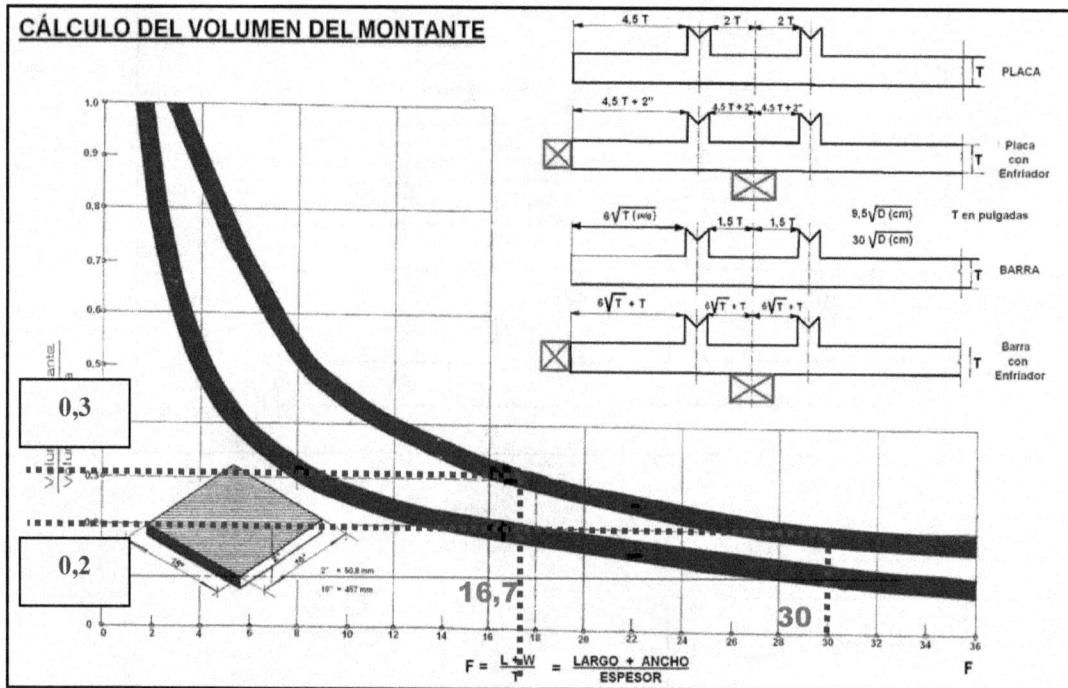

CÁLCULO DEL VOLUMEN DEL MONTANTE

Por Gráfico:

$F = 16,7$ → $\dfrac{V_{Mazarota}}{V_{Pieza}} = 0,3$

$F = 30$ → $\dfrac{V_{Mazarota}}{V_{Pieza}} = 0,2$

V_{pieza} = **Volumen de la Pieza que voy alimentar**

Los valores que nos da nos indica menor Volumen RELATIVO DE MAZAROTA, a medida que aumentamos el Largo de la Pieza.

IMPORTANTE:

Esto nos ocurre con Piezas Simétricas Uniformes, por este motivo no se debe utilizar el Largo sino el sino el Z de incidencia.

$$\textbf{F} = \frac{Largo + Ancho}{Espesor} = \frac{\textbf{Z} + Ancho}{Espesor} =$$

$$F = \frac{\text{Zona de incidencia + Ancho}}{\text{Espesor}} = \frac{(\textbf{6 dm} + 2\ \text{dm})}{2\ \text{dm}} = 4$$

Por Gráfico:

$$F = 4 \quad \rightarrow \quad \boxed{\frac{V_{\text{Mazarota}}}{V_{\text{Pieza}}} = 0,5} \qquad \boxed{V_{\text{pieza}} = \text{Volumen de la Pieza que voy alimentar}}$$

En este caso calculé el Volumen Relativo de una MAZAROTA pues utilicé Z en vez del Largo.

5°.- Cálculo del Volumen de 1 Mazarota

Voy a calcular el Volumen de la pieza que está alimentada por 1 mazarota.

$$\boxed{V_{P1} = \text{Volumen de la Pieza que voy alimentar}}$$

$$\boxed{\frac{V_{\text{Mazarota}}}{V_{\text{Pieza}}} = 0,5} \quad \rightarrow \quad V_{P1} = Z \cdot \text{Ancho} \cdot \text{Espesor}$$

$$V_{P1} = 6\ \text{dm} \cdot 2\ \text{dm} \cdot 2\ \text{dm} = 24\ \text{dm}^3$$

$$V_{P1} = 24\ \text{dm}^3$$

$$\frac{V_{\text{Mazarota}}}{V_{\text{Pieza}}} = 0,5 \quad \rightarrow \quad V_{\text{Mazarota}} = 0,5 \cdot V_{\text{Pieza}} = 0,5 \cdot 24\ \text{dm}^3 = 12\ \text{dm}^3$$

Para 1 Mazarota $\quad \rightarrow \quad \boxed{V_{\text{Mazarota}} = 12\ \text{dm}^3}$

6°.- Dimensionamiento de 1 Mazarota

Para **H = D**

$$V_{Mazarota} = \frac{\pi . D^2 . H}{4}$$

$\rightarrow \quad V_{Mazarota} = \frac{\pi . D^2}{4} . D == \frac{\pi}{4} . D^3 = 0,785 . D^3$

$\rightarrow \quad \boxed{V_{Mazarota} = 0,785 . D^3}$

$$D = \sqrt[3]{\frac{V_{Mazarota}}{0,785}}$$

$\rightarrow \quad D = \sqrt[3]{\frac{12 \ dm^3}{0,785}} = 2,48 \ dm$

$\begin{cases} D = 2,48 \ dm \\ H = 2,48 \ dm \end{cases}$

Para **H = 2.D**

$$V_{Mazarota} = \frac{\pi . D^2 . H}{4}$$

$\rightarrow \quad V_{Mazarota} = \frac{\pi . D^2}{4} . 2D == \frac{\pi}{2} . D^3 = 1,57 . D^3$

$\rightarrow \quad \boxed{V_{Mazarota} = 1,57 . D^3}$

$$D = \sqrt[3]{\frac{V_{Mazarota}}{1,57}}$$

$\rightarrow \quad D = \sqrt[3]{\frac{12 \ dm^3}{1,57}} = 1,97 \ dm$

$\begin{cases} D = 1,97 \ dm \\ H = 3,94 \ dm \end{cases}$

7°.- Corrección del N° de Mazarotas (Por el Ø de la Mazarota)

Z = zona de influencia

$$Z = \emptyset_{\text{Medio Mazarota}} + 2.\, Zi$$

Para Barra → $Z_i = 1,5 .\, T$

$Z = 1,97\ dm\ + 2 .\, 1,5 .\, T\ =$

$Z = 1,97\ dm\ + 2 .\, 1,5 .\, 2\ dm$

$Z = 1,97\ dm\ + 6\ dm\ =$

$Z = 7,97\ dm$

$$N°\ \text{Mazarotas} = \frac{\text{Perimetro}_{\text{Medio}}}{Z}$$

$N°\ \text{Mazarotas} = \dfrac{31,4\ dm}{7,97\ dm} = 3,9$

$N°\ \text{Mazarotas} = \underline{4}$

Ahora el problema se complica si tengo una pieza con diferentes espesores o secciones.

Ejemplo N° 2

Pieza: Polea

$\emptyset_{EXTERIOR}$ 1800 mm

$\emptyset_{INTERIOR-1}$ 1200 mm

$\emptyset_{INTERIOR-2}$ 300 mm

Altura: 400 mm

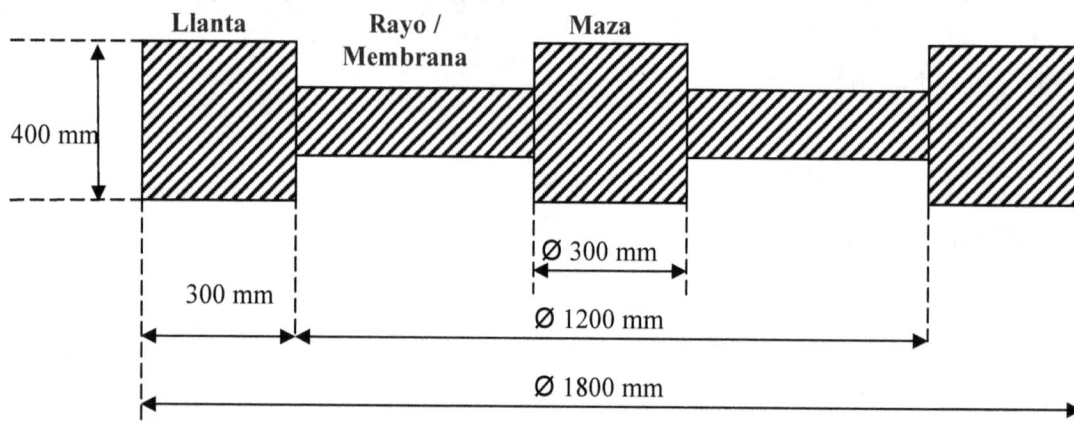

Debemos dividir a la polea en:

→ Maza-Membrana

→ Membrana - Llanta

Elegimos 2 Sistemas

    1.- Pieza Principal   = Llanta

    2.- Pieza Secundaria   = Parte Membrana.

    1.- Pieza Principal   = Maza

    2.- Pieza Secundaria   = Parte Membrana

1°.- <u>Cálculo de los Volúmenes y la Relación de las Piezas Principales con las Piezas Secundarias.</u>

$$V_1 = \frac{\pi (D^2 - d^2)}{4} \cdot L$$

$$V_{Llanta} = \frac{\pi \ (18^2 \ dm^2 - 12^2 \ dm^2)}{4} . 4 \ dm = 565,5 \ dm^3 \qquad \rightarrow \qquad V_{Llanta} = 565,5 \ dm^3$$

$$V_{Membrana} = \frac{\pi \ (12^2 \ dm^2 - 3^2 \ dm^2)}{4} . 0,12 \ dm = 12,72 \ dm^3 \qquad \rightarrow \qquad V_{Membrana} = 12,72 \ dm^3$$

$$V_{Maza} = \frac{\pi \ 3^2 \ dm^2}{4} . 3 \ dm = 21,2 \ dm^3 \qquad \rightarrow \qquad V_{Llanta} = 21,2 \ dm^3$$

$$V_{Llanta} + V_{Maza} = 565,5 \ dm^3 + 21,2 \ dm^3 = 586,7 \ dm^3 \qquad \rightarrow \qquad \boxed{V_{[Llanta + Maza]} = 586,7 \ dm^3}$$

$$V_{Total} = 586,7 \ dm^3 \underline{\qquad\qquad\qquad} 12,72 \ dm^3 = V_{Membrana}$$
$$V_{Llanta} = 565,5 \ dm^3 \underline{\qquad\qquad\qquad} x = 12,26 \ dm^3$$

La llanta alimenta a toda la membrana y casi no nos queda Volumen de membrana para toda la maza.

Por lo tanto consideramos a la $Pieza_{Principal}$ = Llanta

2°.- Cálculo de la Zona de incidencia (Z) con el Perímetro medio

$$\boxed{Perimetro_{medio} \ = \ \pi . D_{medio}} \qquad \boxed{D_{medio} = \frac{D_{exterior} + D_{interior}}{2} = \frac{18 + 12}{2} = 15 \ dm}$$

$$Perímetro_{medio} = \pi . 15 \ dm = 47,12 \ dm \qquad \rightarrow \qquad Perímetro_{medio} = 47,12 \ dm$$

$$\boxed{Z = 2 \ z_i}$$

Considerando a la Llanta que es una barra $\qquad \rightarrow \qquad z_i = 1,5 \ T$

$$Z = 2 \ z_i = 2 .1,5T = 2 . 1,5 . 3 \ dm = 9 \ dm \qquad \rightarrow \qquad \underline{Z = 9 \ dm}$$

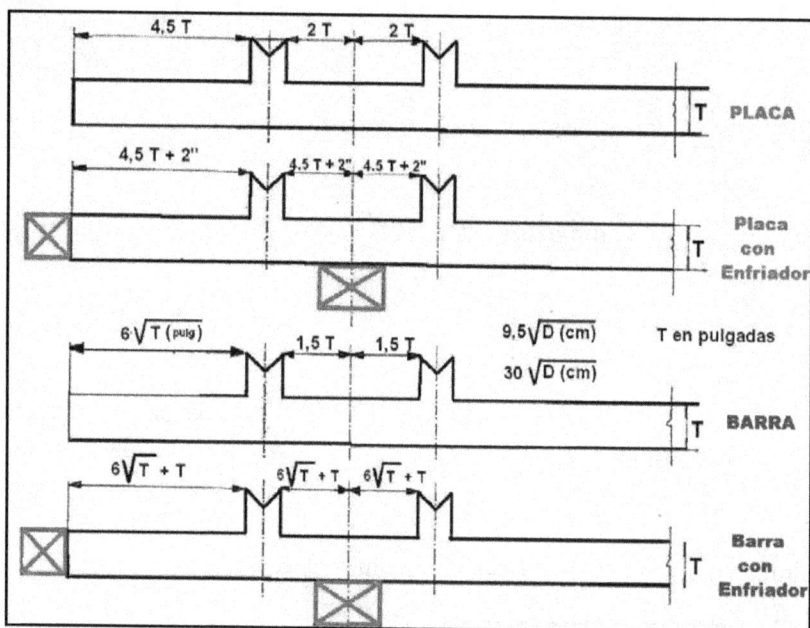

3°.- Cálculo del N° de Mazarotas

$$\boxed{N°\ de\ Mazarotas = \frac{P_{Medio}}{Z}}$$

$$N°\ de\ Mazarotas = \frac{P_{Medio}}{Z} = \frac{47,12\ dm}{9} = 5\ Mazarotas$$

$$N°\ de\ Mazarotas = \underline{5\ Mazarotas}$$

4°.- Cálculo del **Volumen total relativo de 1 Mazarota** por FACTOR FORMA

$$\boxed{F = \frac{Largo + Ancho}{Espesor}}$$

$$F = \frac{Largo + Ancho}{Espesor} = \frac{(12\ dm + 4\ dm)}{3\ dm} = 5,33$$

Entrando por el Gráfico con: $F = \underline{5,33}$

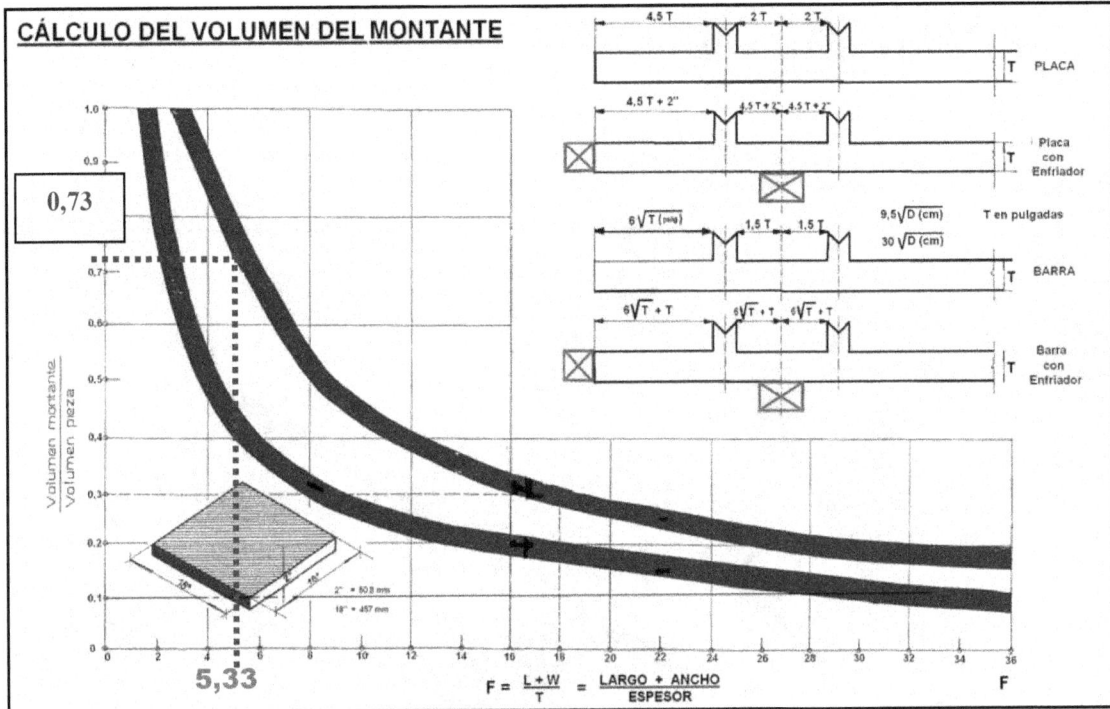

CÁLCULO DEL VOLUMEN DEL MONTANTE

Por Gráfico:

F = 5,33 ➔ $\dfrac{V_{Mazarota}}{V_{Pieza}} = 0,73$

V_{pieza} = **Volumen de la Pieza que voy alimentar**

5°.- Cálculo del V_{Pc} (Volumen de pieza para el cálculo)

$$V_{Pc} = V_{PR} + C_i \cdot V_S$$

V_{PC} = Volumen de la pieza para el cálculo

V_{PR} = Volumen de la pieza principal (LLANTA)

V_S = Volumen de la pieza secundaria (MEMBRANA)

C_i = Coeficiente de incidencia

151

Cálculo del Coeficiente de incidencia (Ci).
Datos:

$$\frac{\text{Espesor Secundario}}{\text{Espesor Principal}} = \frac{72 \text{ mm}}{300 \text{ mm}} = 0,04$$

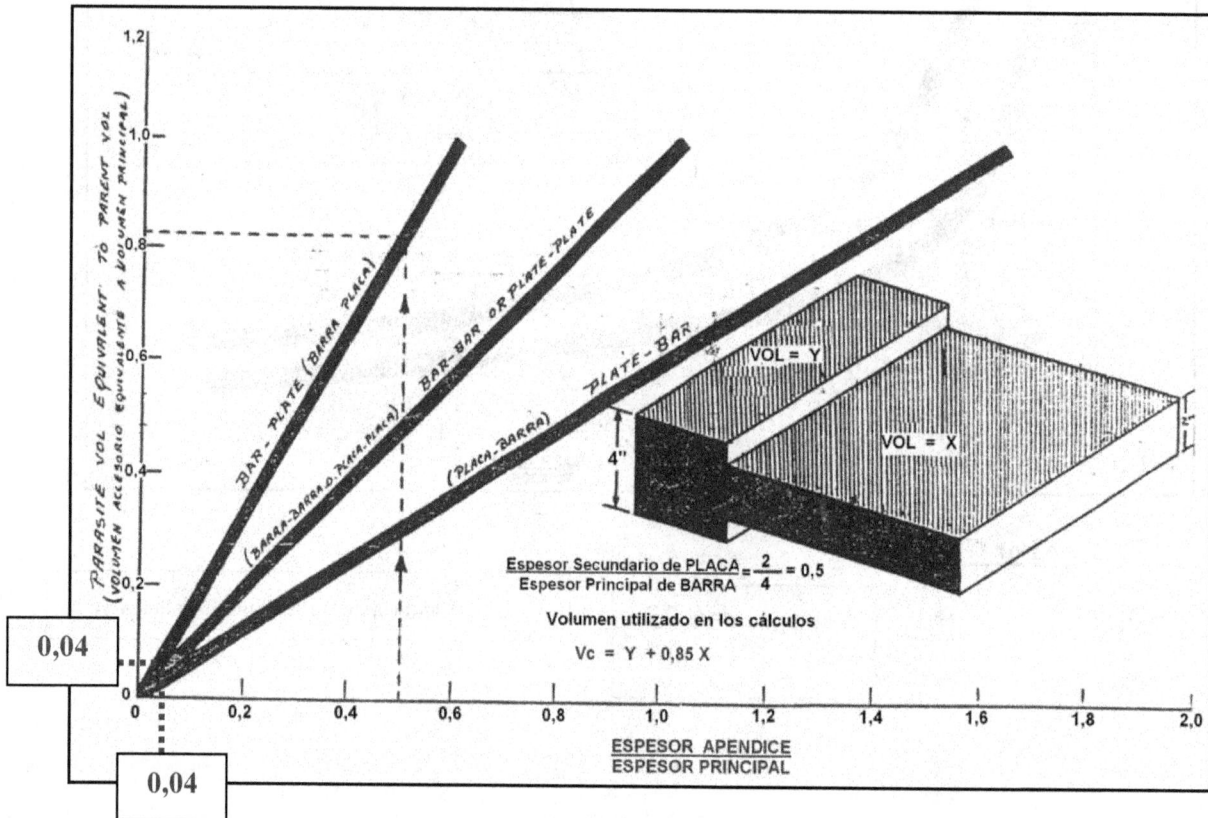

0,04

0,04

Espesor Secundario de PLACA / Espesor Principal de BARRA $= \frac{2}{4} = 0,5$

Volumen utilizado en los cálculos

$V_c = Y + 0,85 X$

$$V_{Pc} = V_{PR} + C_i \cdot V_S$$

$V_{Pc} = 565,5 \text{ dm}^3 + 0,04 \cdot 12,72 \text{ dm}^3$

$V_{Pc} = 566 \text{ dm}^3$

6°.- Cálculo del Volumen de 1 Mazarota con el V_{Pc} su dimensionamiento

Calculamos el Volumen de 1 Mazarota.

$$V_{P1} = \text{Volumen de la Pieza que voy alimentar}$$

$$\frac{V_{Mazarota}}{V_{PC}} = 0,73 \quad \rightarrow \quad V_{Mazarota} = 0,73 \cdot V_{PC}$$

$$V_{Mazarota} = 0,73 \cdot 566\ dm^3 = 413,2\ dm^3$$

$$\boxed{V_{Mazarota} = 413,2\ dm^3}$$

7°.- Dimensionamiento de 1 Mazarota

Para **H = 1,5 D**

$$V_{Mazarota} = \frac{\pi \cdot D^2 \cdot H}{4} \quad \rightarrow \quad V_{Mazarota} = \frac{\pi \cdot D^2}{4} \cdot 1,5.D = = \frac{\pi}{4} \cdot 1,5.D^3 = 1,178 \cdot D^3$$

$$\rightarrow \quad \boxed{V_{Mazarota} = 1,178 \cdot D^3}$$

$$D = \sqrt[3]{\frac{V_{Mazarota}}{1,178}} \quad \rightarrow \quad D = \sqrt[3]{\frac{413,2\ dm^3}{1,178}} = 7,05\ dm$$

$$\boxed{\begin{array}{l} D = 7,05\ dm \\ H = 10,57\ dm \end{array}}$$

8°.- Corrección del N° de Mazarotas (Por el Ø de la Mazarota)

Z = Zona de influencia

$$Z = \emptyset_{\text{Medio Mazarota}} + 2 . Zi$$

Para Barra ➜ $\boxed{Z_i = 1,5 . T}$

$Z = 7,05 \text{ dm} + 2 . 1,5 . T =$

$Z = 7,05 \text{ dm} + 2 . 1,5 . 3 \text{ dm} =$

$Z = 7,05 \text{ dm} + 9 \text{ dm} =$

$Z = 16,05 \text{ dm}$

$$N° \text{ Mazarotas} = \frac{\text{Perimetro}_{\text{Medio}}}{Z}$$

$N° \text{ Mazarotas} = \dfrac{47,12 \text{ dm}}{16,05 \text{ dm}} = 2,9$

$\boxed{N° \text{ Mazarotas} = \underline{3}}$

154

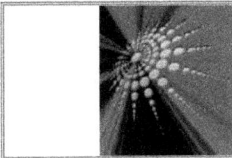

2°.- Método MÓDULO DE ENFRIAMIENTO.

El Módulo de Enfriamiento (Me) es la relación entre el volumen o parte del volumen de la pieza que estamos estudiando (o alimentando) y la superficie específica de enfriamiento.

El Módulo de Enfriamiento (Me)

$$Me = \frac{V_0}{A_0}$$

$\left\{ \begin{array}{l} \mathbf{Me} = \text{Módulo de Enfriamiento.} \\ V_0 = \text{Volumen de la pieza a alimentar.} \\ A_0 = \text{Superficie de la pieza a alimentar} \end{array} \right.$

A medida que el volumen (V_0) se hace más chico a igual superficie (A_0); se hace más chico el Módulo de enfriamiento (**Me**).

A medida que aumenta el Módulo de enfriamiento (**Me**) mayor es la dificultad para alimentar la pieza y además la velocidad de enfriamiento es menor (v_e)

"Una mazarota siempre debe poseer un Módulo de enfriamiento (Me) mayor que el de la pieza que tiene que alimentar (La mazarota debe poseer el mayor Módulo de enfriamiento (Me) de todo mi sistema de colada)".

$$Me_{Mazarota} > Me_{Pieza}$$

Si se considera que la mazarota se encuentra llena con el metal fundido cunado se va enfriando lo que se produce es un aumento de la superficie de enfriamiento y esto provoca una disminución del Módulo de enfriamiento (**Me**) y provoca una mala alimentación por no prever este problema; por este motivo se le da un incremento del 20% al Módulo de enfriamiento (**Me**) calculado.

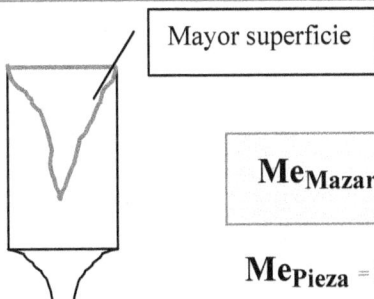

Mayor superficie

$$Me_{Mazarota} = 1,2 \cdot Me_{Pieza}$$

Me_{Pieza} = Módulo de Enfriamiento de parte de la pieza que está alimentando.

1,2 es un coeficiente compensatorio que compensa la disminución del Me de la mazarota por haber aumentando la superficie de enfriamiento debido al rechupe.

Módulo de enfriamiento de una PLACA (Me$_{PLACA}$).

PLACA

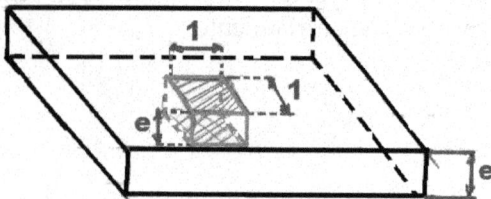

Tomamos un cubo hipotético sobre la siguiente figura.

$$Me = \frac{V_0}{A_0}$$

V_0 = Lado . Lado . e =

V_0 = 1 . 1 . e = e ➜ V_0 = e

A_0 = Lado . Lado . 2 superficies de enfriamiento =

A_0 = 1 . 1 . 2 = 2 ➜ A_0 = 2

$$Me_{PLACA} = \frac{V_0}{A_0} = \frac{e}{2}$$ ➜ $$Me_{PLACA} = \frac{e}{2}$$

Módulo de enfriamiento de una BARRA (Me$_{BARRA}$).

BARRA

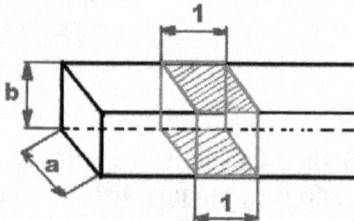

Tomamos un sector de la barra de longitud indefinida, tomamos una sección unitaria.

$$Me = \frac{V_0}{A_0}$$

V_0 = Lado . Lado . largo =

V_0 = a . b . 1 = a.b ➜ V_0 = a.b

A_{01} = Lado . Lado . 2 superficies de enfriamiento =

A_{01} = a . 1 . 2 = 2a ➜ A_{01} = 2a

A_{02} = Lado . Lado . 2 superficies de enfriamiento =

A_{02} = b . 1 . 2 = 2b ➜ A_{02} = 2b

$$\Sigma A_0 = 2 (a + b)$$

$$Me_{BARRA} = \frac{V_0}{A_0} =$$ ➜ $$Me_{BARRA} = \frac{a . b}{2(a + b)}$$

Módulo de enfriamiento de un CILINDRO ($Me_{CILINDRO}$).

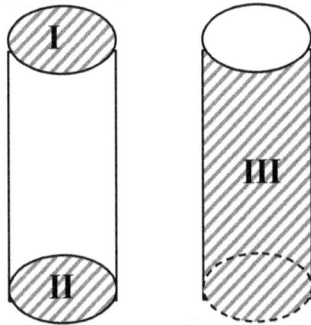

En el cilindro poseemos 3 superficies de enfriamiento. Si incluimos a la base del cilindro como superficie de enfriamiento (como está en contacto con la pieza no es una superficie de enfriamiento) lo que provocamos es una sobredimensión del Módulo de enfriamiento y con esto nos aseguramos más que el $Me_{MAZAROTA}$ sea la más grande del sistema:

$$Me = \frac{V_0}{A_0}$$

$$V_1 = \frac{\pi . D^2}{4} . H$$

Cálculo de las Superficies de Enfriamiento

$$S_I = \frac{\pi . D^2}{4}$$

$$S_{II} = \frac{\pi . D^2}{4}$$

$$S_I + S_{II} = 2 . \frac{[\pi . D^2]}{4}$$

$$S_{III} = \pi . D . H$$

$$S_{TOTAL} = A_0 = 2 . \frac{[\pi . D^2]}{4} + \pi . D . H$$

$$Me = \frac{V_0}{A_0} = \frac{\dfrac{\pi . D^2 . H}{4}}{\dfrac{2.[\pi . D^2] + \pi . D . H}{4}} = \frac{\pi . D^2 . H}{\dfrac{8.[\pi . D^2] + 4 . \pi . D . H}{4}} =$$

$$Me = \frac{\pi . D^2 . H}{2.[\pi . D^2] + 4. \pi . D . H} = \frac{\pi . D^2 . H}{2 . \pi . D (D + 2.H)} = \frac{D . H}{2 . (D + 2.H)} =$$

$$Me_{CILINDRO} = \frac{D . H}{2. (D + 2.H)}$$

En base al Me del Cilindro se puede calcular el Me de la Mazarota para las distintas relaciones de H y D.

Me$_{MAZAROTA}$ **para H=D**

$$Me_{CILINDRO\ H=D} = \frac{D \cdot H}{2 \cdot (D + 2 \cdot H)} = \frac{D \cdot D}{2 \,(D+2D)} = \frac{D^2}{2D + 4D} = \frac{D^2}{6\,D} = \frac{D}{6}$$

$$\boxed{Me_{CILINDRO\ H=D} = \frac{D}{6}}$$

Me$_{MAZAROTA}$ **para H= 1,5.D**

$$Me_{CILINDRO\ H=1,5.D} = \frac{D \cdot H}{2 \cdot (D + 2 \cdot H)} = \frac{D \cdot 1,5\,D}{2\,(D+2.1,5.D)} = \frac{1,5.\,D^2}{2D + 6D} = \frac{1,5.\,D^2}{8\,D} = 0,1875.D$$

$$\boxed{Me_{CILINDRO\ H=1,5.D} = 0,1875 \cdot D}$$

Me$_{MAZAROTA}$ **para H= 2.D**

$$Me_{CILINDRO\ H=2.D} = \frac{D \cdot H}{2 \cdot (D + 2 \cdot H)} = \frac{D \cdot 2\,D}{2\,(D+2.2.D)} = \frac{2.\,D^2}{2D + 8D} = \frac{2.\,D^2}{10.\,D} = \frac{D}{5}$$

$$\boxed{Me_{CILINDRO\ H=2.D} = \frac{D}{5}}$$

Me$_{MAZAROTA}$ **para H= 2,5.D**

$$Me_{CILINDRO\ H=2,5.D} = \frac{D \cdot H}{2 \cdot (D + 2 \cdot H)} = \frac{D \cdot 2,5\,D}{2\,(D+2.2,5.D)} = \frac{2,5.\,D^2}{2D +10.D} = \frac{1,5.\,D^2}{12 \cdot D} = 0,2083.D$$

$$\boxed{Me_{CILINDRO\ H=2,5.D} = 0,2083 \cdot D}$$

Cálculo de PARTE de VOLUMEN DE PIEZA alimentada por 1 Mazarota con % de contracción volumétrica (c).

$$V_{Mazarota} \cdot 14 = V_{P1} \cdot c + V_{Mazarota} \cdot c$$

$$\begin{cases} 14 & \text{es lo que nos da la Mazarota} \\ c & \text{es la contracción volumétrica.} \\ V_{P1} & \text{Parte de la pieza alimentada por una Mazarota.} \end{cases}$$

$$V_{Mazarota} \cdot 14 - V_{Mazarota} \cdot c = V_{P1} \cdot c$$

$$V_{Mazarota} \cdot (14 - c) = V_{P1} \cdot c$$

$$\frac{V_{Mazarota} \cdot (14 - c)}{c} = V_{P1}$$

Parte del Volumen de Pieza alimentada por una Mazarota. V_{P1}

$$V_{P1} = V_{Mazarota} \cdot \frac{(14 - c)}{c}$$

Cálculo del N° de Mazarotas.

$$N°_{MAZAROTA} = \frac{V_P}{V_{P1}}$$

$$\begin{cases} V_P & \text{Volumen de pieza Total.} \\ V_{P1} & \text{Volumen de una Parte de la pieza alimentada por una Mazarota.} \end{cases}$$

Es importante para colar que en una mazarota su acción se vea incrementada por:
- → La Presión metalostática
- → La Presión atmosférica.

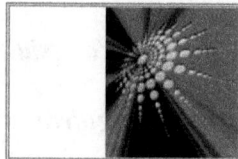

Ejemplo N° 1

Pieza: Anillo
$\emptyset_{EXTERIOR}$ 1400 mm
$\emptyset_{INTERIOR}$ 800 mm
Altura: 200 mm

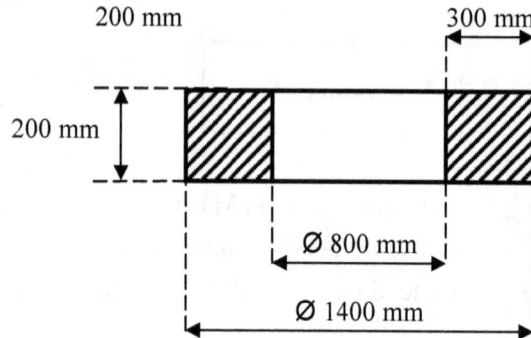

1°.- Cálculo del Módulo de enfriamiento de la pieza (Me$_{PIEZA}$)

$$Me = \frac{V_0}{A_0}$$

Como consideramos a la pieza como una Barra:

$$Me_{BARRA} = \frac{a \cdot b}{2(a + b)}$$

$$Me_{BARRA} = \frac{a \cdot b}{2 \cdot (a + b)} = \frac{3\,dm \cdot 2\,dm}{2\,(3dm + 2dm)} = \frac{6\,dm^2}{10\,dm} = \frac{3\,dm}{5} = 0,6\,dm = 6\,cm$$

$$Me_{BARRA} = 6\ cm$$

2°.- Cálculo del Módulo de enfriamiento de 1 mazarota (Me$_{MAZAROTA}$)

$$Me_{Mazarota} = 1,2 \cdot Me_{Pieza}$$

$$Me_{Mazarota} = 1,2 \cdot 6\,cm = 7,2\,cm$$

$$Me_{Mazarota} = 7,2\,cm$$

3°.- Dimensionamiento de 1 Mazarota

Para **H = 2.D**

$$Me_{Mazarota} = \frac{D}{5}$$

→ $7,2 \text{ cm} = \frac{D}{5}$

→ $D = 5 \cdot 7,2 \text{ cm} = 36 \text{ cm}$

→ $D = 36 \text{ cm}$

$$\begin{cases} \mathbf{D} = 36 \text{ cm} \\ \mathbf{H} = 72 \text{ cm} \end{cases}$$

4°.- Cálculo del N° de Mazarotas (Por el Ø de la Mazarota)

4°- a) Por zona de influencia

Z = zona de influencia

$$Z = \varnothing_{Medio\ Mazarota} + 2 \cdot Z_i$$

Para Barra → $\boxed{Z_i = 1,5 \cdot T}$

$Z = 3,6 \text{ dm} + 2 \cdot 1,5 \cdot T =$

$Z = 3,6 \text{ dm} + 2 \cdot 1,5 \cdot 2 \text{ dm}$

$Z = 3,6 \text{ dm} + 6 \text{ dm} =$

$\boxed{Z = 9,6 \text{ dm}}$

$$Perimetro_{medio} = \pi \cdot D_{medio}$$

$$D_{medio} = \frac{D_{exterior} + D_{interior}}{2} = \frac{14 dm + 8 dm}{2} = 11 \text{ dm}$$

$Perímetro_{medio} = \pi \cdot 11 \text{ dm} = 34,5 \text{ dm}$ → $\boxed{Perímetro_{medio} = 34,5 \text{ dm}}$

$$N° \text{ Mazarotas} = \frac{Perimetro_{Medio}}{Z}$$

$$N° \text{ Mazarotas} = \frac{34,5 \text{ dm}}{9,6 \text{ dm}} = 3,59 \qquad \Longrightarrow \qquad \boxed{N° \text{ Mazarotas} = 4 \text{ Mazarotas}}$$

4°- b) <u>Por Volumen de la Mazarota</u> (Con parte del volumen de la pieza alimentada por una mazarota V_{P1})

$$V_{P1} = V_{Mazarota} \cdot \frac{(14 - c)}{c}$$

Parte del Volumen de Pieza alimentada por una Mazarota. V_{P1}

Cálculo del $V_{Mazarota}$

$$V_{MAZAROTA} = \frac{\pi \cdot D^2}{4} \cdot H$$

Para H = 2.D

$$V_{MAZAROTA} = \frac{\pi \cdot D^2}{4} \cdot 2.D$$

$$V_{MAZAROTA} = \frac{\pi}{4} \cdot 3,6^2 dm^2 \cdot 7,2 \text{ dm}$$

$$\boxed{V_{MAZAROTA} = 73 \text{ dm}^3}$$

$$V_{P1} = V_{Mazarota} \cdot \frac{(14 - c)}{c} = 73 \text{ dm}^3 \frac{(14 - 5)}{5}$$

$$V_{P1} = 73 \text{ dm}^3 \frac{(14 - 5)}{5} = 73 \text{ dm}^3 (1,8) = 131 \text{ dm}^3$$

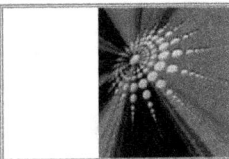

Cálculo del N° de Mazarotas.

$$N°_{MAZAROTA} = \frac{V_P}{V_{P1}}$$

V_P Volumen de pieza Total.
V_{P1} Volumen de una Parte de la pieza alimentada por una Mazarota.

$$N°_{MAZAROTA} = \frac{207 \ dm^3}{131 \ dm^3} = 2 \ Mazarotas$$

$$N°_{MAZAROTA} = 2 \ Mazarotas$$

Utilizamos por zona de influencia: la mayor Cantidad de Mazarotas para asegurarnos una buena alimentación **4 Mazarotas.**

Hay un problema que se debe tener en cuenta que es la reducción o cuello de interunión entre pieza y mazarota.
El Módulo de Enfriamiento del cuello (Me_{CUELLO}) no tiene que ser el 20 % más del Me_{PIEZA}.
Como anteriormente mencionamos el Me_{CUELLO} tiene que ser un 20% que el Me_{PIEZA} que alimenta debido a que existe un cambio de forma de la mazarota, disminuye el volumen.

El cuello debe poseer un Me mayor que el de la pieza a alimentar y menor que el de la mazarota.

CAMBIO DE FORMA
→ Aumenta la superficie.
→ Disminuye el volumen.

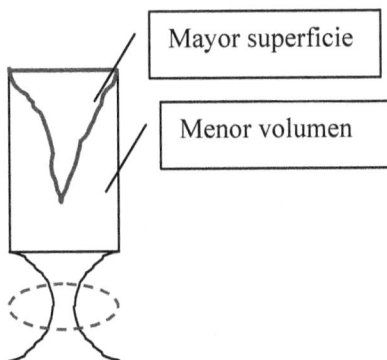

Mayor superficie

Menor volumen

$$M_{Mazarota} = 1,2 \ . \ Me_{Pieza}$$

$$M_{CUELLO} = 1,05 \ ó \ 1,10 \ . \ Me_{PIEZA}$$

Existe una ayuda para disminuir el diámetro del cuello para facilitar el corte del mismo de la pieza y además para que en la zona del cuello se produzca un buen pasaje de material o alimentación de la mazarota a la pieza mientras transcurra la solidificación. Esto casi se consigue agregando arenas que son mezclas de lino que son secadas a estufas para aumentar su resistencia.

Lo que se quiere es llegar que en ese espesor "e", la temperatura de la mazarota sea igual a la del cuello y a toda la zona de la galleta.

A medida que "e" sea más fino, la concentración de calor es mayor y mantiene al cuello caliente, esto tiene una limitación: No podemos disminuir mucho el espesor de la galleta.

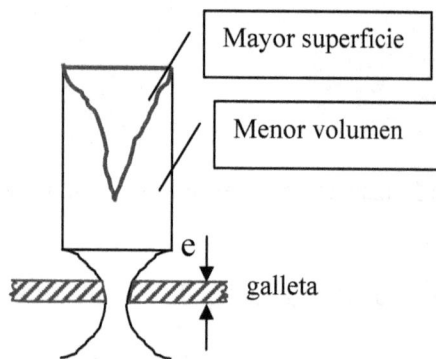

Cálculo de Cuellos de Mazarotas

d/D \ L/D	0,05	0,10	0,15	0,20	0,25	0,30
0,30	●	X				
0,40	●	X				
0,50	●	●	O	O		
0,55	●	●	X	X	O	O

● Acero
X Aluminio puro
O Cupro – Aluminios

164

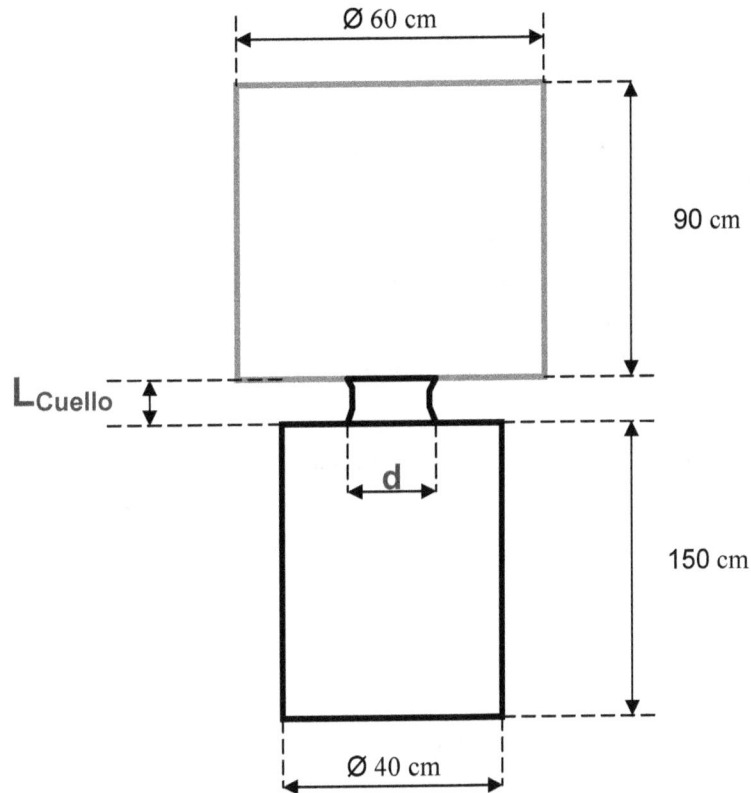

1.- <u>Cálculo del Volumen</u> V_{Pieza}

$$V_{Pieza} = \frac{\pi \cdot D^2 \cdot H}{4} =$$

$V_{Pieza} = 0,785 \cdot 40^2 \, cm^2 \cdot 150 \, cm = 188400 \, cm^3$ $\boxed{V_{Pieza} = 188400 \, cm^3}$

2.- <u>Cálculo de la Superficie Geométrica de la Pieza</u> $A_{0 \, Pieza}$

$A_{0 \, Lateral}$ $= 3,14 \cdot 40 \, cm \cdot 150 \, cm = 18840 \, cm^2$

$A_{0 \, Base + Superior}$ $= 0,785 \cdot 40^2 \, cm^2 \cdot 2 \, superficies = \underline{2512 \, cm^2}$ (Son 2 Superficies) $+$

$\qquad\qquad\qquad A_{Total} = 21352 \, cm^2$

$$\boxed{A_{0 \, Total} = 21352 \, cm^2}$$

165

3.- <u>Cálculo del Módulo de la Pieza</u> M_P

$$M_{Pieza} = \frac{V_{Pieza}}{A_{0\ Total}} \quad\longrightarrow\quad M_{Pieza}= \frac{188400\ cm^3}{21352\ cm^2} = 8,8\ cm$$

$$\boxed{M_{Pieza} = 8,8\ cm}$$

4.- <u>Cálculo del Módulo de la Mazarota</u> $M_{Mazarota}$

$$\boxed{M_{Mazarota}= 1,20 \cdot M_{Pieza}} \quad\longrightarrow\quad M_{Mazarota} = 1,20 \cdot 8,8\ cm =$$

$$\boxed{M_{Mazarota} = 10,58\ cm}$$

5.- <u>Cálculo del Dimensionamiento de la Mazarota</u> D y H
Para **H = 1,5.D**

$$\boxed{M_{Mazarota} = 0,187 \cdot D} \quad\rightarrow\quad 10,58\ cm = 0,187 \cdot D$$

$$\rightarrow\quad D = \frac{10,58\ cm}{0,187} = 56\ cm$$

$$\boxed{\begin{array}{l} D = 56\ cm \\ H = 85\ cm \end{array}}$$

6.- <u>Cálculo del Dimensionamiento del Cuello</u> d y L
  6.- a) <u>Cálculo del Ø del Cuello</u> d

$$\boxed{\frac{H}{D} = \frac{56\ cm}{85\ cm} = 0,66}$$

$D_{Mínimo} = 0,30 \cdot 56 = \mathbf{17\ mm}$

$D_{Máximo} = 0,55 \cdot 56 = \mathbf{31\ mm}$

  6.- b) <u>Cálculo de la Longitud del Cuello</u> L

$L_{Mínimo} = 0,10 \cdot 56 = \mathbf{6\ mm}$

$L_{Máximo} = 0,30 \cdot 56 = \mathbf{17\ mm}$

Ejemplo N° 2

Pieza:	Polea		
$\varnothing_{EXTERIOR}$	600 mm	% C :	3,1 %
$\varnothing_{INTERIOR}$	300 mm	% Si :	1,8 %
$\varnothing_{AGUJERO}$	150 mm	% P :	0,20 %
Altura:	600 mm	T° :	1350°C

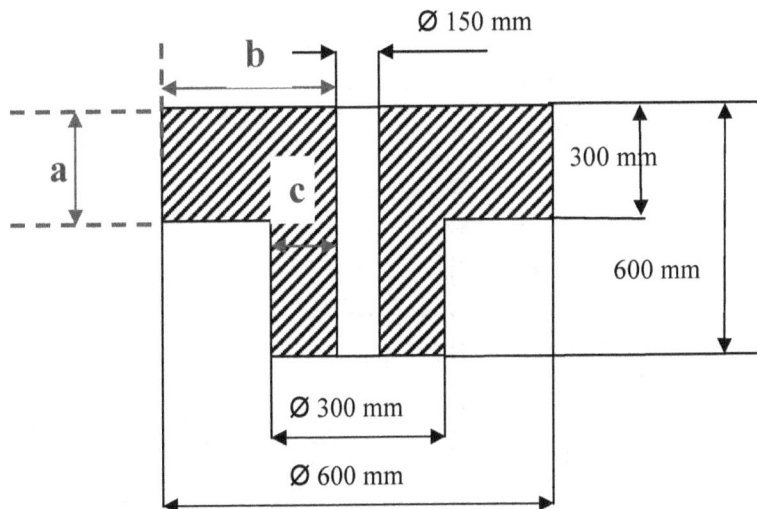

1°.- Cálculo del Me de la parte de pieza a alimentar por la Mazarota (Me_{PIEZA})

1.- a) Cálculo del Módulo del rectángulo con el apéndice

$$Me_{RECTÁNGULO\ con\ el\ APÉNDICE} = \frac{a\ .\ b}{2\ (a+b)\ -\ c}$$

$$Me_{RECTÁNGULO\ con\ el\ APÉNDICE} = \frac{a\ .\ b}{2\ (a+b)\ -\ c} = \frac{30\ cm\ .\ 22,5\ cm}{2\ (30\ cm + 22,5\ cm) - 7,5\ cm} =$$

$$Me_{RECTÁNGULO\ con\ el\ APÉNDICE} = \frac{675\ cm}{97,5 cm} = 6,9\ cm$$

$$Me_{RECTÁNGULO\ con\ el\ APÉNDICE} = 6,9\ cm$$

Siempre va a interesar sobredimensionar el Me de la pieza y si es complicada vamos a calcular el Me aproximado.

2°.- Cálculo del % de Contracción volumétrica y tiempo de contracción en % del de solidificación(% C$_{VOLUMÉTRICA}$ % t$_C$)

Entro por los 4 diagramas

→ Si + P = 2,0%
→ % Carbono = 3,1 %
→ Me$_{PIEZA}$ = 6,9 cm
→ T° Colada = 1350 °C

% C$_{VOLUMÉTRICA}$ = 2,7 %

% t$_{VOLUMÉTRICA}$ = 50 %

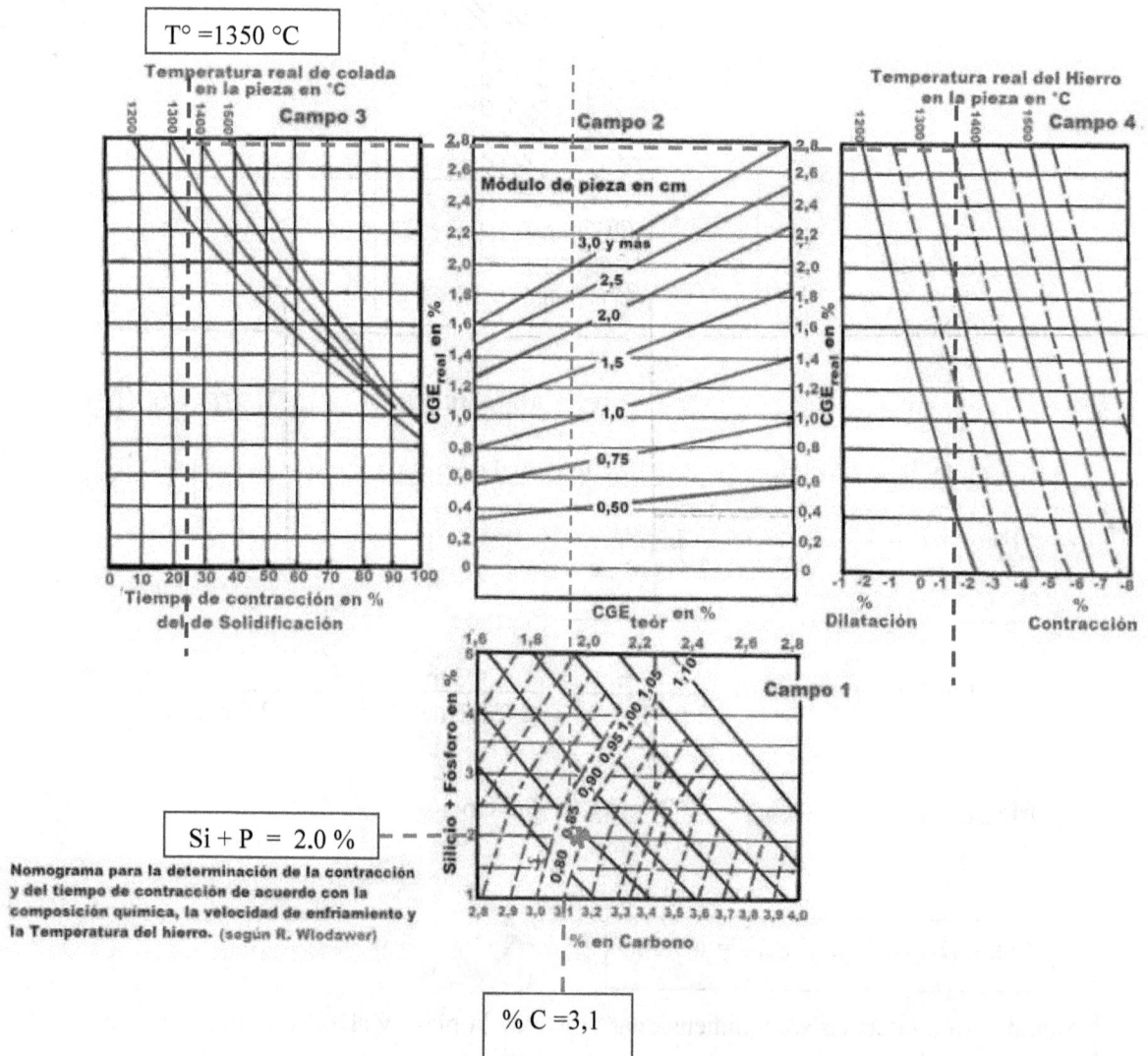

T° =1350 °C

Temperatura real de colada en la pieza en °C — Campo 3

Campo 2 — Módulo de pieza en cm

Temperatura real del Hierro en la pieza en °C — Campo 4

Tiempo de contracción en % del de Solidificación

Campo 1

Si + P = 2.0 %

Nomograma para la determinación de la contracción y del tiempo de contracción de acuerdo con la composición química, la velocidad de enfriamiento y la Temperatura del hierro. (según R. Wlodawer)

% C =3,1

3°.- Cálculo de la pieza a alimentar (Peso de la pieza a alimentar)

$$V = Perimetro_{MEDIO} \cdot a \cdot b$$

$$Perimetro_{MEDIO} = \pi \cdot \emptyset_{MEDIO}$$

$$Perimetro_{MEDIO} = 3,14 \cdot \frac{(60cm + 15cm)}{2}$$

$$Perimetro_{MEDIO} = 3,14 \cdot \frac{(60cm + 15cm)}{2}$$

$$Perimetro_{MEDIO} = 3,14 \cdot (37,5cm)$$

$$Perimetro_{MEDIO} = 118 \ cm$$

$$b = \frac{60 \ cm - 15 \ cm}{2} = 22,5 \ cm$$

$$V = Perimetro_{MEDIO} \cdot a \cdot b$$

$$V = 118 \ cm \cdot 30 \ cm \cdot 22,5 \ cm = 79000 \ cm^3 \ ó \ 79 \ dm^3$$

$$V = 79 \ dm^3$$

Peso de la parte de Pieza a alimentar

$$\delta = \frac{P}{V_1}$$

$$P = \delta \cdot V_1$$

$$P = 7,4 \ \frac{Kg}{dm^3} \cdot 79 \ dm^3$$

$$P = 592 \ Kg$$

4°.- Cálculo del Ø de la Mazarota por intermedio de dos diagramas ($\emptyset_{MAZAROTA}$)

Entramos por los 2 diagramas

→ Contracción Volumétrica = 2,7 %
→ Tiempo de contracción en % del de solidificación = 50 %
→ Me = 6,9 cm
→ Peso de la pieza = 592 Kg
→ Dimensionamiento de la Mazarota elegido → H = 2D

$\emptyset_{MAZAROTA} = 300$ cm

$H_{MAZAROTA} = 600$ cm

$t_c = 50$ %

$Me_P = 6,9$ cm

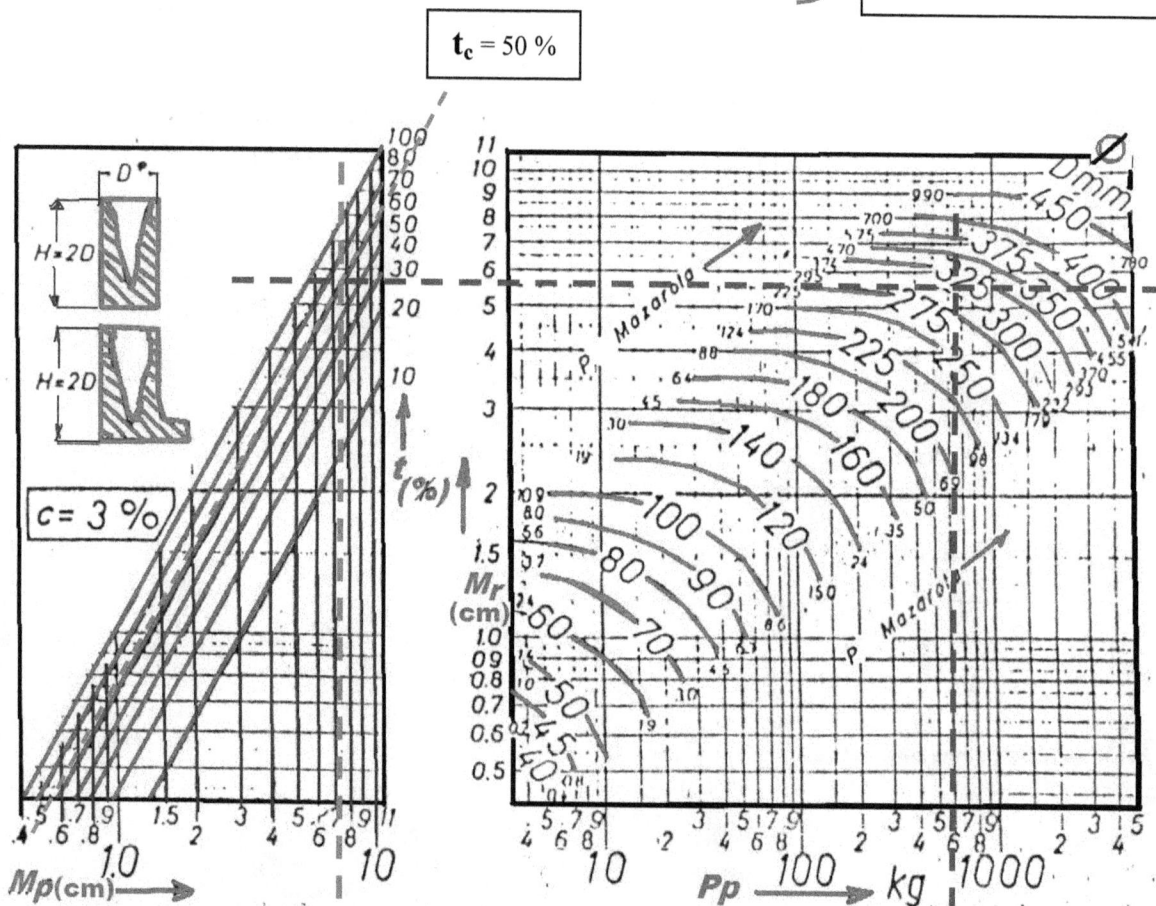

Figura 51.- Nomograma para la determinación del Diámetro de Mazarota para H= 2D ; 3% de contracción.

$P_P = 592$ Kg

Ejemplo N° 3

Pieza:	Rueda de Engranaje
$\emptyset_{EXTERIOR}$	1200 mm
$\emptyset_{INTERIOR}$	380 mm
Altura:	560 mm

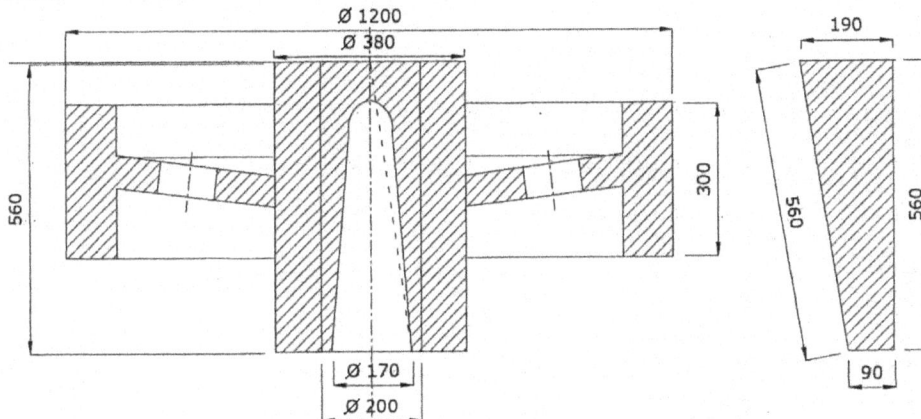

El cubo del Engranaje (**Maza**) lo consideramos como un trapecio, según se indica a la derecha:

→ <u>Lado mayor</u>: 190 mm;
→ <u>Lado menor</u>: 90 mm;
→ <u>Altura</u>: 560 mm.

1°.- <u>Cálculo del Módulo de enfriamiento de la pieza</u> (Me$_{PIEZA}$) (Maza)

1.- a) <u>Cálculo del Módulo de la Maza</u>

$$Me = \frac{V_0}{A_0}$$

Cálculo del V$_0$

$$V_0 = (\text{Perímetro}_{medio}) . \text{ Superficie}$$

$$V_0 = (\pi . D_{medio}) . \frac{(a+b) . h}{2}$$

$$V_0 = (3,14 . 29 \text{ cm}) . \frac{(19 \text{ cm} + 9 \text{ cm}) . 56 \text{ cm}}{2} = 91,06 \text{ cm} . 784 \text{ cm}^2 = \textbf{71391,04 cm}^3$$

$$V_0 = \textbf{71391,04 cm}^3$$

Cálculo del A_0

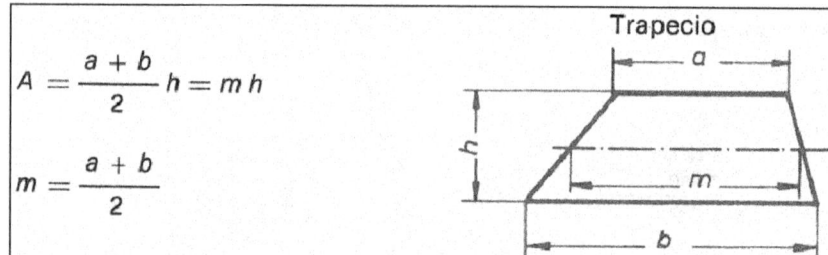

$$A = \frac{a+b}{2} h = m\,h$$

$$m = \frac{a+b}{2}$$

Trapecio

$$A_0 = \frac{(19+9)}{2} \text{ cm. } 56 \text{ cm} = \mathbf{784 \text{ cm}^2}$$

$$\boxed{A_0 = \mathbf{784 \text{ cm}^2}}$$

Como considero a la pieza <u>como una Barra</u>:

$$\boxed{Me_{BARRA} = \frac{a \cdot b}{2(a+b)}}$$

$$Me_{BARRA} = \frac{a \cdot b}{2 \cdot (a+b)} = \frac{\text{Superficie}}{\text{Perimetro}} = \frac{784 \text{ cm}^2}{56 \text{ cm} + 19 \text{ cm} + 56 \text{ cm} + 9 \text{ cm}} = \frac{784 \text{ cm}^2}{140 \text{ cm}} =$$

$$Me_{BARRA} = \frac{\text{Superficie}}{\text{Perimetro}} = \frac{784 \text{ cm}^2}{140 \text{ cm}} = 5{,}6 \text{ cm}$$

$$\boxed{Me_{BARRA} = Me_{MAZA} = \mathbf{5{,}6 \text{ cm}}}$$

1.- b) <u>Cálculo del Módulo del Disco/Membrana</u>

Como el Disco o Membrana es una Placa donde el Me es: $\boxed{Me_{PLACA} = \frac{e}{2}}$

$$Me_{PLACA} = \frac{e}{2} = \frac{4 \text{ cm}}{2 \text{ cm}} = 2 \text{ cm}$$

$$\boxed{Me_{PLACA} = Me_{MEMBRANA} = \mathbf{2 \text{ cm}}}$$

1.- c) Cálculo del Módulo de la Llanta

En cuanto a la Llanta si bien es de sección rectangular debemos considerar el centro caliente originado por la intersección con el disco:

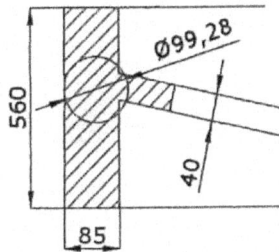

Módulo de la Llanta

La Llanta geométricamente es un rectángulo, pero en la intersección con el disco, en lugar de 85 aumenta hasta 100.
Luego el Módulo será considerado como calculándolo para una Barra.

Como considero a la pieza como una Barra:

$$Me_{BARRA} = \frac{a \cdot b}{2(a + b)}$$

$$Me_{BARRA} = \frac{a \cdot b}{2 \cdot (a + b)} = \frac{56 \text{ cm} \cdot 10 \text{ cm}}{2 \cdot (56 \text{ cm} + 10 \text{ cm})} = \frac{560 \text{ cm}^2}{2 \cdot (66 \text{ cm})} = \frac{560 \text{ cm}^2}{132 \text{ cm}} = 4,24 \text{ cm}$$

$$Me_{BARRA} = Me_{LLANTA} = 4,24 \text{ cm}$$

RESUMIENDO:

$$Me_{MAZA} = 5,6 \text{ cm}$$

$$Me_{MEMBRANA} = 2 \text{ cm}$$

$$Me_{LLANTA} = 4,24 \text{ cm}$$

2°.- Cálculo del Me de 1 Mazarota en la MAZA($Me_{MAZAROTA}$)

$$Me_{Mazarota} = 1,2 \cdot Me_{MAZA}$$

$$Me_{Mazarota} = 1,2 \cdot 5,6 \text{ cm} = 6,72 \text{ cm}$$

$$Me_{Mazarota} = 6,72 \text{ cm}$$

3°.- Dimensionamiento de 1 Mazarota en la MAZA

Para **H = 1,5.D**

$$\mathbf{Me}_{CILINDRO\ H=1,5.D} = 0,1875 . D$$

➜ 6,72 cm = 0,1875. **D**

➜ $\mathbf{D} = \dfrac{6,72\ \ cm}{0.1875}$

➜ **D** = 35,84 cm

D = 36 cm
H = 54 cm

3.- a) Cálculo del Peso de la Mazarota en la MAZA

Volumen de la Mazarota

$$V_1 = \frac{\pi . D^2}{4} . H$$

$V_1 = \dfrac{3,14 . 36^2\,cm^2}{4} . 54\ cm = 0,785 . 1296\,cm^2 .54\ cm = 54937,44\ cm^3$

$V_1 = 55\ dm^3$

Peso de la Mazarota en la llanta

$\delta = \dfrac{P}{V_1}$ ➜ $P = \delta . V_1$

➜ $P = 7,4\,\dfrac{Kg}{dm^3} . 55\ dm^3$

➜ $P = 406,5\ Kg$

3.- b) Cálculo del Peso de la RUEDA DE ENGRANAJE

b -1) Peso de la MAZA

$$P_{MAZA} = V_{MAZA} \cdot \delta$$

$$P_{MAZA} = \left\{ \frac{\pi \cdot (D^2 - d^2) \cdot H}{4} \right\} \cdot \delta$$

$$P_{MAZA} = 0{,}785 \cdot (3{,}8^2 \, dm^2 - 1{,}6^2 \, dm^2) \cdot 5{,}6 \, dm \cdot 7{,}4 \, \frac{Kg}{dm^3} =$$

$$P_{MAZA} = 386{,}5 \, Kg$$

b -2) Peso de la LLANTA

$$P_{LLANTA} = V_{LLANTA} \cdot \delta$$

$$P_{LLANTA} = \left\{ \frac{\pi \cdot (D^2 - d^2) \cdot H}{4} \right\} \cdot \delta$$

$$P_{LLANTA} = 0{,}785 \cdot (12^2 \, dm^2 - 10{,}4^2 \, dm^2) \cdot 3 \, dm \cdot 7{,}4 \, \frac{Kg}{dm^3} =$$

$$P_{LLANTA} = 84{,}4 \, dm^3 \cdot 7{,}4 \, \frac{Kg}{dm^3} =$$

$$P_{LLANTA} = 624{,}6 \, Kg$$

b -3) Peso de la MEMBRANA

$$P_{MEMBRANA} = V_{MEMBRANA} \cdot \delta$$

$$P_{MEMBRANA} = \left\{ \frac{\pi \cdot (D^2 - d^2) \cdot H}{4} \right\} \cdot \delta$$

$$P_{MEMBRANA} = 0{,}785 \cdot (10{,}3^2 \, dm^2 - 3{,}8^2 \, dm^2) \cdot 0{,}4 \, dm \cdot 7{,}4 \, \frac{Kg}{dm^3} =$$

$$P_{MEMBRANA} = 211{,}7 \, Kg$$

b -4) Peso TOTAL de la RUEDA DE ENGRANAJE

$$P_{RUEDA\ de\ ENGRANAJE} = P_{MAZA} + P_{LLANTA} + P_{MEMBRANA}$$

$$P_{RUEDA\ de\ ENGRANAJE} = 386,5\ Kg + 624,6\ Kg + 211,7\ Kg$$

$$P_{RUEDA\ de\ ENGRANAJE} = 1223\ Kg$$

$$V_{RUEDA\ de\ ENGRANAJE} = 165\ dm^3$$

4°.- Cálculo del Me de 1 Mazarota en la LLANTA($Me_{MAZAROTA}$)

$$Me_{Mazarota} = 1,2 . Me_{LLANTA}$$

$$Me_{Mazarota} = 1,2 . 4,24\ cm = 5,1\ cm$$

$$Me_{Mazarota} = 5,1\ cm$$

5°.- Dimensionamiento de 1 Mazarota en la LLANTA

Para **H = 2.D**

$$Me_{CILINDRO\ H=2.D} = \frac{D}{5}$$

→ $5,1\ cm = \dfrac{D}{5}$

→ $D = 5 . 5,1\ cm$

→ $D = 25,5\ cm$

$$\begin{cases} D = 26\ cm \\ H = 52\ cm \end{cases}$$

3.- a) Cálculo del Peso de la Mazarota en la MAZA

Volumen de la Mazarota

$$V_1 = \frac{\pi \cdot D^2}{4} \cdot H$$

$$V_1 = \frac{3{,}14 \cdot 26^2 \, cm^2}{4} \cdot 52 \, cm = 0{,}785 \cdot 676 \, cm^2 \cdot 52 \, cm = 27594{,}3 \, cm^3$$

$$V_1 = 28 \, dm^3$$

Peso de 1 Mazarota en la llanta

$$\delta = \frac{P}{V_1} \quad \rightarrow \quad P = \delta \cdot V_1$$

$$\rightarrow \quad P = 7{,}4 \, \frac{Kg}{dm^3} \cdot 28 \, dm^3$$

$$\rightarrow \quad P = 207 \, \underline{Kg}$$

4°.- Cálculo del N° de Mazarotas (Por el Ø de la Mazarota)

4°- a) Por zona de influencia

Z = zona de influencia

$$Z = \varnothing_{Medio \, Mazarota} + 2 \cdot Z_i \qquad \text{Para Barra} \rightarrow \quad Z_i = 1{,}5 \cdot T$$

$$Z = 2{,}6 \, dm + 2 \cdot 1{,}5 \cdot T =$$

$$T = 85 \, mm$$

$$Z = 2{,}6 \, dm + 2 \cdot 1{,}5 \cdot 0{,}85 \, dm$$

$$Z = 2{,}6 \, dm + 2{,}55 \, dm$$

$$Z = 5{,}2 \, dm$$

$$\text{Perimetro}_{medio} = \pi \cdot D_{medio}$$

$$D_{medio} = \frac{D_{exterior} + D_{interior}}{2} = \frac{12dm + 10,3dm}{2} = 11,15 \ dm$$

$$\text{Perímetro}_{medio} = \pi \cdot 11,15 \ dm = 35 \ dm \quad \rightarrow \quad \boxed{\text{Perímetro}_{medio} = 35 \ dm}$$

$$N° \text{ Mazarotas} = \frac{\text{Perimetro}_{Medio}}{Z}$$

$$N° \text{ Mazarotas} = \frac{35 \ dm}{5,2 \ dm} = 6,7 \quad \Longrightarrow \quad \boxed{N° \text{ Mazarotas} = 7 \ \text{Mazarotas}}$$

4°- b) Por Volumen de la Mazarota (Con parte del volumen de la pieza alimentada por una mazarota V_{P1})

$$V_{P1} = V_{Mazarota} \cdot \frac{(14 - c)}{c}$$

Parte del Volumen de Pieza alimentada por una Mazarota. V_{P1}

$$V_{P1} = V_{Mazarota} \cdot \frac{(14 - c)}{c} = 28 \ dm^3 \frac{(14 - 1,2)}{1,2}$$

$$V_{P1} = 28 \ dm^3 \frac{(14 - 1,2)}{1,2} = 28 \ dm^3 (10,7) = 298,6 \ dm^3$$

$$\boxed{V_{P1} = 298,6 \ dm^3}$$

Cálculo del N° de Mazarotas.

$$N°_{MAZAROTA} = \frac{V_P}{V_{P1}}$$

$\left\{ \begin{array}{l} V_P \quad \text{Volumen de pieza Total.} \\ V_{P1} \quad \text{Volumen de una Parte de la pieza alimentada} \\ \qquad \text{por una Mazarota.} \end{array} \right.$

$$N°_{MAZAROTA} = \frac{165 \text{ dm}^3}{298,6 \text{ dm}^3} = 0,6 \text{ Mazarota}$$

$$N°_{MAZAROTA} = 1 \text{ Mazarota}$$

Utilizamos por zona de influencia: la mayor Cantidad de Mazarotas para asegurarnos una buena alimentación **7 Mazarotas.**

PLACAS ENFRIADORAS

DESCRIPCIÓN GENERAL

Sin modificar la pieza podemos colocar placas enfriadoras para variar su Modulo de enfriamiento a nuestra conveniencia.

A mayor espesor de placa enfriadora, mayor disipación de calor hasta un espesor máximo que no varia.

La esfera es la pieza que mas problema de solidificación presenta. Los enfriadores de cabeza no se recomienda su utilización por la perdida de su rendimiento al contraerse el metal se despega del enfriador de cabeza y no trabaja como corresponde.

Los enfriadores de base son los enfriadores de mayor rendimiento.

En las placas laterales su rendimiento es del 50 %.

Se pueden producir cambios bruscos de enfriamiento por utilización excesiva de placas, provocándose fisuras, por este motivo para piezas grandes no debe ocuparse toda la superficie de enfriamiento con placas, solo debe utilizarse el 50% de la superficie.

En piezas de acero se utiliza placas enfriadoras, porque este material es el que habitualmente tiene mayor contracción volumétrica.

La Temperatura de la placa enfriadora no debe superar mas de 700 °C pues se corre el riesgo de que la placa se pegue a la pieza.

Otro problema debe evitarse que las placas enfriadoras no deben posee óxidos, pues el Carbono del acero con el oxido (FeO) forma Monóxido de Carbono (CO) que este gas se ocluye en la pieza. Las placas enfriadoras tienen que ser granalladas, NO arenadas pues la limpieza no es profunda.

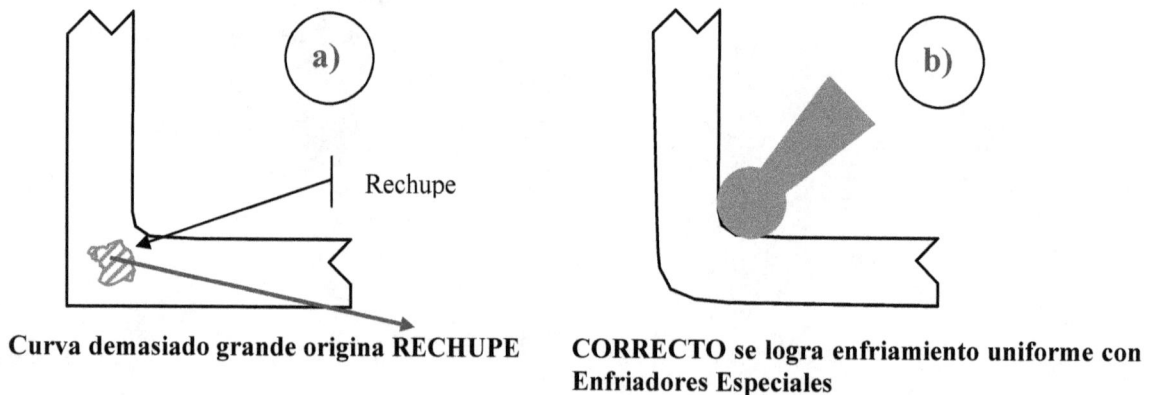

Rechupe

Curva demasiado grande origina RECHUPE

CORRECTO se logra enfriamiento uniforme con Enfriadores Especiales

A veces se utilizan enfriadores internos donde se busca introducir en el mismo molde y el enfriador queda fundido en la pieza.

Con las placas enfriadoras también disminuimos la dimensión de la mazarota y disminuimos el N° de mazarotas (Reducción de Costos).

Mayor Módulo de enfriamiento	➜	**Menor Velocidad de Enfriamiento**	
Uso de Placas Enfriadoras Menor Me	➜	**Mayor Velocidad de Enfriamiento**	

Nunca se debe colocar debajo de una Mazarota una Placa enfriadora.

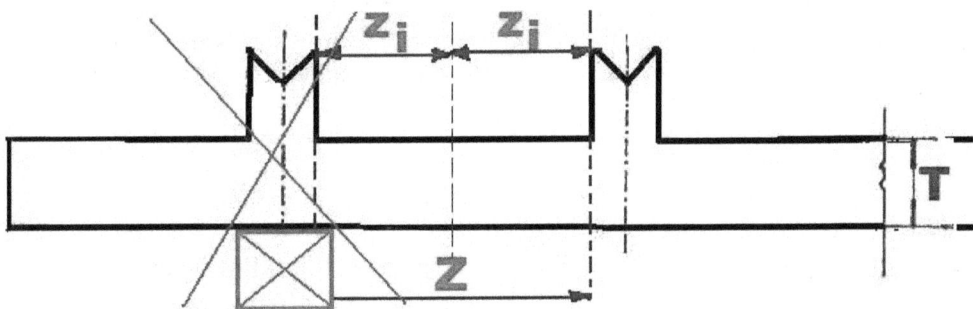

CALCULO del PESO DE LA PLACA ENFRIADORA

$$M_r = \frac{V_r}{A_0}$$

$$M_r = \frac{V_0}{A_s}$$

Variando A_0 o V_0 siempre que reduzco o aumento.

V_r = Volumen aparente que se reduce por el enfriador.
A_0 = Superficie geométrica.
A_S = Superficie aparentemente aumentada.

$$W_{Chill} = 7,4 \, V_0 \, \frac{M_0 - M_r}{M_0}$$

M_r = Modulo reducido.
M_0 = Modulo geométrica.

Desarrollo de la formula. (Deducción)

$$Q = c \cdot m \cdot \Delta T$$

$$Q_F = c_{LF} \cdot m$$

La placa debe retirar el calor del sobrecalentamiento; pasa del liquido a solido) y me saca el calor latente de fusión.

➜ **SOBRECALENTAMIENTO Y FUSION**

Calor que absorbe la Placa

$$Q_1 = (V_0 - V_r) \cdot \delta \cdot (L + S)$$

$$\begin{cases} (V_0 - V_r) \cdot \delta & = \text{masa} \\ \delta & = \text{Densidad} \\ L & = \text{Calor Latente de Fusión} \\ S & = \text{Calor de Sobrecalentamiento} \end{cases}$$

➜ **ENTRE 20 °C y 700 °C**

Calor que absorbe la Placa

$$Q_2 = W_{chill} \cdot c \cdot \Delta T$$

$$\begin{cases} W_{Chill} = \text{Peso de la Placa Enfriadora} \\ c \quad = \text{Calor especifico medio del paso de una} \\ \qquad T° \text{ de 20 °C a 700 °C.} \\ \Delta T \quad = (700 - 20) °C \end{cases}$$

$$Q_1 = Q_2$$

Sobrecalentamiento y fusión = Calentamiento entre 20°C y 700°C

$$Q_1 = (V_0 - V_r) \cdot \delta \cdot (L + S)$$

$$Q_2 = W_{chill} \cdot c \cdot \Delta T$$

$$(V_0 - V_r) \cdot \delta \cdot (L + S) = W_{chill} \cdot c \cdot \Delta T \qquad \begin{cases} (V_0 - V_r) \cdot \delta \cdot L = c_{LF} \cdot m \\ (V_0 - V_r) \cdot \delta \cdot S = c \cdot m \cdot \Delta T \end{cases}$$

$$W_{chill} = (V_0 - V_r) \cdot \frac{\delta \cdot (L + S)}{c \cdot \Delta T_{Chill}}$$

$$W_{chill} = (V_0 - V_r) \cdot \frac{\delta \cdot (L + S)}{c \cdot \Delta T_{Chill}}$$

$$\left\{ \frac{\delta \cdot (L + S)}{c \cdot \Delta T_{Chill}} = 7,4 \ \textbf{(No es Densidad)} \right.$$

$$W_{chill} = (V_0 - V_r) \cdot 7,4$$

<u>4</u>

$$\textbf{W}_{\textbf{chill}} = (V_0 - V_r) \cdot 7,4 \cdot \frac{A_0}{A_0} \frac{V_0}{V_0}$$

$$\left\{ \begin{array}{c} M_0 = \dfrac{V_0}{A_0} \\[2mm] M_r = \dfrac{V_r}{A_0} \end{array} \right.$$

$$\textbf{W}_{\textbf{chill}} = 7,4 \cdot (V_0 - V_r) \cdot \cdot \frac{A_0}{A_0} \frac{V_0}{V_0}$$

$$\textbf{W}_{\textbf{chill}} = 7,4 \cdot \left[V_0 \cdot \frac{A_0}{A_0} \frac{V_0}{V_0} \right] - \left[V_r \cdot \frac{A_0}{A_0} \frac{V_0}{V_0} \right]$$

$$\textbf{W}_{\textbf{chill}} = 7,4 \cdot \left[V_0 \cdot \frac{\boxed{M_0} \quad \boxed{M_R}}{A_0 \quad V_0} \frac{A_0 V_0}{\boxed{M_0}} \right] - \left[V_r \cdot \frac{A_0 V_0}{A_0 V_0} \frac{}{\boxed{M_0}} \right]$$

$$\textbf{W}_{\textbf{chill}} = 7,4 \cdot \left[\frac{M_0}{M_0} V_0 \right] - \left[\frac{M_r}{M_0} V_0 \right]$$

$$\textbf{W}_{\textbf{chill}} = 7,4 \cdot V_0 \left[\frac{M_0}{M_0} - \frac{M_r}{M_0} \right] \implies \boxed{\textbf{W}_{\textbf{chill}} = 7,4 \cdot V_0 \frac{[M_0 - M_r]}{M_0}}$$

Peso de la Placa Enfriadora $\Longrightarrow$

$$W_{chill} = 7,4 \cdot V_0 \frac{[M_0 - M_r]}{M_0}$$

CALCULO del ÁREA de la PLACA ENFRIADORA

Para que el resultado nos dé en Kg, el volumen geométrico (V_0) debemos utilizarlo en dm3.

Peso de la placas necesarias para reducir un módulo determinado a un módulo preestablecido..

Superficie de la <u>Placa BASE</u> $\Longrightarrow$

$$A_{chill} = V_0 \frac{[M_0 - M_r]}{2 \cdot M_0 \cdot M_r}$$

Superficie de la <u>Placa LATERAL</u> $\Longrightarrow$

$$A_{chill} = V_0 \frac{[M_0 - M_r]}{M_0 \cdot M_r}$$

Desarrollo de la formula. (Deducción)

En la práctica
$$\frac{T_r}{T_0} = \frac{4}{16} \cdot = \frac{M_r^2}{M_0^2}$$

$\begin{cases} 4 = \text{Tiempo de solidificación en coquilla } (T_r) \\ 16 = \text{Tiempo de solidificación en arena para una esfera } (T_0) \end{cases}$

$$\boxed{T = c \cdot Me^2}$$

$\begin{cases} T \ = \text{Tiempo de solidificación.} \\ Me = \text{Módulo de enfriamiento.} \end{cases}$

$$\frac{T_r}{T_0} = \frac{4}{16} \cdot = \frac{M_r^2}{M_0^2} \Longrightarrow \frac{M_r}{M_0} = \frac{1}{2} \cdot \Longrightarrow \boxed{M_0 = 2 \cdot M_r}$$

$$M_0 = 2 . M_r$$

$$\frac{V_0}{A_0} = 2 . \frac{V_0}{A_S} \quad \Longrightarrow \quad A_S = 2 . A_0$$

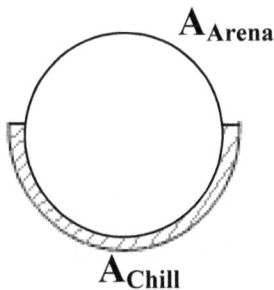

A_{Arena}

A_{Chill}

Considero :

$$A_{Arena} = A_{Chill} \quad \Longrightarrow \quad A_{Chill} = \frac{A_0}{2}$$

$$A_S = 2 . A_0$$

$$A_S = A_{Arena} + y . A_{Chill}$$

$A_S =$ Superficie aparentemente aumentada para enfriar

$$A_S = A_{Chill} + y . A_{Chill}$$

$$A_S = A_{Chill} (1 + y)$$

$y = 3$ Para **Placa BASE**

$y = 2$ Para **Placa LATERAL**

$$A_S = 2 A_0$$
$$A_S = A_{Chill} (1 + y)$$

$$\Longrightarrow \quad 2 . A_0 = A_{Chill} (1 + y)$$

$$A_{Chill} = \frac{A_0}{2}$$

$$2 . A_0 = \frac{A_0}{2} (1 + y)$$

$$4 - 1 = y \quad \Longrightarrow \quad y = 3 \text{ Para } \textbf{Placa BASE.}$$

185

Reemplazando y = 3 en:

$$A_S = A_{Arena} + y \cdot A_{Chill}$$

$$A_S = A_{Arena} + 3 \cdot A_{Chill}$$

$$A_S = (A_0 - A_{Chill}) + 3 \cdot A_{Chill}$$

$$A_S = A_0 - A_{Chill} + 3 \cdot A_{Chill}$$

$$A_S = A_0 + 2 \cdot A_{Chill}$$

$$\Longrightarrow A_{Chill} = \frac{A_S - A_0}{2}$$

$$A_{Chill} = \frac{1}{2}(A_S - A_0)$$

$$\left. \begin{array}{l} M_0 = \dfrac{V_0}{A_0} \\[4mm] M_r = \dfrac{V_0}{A_s} \end{array} \right\} \quad \begin{array}{l} A_0 = \dfrac{V_0}{M_0} \\[4mm] A_S = \dfrac{V_0}{M_r} \end{array}$$

Reemplazamos A_S y A_0

$$A_{Chill} = \frac{1}{2} \left(\frac{V_0}{M_r} - \frac{A_0}{M_0} \right)$$

Realizo la resta de las fracciones (x Denominador común)

$$A_{Chill} = \frac{1}{2} \cdot \frac{(M_0 V_0 - M_r \cdot A_0)}{M_r \cdot M_0}$$

$$\boxed{A_{Chill} = \frac{1}{2} \cdot \frac{V_0 (M_0 - M_r)}{M_r \cdot M_0}}$$ Para **Placa BASE**

$$\boxed{A_{Chill} = \frac{V_0 (M_0 - M_r)}{M_r \cdot M_0}}$$ Para **Placa LATERAL**

FUNCIONES DE LA PLACA ENFRIADORA

→ **_REDUCIR MAZAROTAS_** *en cantidad y dimensiones.*

→ **_MODIFICAR MODULO_** *con el propósito de acelerar sus condiciones de enfriamiento y evitar las consecuencias de las disparidades de secciones.*

$$M_0 = \frac{V_0}{A_0}$$

$$M_r = \frac{V_r}{A_0} \qquad M_r = \frac{V_0}{A_s}$$

M_0 = Módulo geométrico de la pieza

M_r = Módulo reducido de la pieza

V_r = Volumen reducido de la pieza

A_S = Superficie aparentemente aumentada para enfriar

$$W_{Chill} = 7,4 \cdot V_0 \frac{[M_0 - M_r]}{M_0}$$

W_{Chill} = Peso de la Placa enfriadora

M_0 = Módulo geométrico de la pieza

M_r = Módulo reducido de la pieza

$$A_S = A_{Chill} \ (y - 1)$$

A_S = Superficie aparentemente aumentada para enfriar

y = **3** Para **Placa BASE**

y = **2** Para **Placa LATERAL**

$$A_{Chill} = \frac{V_0 \left(M_0 - M_r \right)}{2 \cdot M_r \cdot M_0}$$

Para **Placa BASE**

$$A_{Chill} = \frac{V_0 \left(M_0 - M_r \right)}{M_r \cdot M_0}$$

Para **Placa LATERAL**

ENFRIADORES INTERNOS

Se los utiliza para disminuir el módulo de la pieza.

Poseen mayor rendimiento que los enfriadores externos. Se los ubica siempre en forma horizontal, nunca se los trata de colocar en forma vertical, excepto en casos especiales.

→ Hay que tratar de evitar que los enfriadores internos dificulten el flujo de llenado del caudal en el interior del molde, debemos tratar de ubicarlos en zonas periféricas internas.

→ Deben estar perfectamente limpios para evitar reacciones del caldo metálico con los enfriadores.

→ Se los utiliza a veces para que se fundan en las piezas o se semifunden dependiendo de la T° que utilizamos.

El hecho de agregar un enfriador interno reduce, funcionalmente, el volumen geométrico de la pieza, pues agregamos un volumen adicional de la pieza donde lo reducimos.

El volumen reducido con respecto al volumen geométrico menos el volumen aparentemente reducido.

Los volúmenes de los enfriadores internos:

Lo que nos queda fisicamente es :

$$V_0 - V_{Chill} = V_\alpha \longrightarrow V_r \text{ (Volumen aparentemente reducido)}$$

$$(V_\alpha - V_r) = \Delta V \longrightarrow \text{queremos llegar al } V_r \text{ calculado para obtener el } M_r.$$

El enfriador debe absorber según el calor, todo el calor de sobrecalentamiento mas la 3° parte del calor Latente de Fusión (como lo absorbe calentándose desde T° ambiente hasta 1450°C mas la mitad del Calor Latente de Fusión del enfriador), esto se denomina cálculo de la semifusión del enfriador.

Desarrollo de la formula. (Deducción)

$$Q = c \cdot m \cdot \Delta T$$

$$Q_F = c_{LF} \cdot m$$

→ ALEACIÓN – Calentamiento desde la T° ambiente hasta la T° 1450°C

Calor que absorbe la Placa

$(V_0 - V_r) \cdot \delta$ = masa
δ = Densidad
L = Calor Latente de Fusión
S = Calor de Sobrecalentamiento

$$Q_{Aleación} = \Delta V \cdot \delta \cdot \left(\frac{1}{3} \cdot L + S \right)$$

$$Q_{Aleación} = (V_0 - V_{Chill} - V_r) \cdot \delta \cdot \left(\frac{1}{3} \cdot L + S \right)$$ ①

→ ENFRIADOR INTERNO

Calor que absorbe el Enfriador interno

V_{Chill} = Volumen del Enfriador Interno.
c = Calor especifico medio del paso de una T° de 20 °C a 1450 °C.
ΔT = (700 – 20) °C
L = Calor Latente de Fusión

$$Q_{Enfriador\ interno} = V_{Chill} \cdot \delta \cdot \left[c \cdot (1450°C - 20°C) + \frac{L}{2} \right]$$

$$Q_{Enfriador\ interno} = V_{Chill} \cdot \delta \cdot \left[0,16 \cdot 1430°C + \frac{64}{2} \right]$$ ②

Igualamos las Ecuaciones 1 y 2:

(1)   **(2)**

$$Q_{\text{Aleación}} = Q_{\text{Enfriador Interno}}$$
$$\text{Acero líquido} = \text{Enfriador Interno}$$

$$(V_0 - V_{Chill} - V_r) \cdot \delta \cdot \left(\frac{1}{3} \cdot L + S \right) = V_{Chill} \cdot \delta \cdot \left[0,16 \cdot 1430°C + \frac{64}{2} \right]$$

$$\underbrace{\qquad\qquad}_{264}$$

$$(V_0 - V_r) \cdot \left[\frac{1}{3} \cdot L + S \right] - V_{Chill} \cdot \left[\frac{1}{3} \cdot L + S \right] = V_{Chill} \cdot 264$$

$$(V_0 - V_r) \cdot \left[\frac{1}{3} \cdot L + S \right] = V_{Chill} \cdot 264 + V_{Chill} \cdot \left[\frac{1}{3} \cdot L + S \right]$$

$$(V_0 - V_r) \cdot \left[\frac{1}{3} \cdot L + S \right] = V_{Chill} \cdot \left[264 + \left(\frac{1}{3} \cdot L + S \right) \right]$$

$$\frac{(V_0 - V_r) \cdot \left[\frac{1}{3} \cdot L + S \right]}{\cdot \left[264 + \left(\frac{1}{3} \cdot L + S \right) \right]} = V_{Chill}$$

$$\left\{ \quad f = \frac{\left[\frac{1}{3} \cdot L + S \right]}{264 + \left(\frac{1}{3} \cdot L + S \right)} \right.$$

$$V_{Chill} = f \cdot (V_0 - V_r)$$

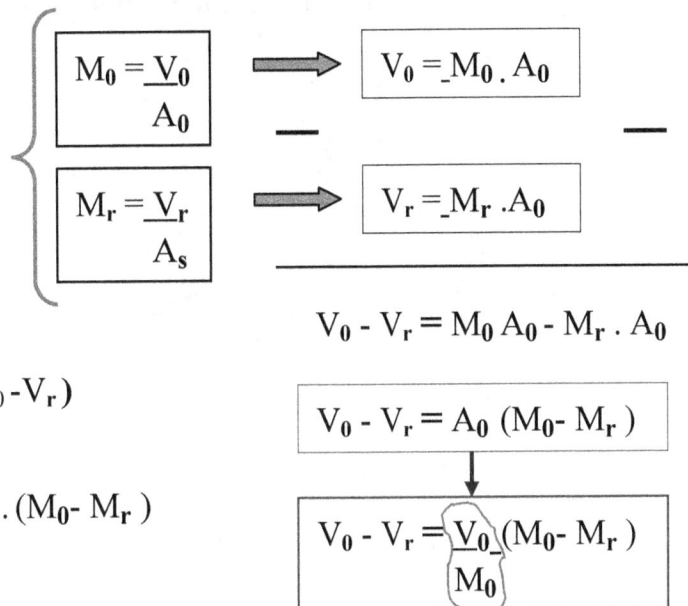

$$M_0 = \frac{V_0}{A_0} \implies V_0 = M_0 . A_0$$

$$M_r = \frac{V_r}{A_s} \implies V_r = M_r . A_0$$

$$V_0 - V_r = M_0 A_0 - M_r . A_0$$

$$V_{Chill} = f . (V_0 - V_r)$$

$$V_0 - V_r = A_0 (M_0 - M_r)$$

$$V_{Chill} = f . A_0 . (M_0 - M_r)$$

$$V_0 - V_r = \frac{V_0}{M_0} (M_0 - M_r)$$

Enfriador Interno:

$$V_{Chill} = f . V_0 . \frac{(M_0 - M_r)}{M_0}$$

TEMPERATURA	f Semifundida	f Sin fundir
1500 °C	0,0782	0,246
1550 °C	0,1096	0,274
1620 °C	0,15	0,31
1700 °C	0,1930	0,34

<u>Ejemplo N° 1</u> :   *Reducir tamaño de mazarota*

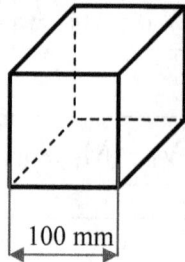

$$M_0 = \frac{V_0}{A_0}$$

$V_0 = 1\ dm . 1\ dm . 1\ dm = \mathbf{1\ dm^3}$

$A_0 = 1\ dm . 1\ dm . 6\ caras = \mathbf{6\ dm^2}$

100 mm

1°.- <u>Cálculo del Módulo de enfriamiento de la pieza</u> (Me$_{PIEZA}$)

1.- a) <u>Cálculo del Módulo de la Pieza</u>

$$M_0 = \frac{V_0}{A_0}$$

$$M_0 = \frac{V_0}{A_0} = \frac{1\ dm^3}{6\ dm^2} = 0,166\ dm$$

$$M_0 = 1,66\ cm$$

2°.- <u>Cálculo de la Placa enfriadora en la Base</u> (A$_{S\ Base}$)

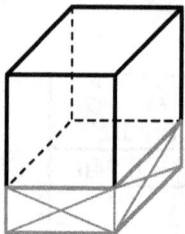

Placa enfriadora

$A_{Chill} = 1\ dm . 1\ dm = 1\ dm^2$

$A_{Chill} = \mathbf{100\ cm^2}$

$$A_S = A_{Chill}\ (y-1)$$

$A_S =$ Superficie aparentemente aumentada para enfriar

Para **Placa BASE** → $y = 3$

$A_S = 100\ cm^2\ (3-1)$

$A_S = 100\ cm^2\ (2)$

$$A_S = 200\ cm^2$$

3°.- Cálculo de la Placa enfriadora en el Lateral ($A_{S\ Lateral}$)

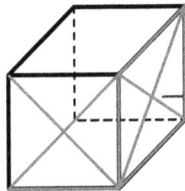

4 Placas enfriadoras

$A_{Chill} = 1\ dm . 1\ dm . 4\ caras = 4\ dm^2$

$A_{Chill} = 400\ cm^2$

$$A_S = A_{Chill}\ (\ y - 1\ )$$

$A_S =$ Superficie aparentemente aumentada para enfriar

Para **Placa LATERAL** → $\quad y = 2$

$A_S = 400\ cm^2\ (\ 2 - 1\ )$

$A_S = 400\ cm^2\ (\ 1\ )$

$$A_S = 400\ cm^2$$

4°.- Cálculo de la Acción conjunta de Placa enfriadora Base – Lateral ($A_{S\ Base} + A_{S\ Lateral}$)

Sup. geométrica:	A_0	=	$600\ cm^2$
Sup. aparentemente aumentada para enfriar (**Base**):	$A_{S\ Base}$	=	$\underline{200\ cm^2}$
			$\mathbf{800\ cm^2}$

$$M_{r\ Base} = \frac{V_0}{A_r} = \frac{1000\ cm^3}{800\ cm^3} = 1,25\ cm$$

$$\boxed{M_{r\ Base} = 1,25\ cm}$$

Sup. geométrica: $\qquad\qquad A_0 \quad = \quad 600 \text{ cm}^2$

Sup. aparentemente aumentada para enfriar (Base): $\quad A_{S\text{ Base}} = 200 \text{ cm}^2$

Sup. aparentemente aumentada para enfriar (Lateral): $\quad A_{S\text{ Lateral}} = 400 \text{ cm}^2$

$$\underline{\qquad\qquad 1200 \text{ cm}^2}$$

$$M_{r\text{ Base y Lateral}} = \frac{V_0}{A_r} = \frac{1000 \text{ cm}^3}{1200 \text{ cm}^2} = 0{,}83 \text{ cm}$$

$$\boxed{M_{r\text{ Base y Lateral}} = 0{,}83 \text{ cm}}$$

5°.- Cálculo del Peso y Espesor de la Placa enfriadora de Base
$(W_{\text{Chill Base}} ; e_{\text{Chill Base}})$
PESO de la Placa Enfriadora BASE $(W_{\text{Chill Base}})$

$$\boxed{W_{\text{chill}} = 7{,}4 \cdot V_0 \left[\frac{M_0 - M_r}{M_0}\right]}$$

$$\begin{cases} V_0 & = 1 \text{ dm}^3 \\ M_0 & = 1{,}66 \text{ cm} \\ M_{r\text{ Base}} & = 1{,}25 \text{ cm} \\ \delta & = 7{,}8 \dfrac{\text{Kg}}{\text{dm}^3} \end{cases}$$

$$W_{\text{chill}} = 7{,}4 \cdot 1 \text{ dm}^3 \frac{\left[1{,}66 \text{ cm} - 1{,}25 \text{ cm}\right]}{1{,}66 \text{ cm}}$$

$$\boxed{W_{\text{chill Base}} = 1{,}83 \text{ Kg}}$$

VOLUMEN de la Placa Enfriadora BASE

$$\boxed{\delta = \frac{P}{V_1}} \quad \rightarrow \quad \boxed{V_{\text{Chill Base}} = \frac{P}{\delta}}$$

$$\rightarrow \quad V_{\text{Chill Base}} = \frac{1{,}83 \text{ Kg}}{7{,}8 \dfrac{\text{Kg}}{\text{dm}^3}}$$

$$\rightarrow \quad \boxed{V_{\text{Chill Base}} = 0{,}234 \text{ dm}^3}$$

194

ESPESOR de la Placa Enfriadora BASE ($e_{Chill\ Base}$)

$$V_{Chill\ Base} = A_{Chill\ Base} \cdot e_{Chill}$$

→ $e_{Chill\ Base} = \dfrac{V_{Chill\ Base}}{A_{Chill\ Base}}$

→ $e_{Chill\ Base} = \dfrac{0,234\ dm^3}{1\ dm^2}$

→ $\boxed{e_{Chill\ Base} = 23,4\ mm}$

6°.- Cálculo del Peso y Espesor de la Placa enfriadora Lateral (Considerando la Placa Base incluida, su $M_{r\ Base}$) ($W_{Chill\ Lateral}$; $e_{Chill\ Lateral}$)

PESO de la Placa Enfriadora BASE ($W_{Chill\ Base}$)

$$W_{chill} = 7,4 \cdot V_0 \left[\frac{M_{r\ Base} - M_{rBase+Lateral}}{M_{r\ Base}}\right]$$

$$\begin{cases} V_0 & = 1\ dm^3 \\ M_{r\ Base} & = 1,25\ cm \\ M_{r\ Base+Lateral} & = 0,83\ cm \\ \delta & = 7,8\ \dfrac{Kg}{dm^3} \end{cases}$$

$W_{chill} = 7,4 \cdot 1\ dm^3 \dfrac{\left[1,25\ cm - 0,83\ cm\right]}{1,25\ cm}$

$\boxed{W_{chill\ Lateral} = 2,48\ Kg}$

VOLUMEN de la Placa Enfriadora LATERAL

$\boxed{\delta = \dfrac{P}{V_1}}$ → $\boxed{V_{Chill\ Lateral} = \dfrac{P}{\delta}}$

→ $V_{Chill\ Lateral} = \dfrac{2,48\ Kg}{7,8\ \dfrac{Kg}{dm^3}}$

→ $\boxed{V_{Chill\ Lateral} = 0,317\ dm^3}$

ESPESOR de la Placa Enfriadora LATERAL ($e_{Chill\ Lateral}$)

$$V_{Chill\ Lateral} = A_{Chill\ Lateral} \cdot e_{Chill\ Lateral}$$

→ $e_{Chill\ Lateral} = \dfrac{V_{Chill\ Lateral}}{A_{Chill\ Lateral}}$

→ $e_{Chill\ Lateral} = \dfrac{0,317\ dm^3}{4 \cdot 1\ dm^2}$

→ $e_{Chill\ Lateral} = 8\ mm$ ← Son **4** superficies Laterales

7°.- Cálculo de las Mazarotas

$M_0 = M_{Pieza} = 1,66\ cm$

$M_{r\ Base} = 1,25\ cm$

$M_{r\ Base\ +\ Lateral} = 0,83\ cm$

7°.- A) MAZAROTA para pieza SIN Placa Enfriadora

$$M_{Mazarota} = 1,2 \cdot M_{Pieza}$$

$M_{Mazarota} = 1,2 \cdot 1,66\ cm = 2\ cm$

$$M_{Mazarota} = 2\ cm$$

Dimensionamiento de 1 Mazarota

Para **H = D**

$$M e_{CILINDRO\ H=D} = \dfrac{D}{6}$$

→ $2\ cm = \dfrac{D}{6}$

→ $D = 6 \cdot 2\ cm$

→ $D = 12\ cm$

$$\begin{cases} D = & 12 \text{ cm} \\ H = & 12 \text{ cm} \end{cases}$$

Para **H = 2.D**

$$\boxed{\mathbf{Me}_{\text{CILINDRO } H=2.D} = \dfrac{D}{5}}$$

→ $2 \text{ cm} = \dfrac{D}{5}$

→ $D = 5.\ 2 \ \text{cm}$

→ $D = 10 \text{ cm}$

$$\begin{cases} D = & 10 \text{ cm} \\ H = & 20 \text{ cm} \end{cases}$$

Comparación entre Volúmenes de Mazarota

Volumen de la Mazarota $\qquad \boxed{V_1 = \dfrac{\pi \cdot D^2}{4} \cdot H}$

Para **H = D** $\quad V_{H=D} = \dfrac{3,14 \cdot 1,2^2 \text{ dm}^2}{4} \cdot 1,2 \text{ dm} = 0,785 \cdot 1,44 \text{ dm}^2 \cdot 1,2 \text{ dm} = 1,36 \text{ dm}^3$

$$\boxed{V_{H=D} = 1,36 \text{ dm}^3}$$

Para **H = 2.D** $\quad V_{H=2D} = \dfrac{3,14 \cdot 1^2 \text{ dm}^2}{4} \cdot 2 \text{ dm} = 0,785 \cdot 1 \text{ dm}^2 \cdot 2 \text{ dm} = 1,56 \text{ dm}^3$

$$\boxed{V_{H=2D} = 1,56 \text{ dm}^3}$$

Por razones de economía elegimos <u>la relación de Mazarota de H=D</u>

7°.- B) MAZAROTA para pieza CON Placa Enfriadora BASE

$$M_{Mazarota} = 1,2 \cdot M_{r\,Base}$$

$$M_{Mazarota} = 1,2 \cdot 1,25 \text{ cm} = 1,5 \text{ cm}$$

$$M_{Mazarota} = 1,5 \text{ cm}$$

Dimensionamiento de 1 Mazarota

Para **H = D**

$$Me_{CILINDRO\,H=D} = \frac{D}{6}$$

→ $1,5 \text{ cm} = \dfrac{D}{6}$

→ $D = 6 \cdot 1,5 \text{ cm}$

→ $D = 9 \text{ cm}$

$$\begin{cases} D = 9 \text{ cm} \\ H = 9 \text{ cm} \end{cases}$$

Volúmen de Mazarota

Volumen de la Mazarota

$$V_1 = \frac{\pi \cdot D^2}{4} \cdot H$$

Para **H = D**

$$V_{H=D} = \frac{3,14 \cdot 0,9^2 \, dm^2}{4} \cdot 0,9 \, dm = 0,785 \cdot 0,9 \, dm^2 \cdot 0,9 \, dm = 0,568 \, dm^3$$

$$V_{H=D} = 0,568 \, dm^3$$

Cálculo de Rendimiento (η) de Mazarota con Placa BASE

η de la Mazarota con Placa BASE

$$\eta_{\text{Mazarota con Placa BASE}} = \frac{V_{\text{Mazarota sin Placa}} - V_{\text{Mazarota con Placa BASE}}}{V_{\text{Mazarota sin Placa}}} \cdot 100$$

$$\eta_{\text{Mazarota con Placa BASE}} = \frac{1,34\ dm^3 - 0,568\ dm^3}{1,34\ dm^3} \cdot 100 =$$

$$\boxed{\eta_{\text{Mazarota con Placa BASE}} = 56,6\ \%}$$

7°.-B) MAZAROTA para pieza CON Placa Enfriadora BASE + LATERAL

$$\boxed{M_{\text{Mazarota}} = 1,2 \cdot M_{r\ \text{Base + Lateral}}}$$

$$M_{\text{Mazarota}} = 1,2 \cdot 0,83\ cm = 1\ cm$$

$$\boxed{M_{\text{Mazarota}} = 1\ cm}$$

Dimensionamiento de 1 Mazarota

Para **H = D**

$$\boxed{Me_{\text{CILINDRO } H=D} = \frac{D}{6}}$$

$$\rightarrow \quad 1\ cm = \frac{D}{6}$$

$$\rightarrow \quad D = 6 \cdot 1\ cm$$

$$\rightarrow \quad D = 6\ cm$$

$$\boxed{\begin{array}{l} D = 6\ cm \\ H = 6\ cm \end{array}}$$

Volumen de Mazarota

Volumen de la Mazarota

$$V_1 = \frac{\pi \cdot D^2}{4} \cdot H$$

Para **H = D**

$$V_{H=D} = \frac{3,14 \cdot 0,6^2\ dm^2}{4} \cdot 0,6\ dm = 0,785 \cdot 0,9\ dm^2 \cdot 0,9\ dm = 0,168\ dm^3$$

$$V_{H=D} = 0,168\ dm^3$$

Cálculo de Rendimiento (η) de Mazarota con Placa BASE

η de la Mazarota con Placa BASE

$$\eta_{Mazarota\ con\ Placa\ BASE+LATERAL} = \frac{V_{Mazarota\ sin\ Placa} - V_{Mazarota\ con\ Placa\ BASE+LATERAL}}{V_{Mazarota\ sin\ Placa}} \cdot 100$$

$$\eta_{Mazarota\ con\ Placa\ BASE} = \frac{1,34\ dm^3 - 0,168\ dm^3}{1,34\ dm^3} \cdot 100 =$$

$$\eta_{Mazarota\ con\ Placa\ BASE} = 87,4\ \%$$

A igual peso de Placas Enfriadoras una Placa Interna a una Externa:
"La que mayor calor va a disipar o absorber es la placa interna, pues va absorber en el rango de la T° de solidificación."

Ejemplo N° 2 : *Sin utilización de Mazarota*

Aplicación práctica y Cálculo de los Materiales de Moldeo que poseen Acción de Enfriamiento

El cálculo del Módulo se desarrollará según la siguiente Figura como ejemplo. La brida de acero fundido será alimentada sin "Mazarotas" desde la pared más delgada. Debido al riesgo de fisuras en caliente, solo se colocan enfriadores en las caras exteriores e inferior con una separación entre ellos igual al ancho de los mismos. La acción de enfriamiento que se logra mediante esta disposición no resulta del todo suficiente, en consecuencia se opta por cambiar la arena de cuarzo entre enfriadores por arena magnesita.

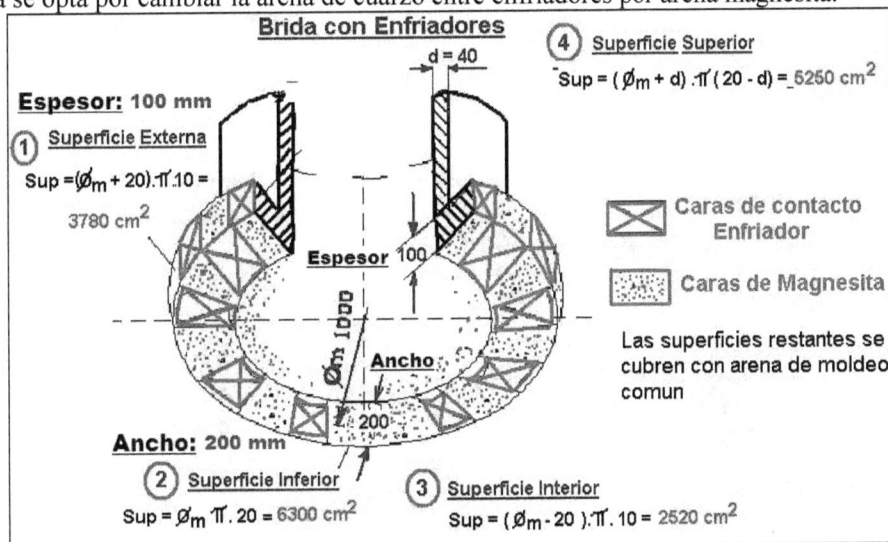

Brida con Enfriadores

Espesor: 100 mm

① **Superficie Externa**
$Sup = (\emptyset_m + 20).\pi.10 = 3780 \ cm^2$

Espesor 100

$\emptyset_m$ 1000

Ancho

Ancho: 200 mm

② **Superficie Inferior**
$Sup = \emptyset_m \ \pi.20 = 6300 \ cm^2$

$d = 40$

④ **Superficie Superior**
$Sup = (\emptyset_m + d).\pi(20 - d) = 5250 \ cm^2$

⊠ **Caras de contacto Enfriador**

▨ **Caras de Magnesita**

Las superficies restantes se cubren con arena de moldeo comun

③ **Superficie Interior**
$Sup = (\emptyset_m - 20).\pi.10 = 2520 \ cm^2$

En la tabla podemos observar los datos para el proceso de cálculo.

1°.- La relación volumen /superficie fue determinada por el método"clásico". Este método fue comparado por el más simple de superficie / perímetro, lo que nos da prácticamente el mismo resultado. Evidentemente se produce un aumento aparente de la superficie efectiva de enfriamiento cuando se usan materiales enfriadores sobre dichas superficies, disminuyendo en consecuencia el Módulo de enfriamiento respectivo.

2°.- La superficie aparentemente aumentada A_s se obtiene multiplicando la superficie real de contacto con el enfriador multiplicada por el factor (y-1) sumada a la superficie geométrica Ao. Este factor puede ser obtenido para distintos materiales enfriadores de la Figura.

3°.- En la tabla de cálculo se consideran dos casos:
→ enfriadores sin magnesita y
→ con magnesita en los espacios entre enfriadores.

Como se puede apreciar, usando arena de magnesita se puede reducir el espesor de la costilla por donde se alimenta la Brida en un valor muy reducido; los materiales enfriadores cerámicos resultan mucho menos efectivos que los enfriadores metálicos. Estos cálculos se confirman por experiencias con diferentes materiales enfriadores, como acero, zirconio etc. Mientras que el acero y el grafito se comportan en forma semejante, y la calidad de la pieza a la cual se le aplicó el enfriador fue buena, las arenas compactadas con zirconio poseen poco efecto como enfriadoras pero la calidad de la pieza resulta muy inferior

Material enfriador	y-1	y
Enfriador de Acero c/ aire	1	2
Enfriador de Acero s/ aire	2	3
Arena de Magnesita	0.2	1.2

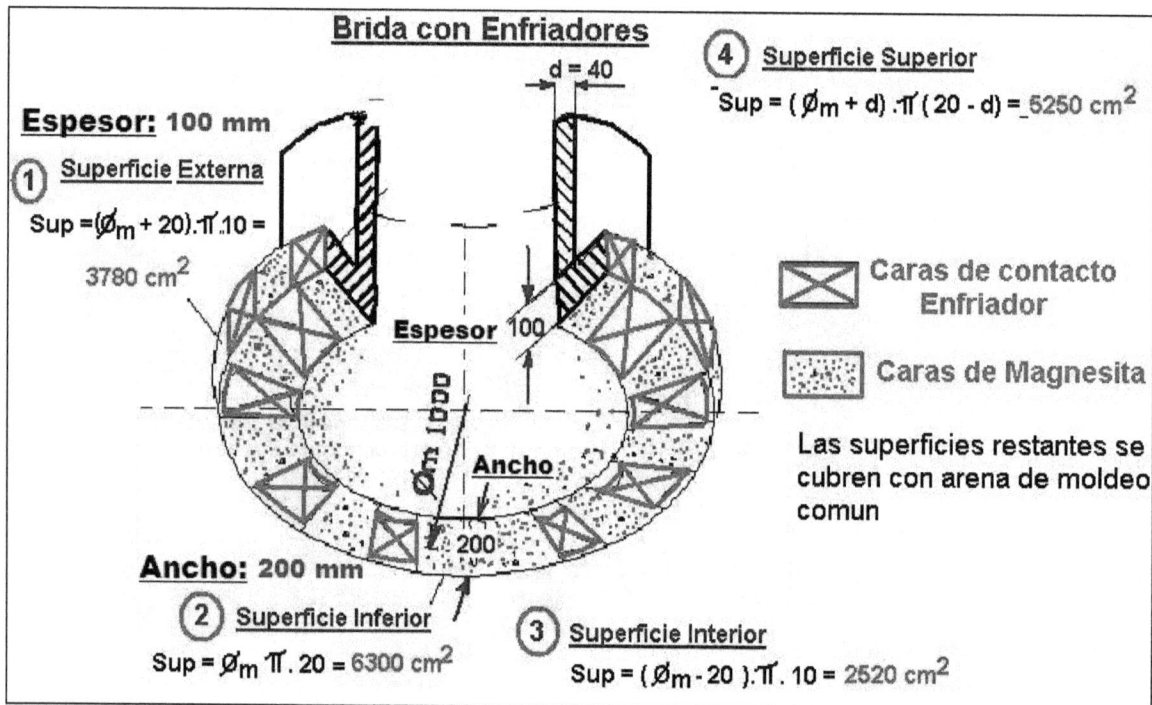

Brida con Enfriadores

Espesor: 100 mm

① Superficie Externa

$Sup = (\emptyset_m + 20).\pi.10 = 3780 \ cm^2$

Espesor 100

Ancho

Ancho: 200 mm

② Superficie Inferior

$Sup = \emptyset_m \ \pi . 20 = 6300 \ cm^2$

③ Superficie Interior

$Sup = (\emptyset_m - 20).\pi.10 = 2520 \ cm^2$

④ Superficie Superior

$Sup = (\emptyset_m + d).\pi(20 - d) = 5250 \ cm^2$

$d = 40$

Caras de contacto Enfriador

Caras de Magnesita

Las superficies restantes se cubren con arena de moldeo comun

	a) SUPERFICIE GEOMÉTRICA	RESULTADO	OBSERVAC.
1°	**Externa** $= \pi . (D_{Medio} + $ Espesor de brida $). h = $ Externa $= 3,14 . (100 \ cm + 20cm) . 10 \ cm$	$3780 \ cm^2$	
2°	**Inferior** $= \pi . D_{Medio} . h = $ Inferior $= 3,14 . 100 \ cm . 20 \ cm = $	$6300 \ cm^2$	
3°	**Interior** $= \pi . (D_{Medio} - $ Ancho de brida$). h = $ Interior $= 3,14 . (100 \ cm - 20cm) . 10 \ cm = $	$2520 \ cm^2$	
4°	**Superior** $= \pi . (D_{Medio} + $Esp. costilla$).($Ancho brida - Esp. Costilla$) = $ Superior $= 3,14 . (100 \ cm + 4cm) .(20 \ cm - 4cm) = $	$5250 \ cm^2$	
5°	Σ Superficies $= A_0$	$17850 \ cm^2$	

	b) VOLUMEN GEOMÉTRICO	**RESULTADO**	**OBSERVAC.**
6°	$V_0 = \pi \cdot D_{Medio} \cdot$ Ancho Brida $\cdot$ Espesor brida = Externa = 3,14 . 100 cm . 20cm . 10 cm =	63000 cm^3	
	c) MÓDULO GEOMÉTRICO		
7°	$M_0 = \dfrac{V_0}{A_0} = \dfrac{63000 \text{ cm}^3}{17850 \text{ cm}^2} =$	$3,53 \text{ cm}$	
	$M_{Costilla} = \dfrac{e}{2} = 1,2 \cdot M_0 =$ $M_{Costilla} = \dfrac{e}{2} = 1,2 \cdot 3,53 \text{ cm} = \rightarrow e = 1,2 \cdot 3,53 \cdot 2 = 8,5 \text{ cm}$	$8,5 \text{ cm}$	Cuanto tengo que aumentar la costilla para alimentar a la Brida
	d) CÁLCULO de ENFRIADORES		
8°	Cara Externa 50 % enfriadores con aire es **LATERAL. (y = 2)** $A_{S \text{ Lateral}} = A_{Externa} \cdot 0,5 \, (y - 1) =$ $A_{S \text{ Lateral}} = 3780 \text{ cm}^2 \cdot 0,5 \, (2 - 1) =$	1890 cm^2 Esta es la superficie que aumenta la Superficie geométrica con PLACAS LATERALES.	**0,5** porque las Placas LATERALES van alternadas.
9°	Cara Inferior 50 % enfriadores sin aire es **BASE. (y = 3)** $A_{S \text{ Base}} = A_{Inferior} \cdot 0,5 \cdot (y - 1) =$ $A_{S \text{ Base}} = 6300 \text{ cm}^2 \cdot 0,5 \cdot (3 - 1) =$	6300 cm^2 Esta es la superficie que aumenta la Superficie geométrica con PLACAS BASE.	**0,5** porque las Placas BASE van alternadas.
10°	Cara Exterior 50 % Magnesita. **(y = 1,2)** $A_{S \text{ Magnesita}} = A_{Exterior} \cdot 0,5 \cdot (y - 1) =$ $A_{S \text{ Magnesita}} = 3780 \text{ cm}^2 \cdot 0,5 \cdot (1,2 - 1) =$	378 cm^2 Esta es la superficie que aumenta la Superficie geométrica con MAGNESITA.	**0,5** porque la Arena de MAGNESITA va alternada.
11°	Cara Inferior 50 % Magnesita. **(y = 1,2)** $A_{S \text{ Magnesita}} = A_{Inferior} \cdot 0,5 \cdot (y - 1) =$ $A_{S \text{ Magnesita}} = 6300 \text{ cm}^2 \cdot 0,5 \cdot (1,2 - 1) =$	630 cm^2 Esta es la superficie que aumenta la Superficie geométrica con MAGNESITA.	**0,5** porque la Arena de MAGNESITA va alternada.

12°	Cara Interior con Magnesita. ($y = 1,2$) $A_{S\ Magnesita} = A_{Interior} \cdot (y-1) =$ $A_{S\ Magnesita} = 2520\ cm^2 \cdot (1,2-1) =$	**504 cm^2** Esta es la superficie que aumenta la Superficie geométrica con MAGNESITA.	La Arena de MAGNESITA va completa.
	e) SUPERFICIE AUMENTADA APARENTEMENTE SIN MAGNESITA. (Base + Lateral)		
13°	Σ pasos 5°, 8° y 9° = 17850 cm^2 + 1890 cm^2 + 6390 cm^2 =	**26040 cm^2**	**5°** Geométrico **8°** Sup. aparentemente aumentada LATERAL. **9°** Sup. aparentemente aumentada BASE.
	f) MÓDULO REDUCIDO SIN MAGNESITA. (Base + Lateral)		
14°	$M_r = \dfrac{V_0}{A_{S\ Base+Lateral}} = \dfrac{63000\ cm^3}{26040\ cm^2} = 2,42\ cm$	**2,42 cm**	
	g) SUPERFICIE AUMENTADA CON ENFRIADOR y MAGNESITA. (Base + Lateral + Magnesita)		
15°	$A_{S\ Base+Lateral+Magnesita} = \Sigma$ pasos 5°, 8°, 9°, 10°, 11° y 12° = 17850 cm^2 + 1890 cm^2 + 6390 cm^2 + 378 cm^2 + 630 cm^2 + 504 cm^2	**27552 cm^2**	
	h) MÓDULO REDUCIDO CON ENFRIADOR y MAGNESITA. (Base + Lateral + Magnesita)		
16°	$M_r = \dfrac{V_0}{A_{S\ Base+Lateral+Magnesita}} = \dfrac{63000\ cm^3}{27552\ cm^2} = 2,28\ cm$	**2,28 cm**	

ESPESOR MÍNIMO PARED d PARA ALIMENTAR BRIDA		
Con Enfriador	**Con Enfriador**	
$M_d = 1,10 . M_{Enfriador} =$		
$M_d = 1,10 . 2,42$ cm $=$		
$M_d = 2,66$ cm	$M_d = 2,66$ cm	M_d Módulo de Costilla necesario para alimentar la brida.
$M_d = \dfrac{e}{2} = 2,66$ cm $\rightarrow$ **e** = 2. (2,66 cm) $\rightarrow$ **e** = 5,3 cm ó 53 mm		
e = 53 mm $\rightarrow$ **espesor de costilla = 53 mm**	**e = 53 mm**	**1,10** Utilizamos solo un 10% más de Módulo de enfriamiento de la Brida.
Con Enfriador + Magnesita	**Con Enfriador + Magnesita**	
$M_d = 1,10 . M_{Enfriador + Magnesita} =$		
$M_d = 1,10 . 2,28$ cm $=$		
$M_d = 2,50$ cm	$M_d = 2,50$ cm	M_d Módulo de Costilla es igual a **espesor**
$M_d = \dfrac{e}{2} = 2,50$ cm $\rightarrow$ **e** = 2. (2,50 cm) $\rightarrow$ **e** = 5 cm ó 50 mm		$\dfrac{}{2}$
e = 50 mm $\rightarrow$ **espesor de costilla = 50 mm**	**e = 50 mm**	

	Paso 14° - **ENFRIADOR SIN MAGNESITA** (Módulo de Costilla)		
17°	d = 2,42 . 2,2 =		
	Paso 16° - **ENFRIADOR CON MAGNESITA**	53 mm	
18°	d = 2,28 . 2,2 =	50 mm	

Ejemplo N° 3 – a) : **Calculo del módulo.** *Calcular sin enfriador y con enfriador.*

Pieza: Anillo
$\varnothing_{EXTERIOR}$ 1200 mm
$\varnothing_{INTERIOR}$ 800 mm
Altura: 300 mm
% Contracción 6%

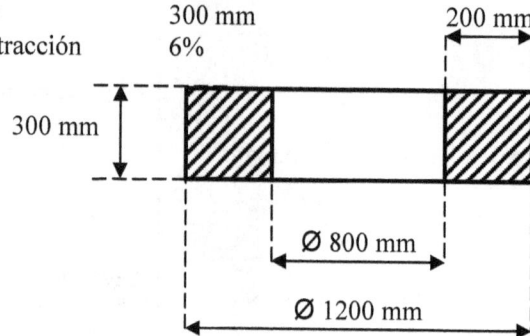

200 mm

300 mm

Ø 800 mm

Ø 1200 mm

1°.- Cálculo del Módulo de enfriamiento de la pieza (Me$_{PIEZA}$)

$$Me = \frac{V_0}{A_0}$$

Como considero a la pieza como una Barra:

$$Me_{BARRA} = \frac{a \cdot b}{2(a + b)}$$

$$Me_{BARRA} = \frac{a \cdot b}{2 \cdot (a + b)} = \frac{3\,dm \cdot 2\,dm}{2\,(3dm + 2dm)} = \frac{6\,dm^2}{10\,dm} = \frac{3\,dm}{5} = \mathbf{0,6\,dm} = \mathbf{6\,cm}$$

$$Me_{BARRA} = 6\,cm$$

2°.- Cálculo del Módulo de enfriamiento de 1 mazarota (Me$_{MAZAROTA}$)

$$Me_{Mazarota} = \mathbf{1,2} \cdot Me_{Pieza}$$

$$Me_{Mazarota} = 1,2 \cdot 6\,cm = 7,2\,cm$$

$$Me_{Mazarota} = 7,2\,cm$$

3°.- Dimensionamiento de 1 Mazarota

Para **H = 2.D**

$$Me_{Mazarota} = \frac{D}{5}$$

➔ $7,2 \text{ cm} = \dfrac{D}{5}$

➔ **D** = 5 . 7,2 cm = 36 cm

➔ **D** = 36 cm

D = 36 cm
H = 72 cm

4°.- Cálculo del N° de Mazarotas

4°- a) Por zona de influencia

Z = zona de influencia

$$Z = \varnothing_{Medio\ Mazarota} + 2.\ Zi$$

Para Barra ➔ $Z_i = 1,5\ .\ T$

$Z = 3,6\ dm\ + 2\ .\ 1,5\ .\ T\ =$

$Z = 3,6\ dm\ + 2\ .\ 1,5\ .\ 2\ dm$

$Z = 3,6\ dm\ + 6\ dm\ =$

$Z = 9,6\ dm$

$$Perimetro_{medio} = \pi\ .\ D_{medio}$$

$$D_{medio} = \frac{D_{exterior} + D_{interior}}{2} = \frac{12dm + 8dm}{2} = 10\ dm$$

$Perímetro_{medio} = \pi\ .10\ dm = 31,4\ dm$ ➔ $Perímetro_{medio} = 31,4\ dm$

$$\text{N° Mazarotas} = \frac{\text{Perimetro}_{Medio}}{Z}$$

$$\text{N° Mazarotas} = \frac{31,4 \text{ dm}}{9,6 \text{ dm}} = 3,59 \qquad \Longrightarrow \qquad \boxed{\text{N° Mazarotas} = 4 \text{ Mazarotas}}$$

4°- b) <u>Por Volumen de la Mazarota</u> (Con parte del volumen de la pieza alimentada por una mazarota V_{P1})

$$V_{P1} = V_{Mazarota} \cdot \frac{(14 - c)}{c}$$

Parte del Volumen de Pieza alimentada por una Mazarota. V_{P1}

<u>Cálculo del $V_{Mazarota}$</u>

$$V_{MAZAROTA} = \frac{\pi \cdot D^2}{4} \cdot H$$

<u>Para H = 2.D</u>

$$V_{MAZAROTA} = \frac{\pi \cdot D^2}{4} \cdot 2.D$$

$$V_{MAZAROTA} = \frac{\pi}{4} \cdot 3,6^2 dm^2 \cdot 7,2 \text{ dm}$$

$$\boxed{V_{MAZAROTA} = 73 \text{ dm}^3}$$

$$V_{P1} = V_{Mazarota} \cdot \frac{(14 - c)}{c} = 73 \text{ dm}^3 \frac{(14 - 6)}{6}$$

$$V_{P1} = 73 \text{ dm}^3 \frac{(14 - 6)}{6} = 73 \text{ dm}^3 (1,34) = 97,33 \text{ dm}^3$$

$$\boxed{V_{P1} = 97,33 \text{ dm}^3}$$

Cálculo del V_{PIEZA}

$$V_{PIEZA} = \pi \cdot Perimetro_{Medio} \cdot Ancho \cdot Altura$$

$$V_{PIEZA} = \pi \cdot 10 \, dm \cdot 2 \, dm \cdot 3 \, dm =$$

$$V_{PIEZA} = \pi \cdot 10 \, dm \cdot 2 \, dm \cdot 3 \, dm =$$

$$V_{PIEZA} = 188,4 \, dm^3$$

Cálculo del N° de Mazarotas.

$$N°_{MAZAROTA} = \frac{V_P}{V_{P1}}$$

V_P Volumen de pieza Total.
V_{P1} Volumen de una Parte de la pieza alimentada por una Mazarota.

$$N°_{MAZAROTA} = \frac{188,4 \, dm^3}{97,33 \, dm^3} = 1,94 \; Mazarotas$$

$$N°_{MAZAROTA} = 2 \; \textbf{Mazarotas}$$

Utilizamos por zona de influencia: la mayor Cantidad de Mazarotas para asegurarnos una buena alimentación **4 Mazarotas.**

5°.- Cálculo del Rendimiento o Eficiencia (η)

Volumen total de Mazarotas = $V_{MAZAROTA} \cdot N°_{MAZAROTA}$ =

Volumen total de Mazarotas = $73 \, dm^3 \cdot 4 \; Mazarotas = 292 \, dm^3$

$$Volumen \; total \; de \; Mazarotas = 292 \, dm^3$$

$$\eta_{\text{Mazarotas}} = \frac{V_{\text{Mazarotas}}}{V_{\text{Pieza}}} \cdot 100\% =$$

$$\eta_{\text{Mazarotas}} = \frac{292 \ dm^3}{188,4 \ dm^3} \ 100\% = \underline{\mathbf{156}}\%$$

$$\eta_{\text{Mazarotas}} = \mathbf{un\ 56\ \%\ mas\ de\ eficiencia}$$

Ejemplo N° 3 – b) : **Calculo del módulo.** *Calcular con Placas enfriadoras.*

Pieza:	Anillo
$\varnothing_{\text{EXTERIOR}}$	1200 mm
$\varnothing_{\text{INTERIOR}}$	800 mm
Altura:	300 mm
% Contracción	6%

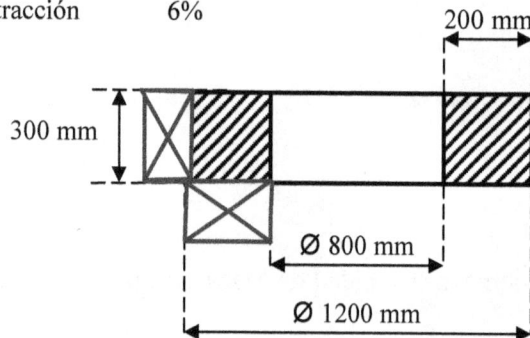

1°.- Cálculo del Módulo de enfriamiento de la pieza (Me$_{\text{PIEZA}}$)

1.- a) Cálculo de la Superficie Geométrica de la Pieza (A$_0$)

$A_{0\ \text{Base}}$	$= \text{Perimetro}_{\text{Medio}} \cdot \textbf{Ancho}$	$= 31,4 \ dm \cdot 2 \ dm$	$= 62,8 \ dm^2$
$A_{0\ \text{Lateral Exterior}} =$	$\boldsymbol{\pi \cdot D \cdot h}$	$= 3,14 \ \cdot 12 \ dm \cdot 3 \ dm$	$= 113 \ dm^2$
$A_{0\ \text{Lateral Interior}} =$	$\boldsymbol{\pi \cdot D \cdot h}$	$= 3,14 \ \cdot 8 \ dm \cdot 3 \ dm$	$= 75 \ dm^2$
$A_{0\ \text{Superior}}$	$= \text{Perimetro}_{\text{Medio}} \cdot \textbf{Ancho}$	$= 31,4 \ dm \cdot 2 \ dm$	$\underline{= 62,8 \ dm^2}$
		$\mathbf{A_0} \quad =$	$\mathbf{313,6 \ dm^2}$

1.- b) Cálculo del Módulo de la Pieza

$$M_0 = \frac{V_0}{A_0}$$

$$M_0 = \frac{V_0}{A_0} = \frac{188\ dm^3}{313,6\ dm^2} = 0,599\ dm$$

$$M_0 = 6\ cm$$

2°.- Cálculo de la Placa enfriadora en la Base ($A_{S\ Base}$)

2.- a) Cálculo de la Superficie aumentada por Placa Base (A_S)

Para **Placa BASE** → $y = 3$

$$A_{S\ Base} = A_{Chill}\ (y-1)\,.\,0,5$$

0,5 = aplico el 50 % de la superficie

$A_{S\ Base}$ = Superficie aparentemente aumentada por aplicar Placa Base.

$$A_{S\ Base} = A_{0\ Base}\ (y-1)\,.\,0,5$$

$$A_{S\ Base} = 62,8\ dm^2\,.\,(3-1)\,.\,0,5 =$$

$$A_{S\ Base} = 62,8\ dm^2$$

$$A_0 = 313,6\ dm^2$$
$$A_{S\ Base} = 62,8\ dm^2 +$$
$$A_S = 376,4\ dm^2$$

2.- b) Cálculo del Módulo reducido por la Placa Base ($M_{r\ Base}$)

$$M_{r\ Base} = \frac{V_0}{A_S}$$

$$M_{r\ Base} = \frac{V_0}{A_S} = \frac{188\ dm^3}{376,4\ dm^2} = 0,499\ dm$$

$$M_{r\ Base} = 5\ cm$$

$M_{r\ Base}$ = 5 cm →Hubo una reducción del modulo del 16% al aplicar una placa enfriadora Base

3°.- Cálculo de la Placa enfriadora en la Base + Lateral ($A_{S\ Base+Lateral}$)

3.- a) Cálculo de la Superficie aumentada por Placa Lateral (A_S)

$$A_S = A_{Chill}\ (y-1)$$

Para **Placa LATERAL** ➔ $\quad y = 2$

$0,5 =$ aplico el 50 % de la superficie

$A_{S\ Lateral} =$ Superficie aparentemente aumentada por aplicar Placa Lateral.

$$A_{S\ Lateral} = A_{0\ Sup.\ Lateral}\ (y-1)\ .\ 0,5$$

$$A_{S\ Lateral} = 113\ dm^2\ (2-1)\ .\ 0,5$$

$$A_{S\ Lateral} = 113\ dm^2\ (1)\ .\ 0,5$$

$$A_{S\ Lateral} = 56,5\ dm^2$$

$$
\begin{aligned}
A_0 &= 376,4\ dm^2 \\
A_{S\ Lateral} &= \underline{56,5\ dm^2} \\
\hline
A_S &= \underline{\underline{432,9\ dm^2}}
\end{aligned}
$$

3.- b) Cálculo del Módulo reducido por la Placa Base + Lateral ($M_{r\ Base\ +Lateral}$)

$$M_{r\ Base + Lateral} = \frac{V_0}{A_s}$$

$$M_{r\ Base+Lateral} = \frac{V_0}{A_s} = \frac{188\ dm^3}{432,9\ dm^2} = 0,43\ dm$$

$$M_{r\ Base+Lateral} = 4,3\ cm$$

$M_{r\ Base+Lateral} = 4,3\ cm \rightarrow$ Hubo una reducción del modulo de 5 cm a 4,3 cm, es casi un 28% al aplicar una placa enfriadora Base + Lateral.

4°.- <u>Cálculo del Módulo de enfriamiento de 1 mazarota</u> ($Me_{MAZAROTA}$)

$$M_{Mazarota} = 1{,}2 \cdot M_{Base+Lateral}$$

$$M_{Mazarota} = 1{,}2 \cdot 4{,}3 \text{ cm}$$

$$M_{Mazarota} = 5{,}16 \text{ cm}$$

5°.- <u>Dimensionamiento de 1 Mazarota</u>

Para **H = 2.D**

$$Me_{Mazarota} = \frac{D}{5}$$

→ $5{,}16 \text{ cm} = \dfrac{D}{5}$

→ $D = 5 \cdot 5{,}16 \text{ cm}$

→ $D = 25{,}8 \text{ cm}$

$$\begin{cases} D = 26 \text{ cm} \\ H = 52 \text{ cm} \end{cases}$$

<u>Cálculo del Volumen de la Mazarota</u> ($V_{Mazarota}$)

$$V_{MAZAROTA} = \frac{\pi \cdot D^2}{4} \cdot H$$

$$V_{MAZAROTA} = \frac{3{,}14 \cdot 2{,}6^2 \text{ dm}}{4} \cdot 5{,}2 \text{ dm}$$

$$V_{MAZAROTA} = 27{,}6 \text{ dm}^3$$

6°.- Cálculo del N° de Mazarotas por agregado de placas enfriadoras con Base y Lateral con su M_r ($A_{S\ Base\ +Lateral}$)

6°- a) Por zona de influencia

Z = zona de influencia

$$Z = \emptyset_{Medio\ Mazarota} + 2.\ Z_i$$

Para Barra con enfriador → $\quad Z_i = 6.\sqrt{T} + T$

$T = [Pulg.] = \dfrac{200\ mm}{25,4\ mm}$

$T = [Pulg.] = 8\ Pulg$

Reemplazo T por el espesor en Pulg. = 8

$$Z_i = 6.\sqrt{8\ pulg} + 8\ pulg.$$

$$Z_i = 24,9\ Pulg. = 63,4\ cm$$

$Z = 26\ cm + 2\ .\ Z_i =$

$Z = 26\ cm + 2\ .\ 63,4\ cm$

$Z = 26\ cm + 126,8\ cm =$

$$Z = 152,8\ cm$$

$$Perimetro_{medio} = \pi\ .\ D_{medio}$$

$$D_{medio} = \frac{D_{exterior} + D_{interior}}{2} = \frac{12dm + 8dm}{2} = 10\ dm$$

$Perímetro_{medio} = \pi\ .10\ dm = 31,4\ dm \quad → \quad Perímetro_{medio} = 31,4\ dm$

$$N°\ Mazarotas = \frac{Perimetro_{Medio}}{Z}$$

$N°\ Mazarotas = \dfrac{31,4\ dm}{15,28\ dm} = 2 \quad \Longrightarrow \quad \boxed{N°\ Mazarotas = 2\ Mazarotas}$

6°- b) <u>Por Volumen de la Mazarota</u> (Con parte del volumen de la pieza alimentada por una mazarota V_{P1})

$$V_{P1} = V_{Mazarota} \cdot \frac{(14 - c)}{c}$$

Parte del Volumen de Pieza alimentada por una Mazarota. V_{P1}

<u>Cálculo del $V_{Mazarota}$</u>

$$V_{MAZAROTA} = \frac{\pi \cdot D^2}{4} \cdot H$$

<u>Para H = 2.D</u>

$$V_{MAZAROTA} = \frac{\pi \cdot D^2}{4} \cdot 2.D$$

$$V_{MAZAROTA} = \frac{\pi}{4} \cdot 2{,}6^2 dm^2 \cdot 5{,}2\ dm$$

$$V_{MAZAROTA} = 27{,}6\ dm^3$$

$$V_{P1} = V_{Mazarota} \cdot \frac{(14 - c)}{c} = 27{,}6\ dm^3 \frac{(14 - 6)}{6}$$

$$V_{P1} = 27{,}6\ dm^3 \frac{(14 - 6)}{6} = 27{,}6\ dm^3 (1{,}34) = 36{,}98\ dm^3$$

$$V_{P1} = 37\ dm^3$$

<u>Cálculo del V_{PIEZA}</u>

$$V_{PIEZA} = \pi \cdot Perimetro_{Medio} \cdot Ancho \cdot Altura$$

$$V_{PIEZA} = \pi \cdot 10\ dm \cdot 2\ dm \cdot 3\ dm =$$

$$V_{PIEZA} = \pi \cdot 10\ dm \cdot 2\ dm \cdot 3\ dm =$$

$$V_{PIEZA} = 188{,}4\ dm^3$$

Cálculo del N° de Mazarotas.

$$N°_{MAZAROTA} = \frac{V_P}{V_{P1}}$$

$\left\{\begin{array}{l} V_P \quad \text{Volumen de pieza Total.} \\ V_{P1} \quad \text{Volumen de una Parte de la pieza alimentada} \\ \qquad \text{por una Mazarota.} \end{array}\right.$

$$N°_{MAZAROTA} = \frac{188,4 \ dm^3}{37 \ dm^3} = 5,09 \ \text{Mazarotas}$$

$$N°_{MAZAROTA} = 5 \ \textbf{Mazarotas}$$

Utilizamos por zona de influencia: la mayor Cantidad de Mazarotas para asegurarnos una buena alimentación **5 Mazarotas.**

7°.- Cálculo del Rendimiento o Eficiencia (η)

Volumen total de Mazarotas = $V_{MAZAROTA} \cdot N°_{MAZAROTA}$ =

Volumen total de Mazarotas = $27,6 \ dm^3 \cdot 5 \ \text{Mazarotas} = 138 \ dm^3$

$$\text{Volumen total de Mazarotas} = 138 \ dm^3$$

$$\eta_{Mazarotas} = \frac{V_{Mazarotas}}{V_{Pieza}} \cdot 100\% =$$

$$\eta_{Mazarotas} = \frac{138 \ dm^3}{188,4 \ dm^3} \, 100\% = \underline{\textbf{73,2}} \%$$

$$\eta_{Mazarotas} = 73 \ \% \ \textbf{mas de eficiencia}$$

Ejemplo N° 4: **Modificar el M_A para que coincida desde el punto de solidificación con M_B**

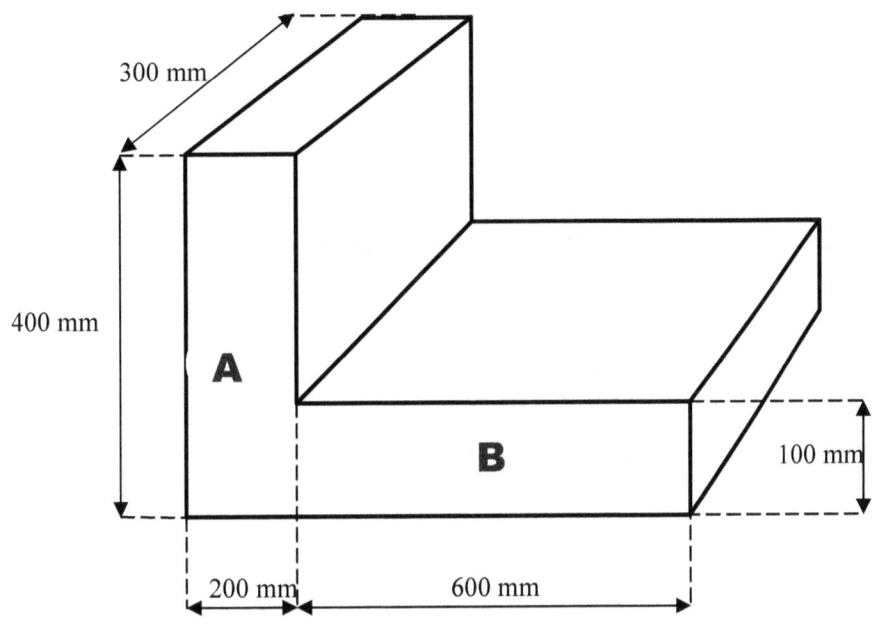

$$M_{r\,A} = 1,05 \cdot M_B$$

El módulo de A debe ser un poco mayor que el módulo de B

Cálculo del Módulo del rectángulo con el apéndice

$$M_{\text{RECTÁNGULO con el APÉNDICE}} = \frac{a \cdot b}{2\,(a+b) - c}$$

$$M_{\text{RECTÁNGULO con el APÉNDICE}} = \frac{a \cdot b}{2\,(a+b) - c} = \frac{2\,dm \cdot 3\,dm}{2\,(2\,dm + 3\,dm) - 1\,dm} =$$

$$M_{\text{RECTÁNGULO con el APÉNDICE}} = \frac{6\,dm}{9\,dm} = 0,66\,dm$$

$$M_{\text{RECTÁNGULO con el APÉNDICE}} = 6,6\,cm$$

Siempre me va a interesar sobredimensionar el Módulo de la pieza y si es complicada voy a calcular el Módulo aproximado.

1°.- PARTE A

1.- a) Cálculo del Volumen V_A

$V_{0\,A}$ = 3 dm . 4 dm . 2 dm = 24 dm^3

$$\boxed{V_{0\,A} = 24\ dm^3}$$

1.- b) Cálculo de la Superficie Geométrica de la Pieza A_{0A}

$A_{0\ Lateral\ Externo}$ = 4 dm . 3 dm = 12 dm^2

$A_{0\ Base\ y\ Superior}$ = 2 . (3 dm . 2 dm) = 12 dm^2 (Son 2 Superficies)

$A_{0\ Frente\ y\ Fondo}$ = 2 . (3 dm . 2 dm) = 16 dm^2 (Son 2 Superficies)

$A_{0\ Lateral\ interior}$ = 4 dm . 3 dm = 9 dm^2

$$A_{0\,A} = 49\ dm^2$$

$$\boxed{A_{0\,A} = 49\ dm^2}$$

1.- c) Cálculo del Módulo de la Parte A M_A

$$\boxed{M_A = \frac{V_A}{A_{0\,A}}} \longrightarrow M_A = \frac{24\ dm^3}{49\ dm^2} = 0,489\ dm$$

$$\boxed{M_A = 5\ cm}$$

1.- c) Comparo Cálculo del Módulo de la Parte A (Rectángulo con el apéndice)

$$\boxed{M_{RECTÁNGULO\ con\ el\ APÉNDICE} = \frac{a\ .\ b}{2\ (a+b) - c}}$$

$$M_{RECTÁNGULO\ con\ el\ APÉNDICE} = \frac{a\ .\ b}{2\ (a+b) - c} = \frac{2\ dm\ .\ 3\ dm}{2\ (2\ dm + 3\ dm) - 1\ dm} =$$

$$M_{RECTÁNGULO\ con\ el\ APÉNDICE} = \frac{6\ dm}{9\ dm} = 0,66\ dm$$

$$\boxed{M_{RECTÁNGULO\ con\ el\ APÉNDICE} = 6,6\ cm}$$

2°.- PARTE B

2.- a) Cálculo del Volumen V_B

V_{0B} = 6 dm . 3 dm . 1 dm = 18 dm^3

$$\boxed{V_{0B} = 18 \ dm^3}$$

2.- b) Cálculo de la Superficie Geométrica de la Pieza A_{0B}

$A_{0 \ Lateral \ Derecho}$ = 3 dm . 1 dm = 3 dm^2

$A_{0 \ Base + Superior}$ = 2 . (6 dm . 3 dm) = 36 dm^2 (Son 2 Superficies) $+$

$A_{0 \ Frente \ y \ Fondo}$ = 2 . (6 dm . 1 dm) = 12 dm^2 (Son 2 Superficies)

$$A_{0B} = 51 \ dm^2$$

$$\boxed{A_{0B} = 51 \ dm^2}$$

1.- c) Cálculo del Módulo de la Parte A M_B

$$\boxed{M_B = \frac{V_B}{A_{0B}}} \longrightarrow M_A = \frac{18 \ dm^3}{451 \ dm^2} = 0,35 \ dm$$

$$\boxed{M_B = 3,5 \ cm}$$

3°.- Cálculo del M_{rA}

$$\boxed{M_{rA} = 1,05 \ . \ M_B} \longrightarrow M_{rA} = 1,05 \ . \ 3,5 \ cm =$$

$$\boxed{M_{rA} = 3,7 \ cm}$$

OBJETIVO: Con M_{rA} queremos llegar a pasar de $M_A = 5 \ cm$ a $M_{rA} = 3,7 \ cm$

4°.- Cálculo del Área de la Placa Enfriadora Base A_{Chill}

$$A_{Chill} = V_0 \left(\frac{M_0 - M_r}{2 \cdot M_r \cdot M_0} \right)$$

Para **Placa BASE**

$$\begin{cases} V_{0\,A} &= 24 \text{ dm}^3 \\ M_{0\,A} &= 5 \text{ cm} \\ M_{r\,A} &= 3,7 \text{ cm} \end{cases}$$

$$A_{Chill} = 24000 \text{ cm}^3 \left(\frac{5 \text{ cm} - 3,7 \text{ cm}}{2 \cdot 5 \text{ cm} \cdot 3,7 \text{ cm}} \right)$$

$$A_{Chill} = 24000 \text{ cm}^3 \left(\frac{5 \text{ cm} - 3,7 \text{ cm}}{37 \text{ cm}^2} \right)$$

$$A_{Chill} = 24000 \text{ cm}^2 \left(0,035 \right)$$

$$\boxed{A_{Chill} = 843,24 \text{ cm}^2}$$

Como podemos observar nos sobra superficie de Placa de Enfriamiento pues el área de la Base de la Pieza A es igual $A_{0\ Base\ A} = 6 \text{ dm}^2$ y el $A_{Chill} = 8,43 \text{ dm}^2$.

Por lo tanto lo que debemos hacer es agregar una Placa Lateral.

5°.- Calculamos en cuanto se reduce el Módulo con una Placa Enfriadora Base.

   5.- a) <u>Cálculo de la Superficie aumentada de la Parte A con una placa Base</u> A_S

$$\boxed{A_{S\ Base} = A_{Chill} \cdot \left(y - 1 \right)}$$

Para **Placa BASE** → y = 3

$$A_{0\ Base\ A} = A_{Chill} = 6 \text{ dm}^2$$

$$A_{S\ Base} = 6 \text{ dm}^2 \cdot \left(3 - 1 \right)$$

$$\boxed{A_{S\ Base} = 12 \text{ dm}^2}$$

$$\begin{cases} V_{0\,A} &= 24 \text{ dm}^3 \\ \hline A_{0\,A} &= 49 \text{ dm}^2 \\ A_{S\ Base} &= 12 \text{ dm}^2 \\ \hline A_S &= 61 \text{ dm}^2 \end{cases} +$$

5.- b) <u>Cálculo del Módulo reducido de la Parte A con una placa Base</u> M_{rA}

$$M_{rA} = \frac{V_B}{A_{0\,B}}\;:$$

$$\longrightarrow \quad M_{rA} = \frac{24\ dm^3}{61\ dm^2} = 0,39\ dm$$

$$\boxed{M_{rB} = 3,9\ cm}$$

Se redujo el Módulo de 5 cm a 3,9 cm y nosotros queríamos llegar a 3,7 cm.

6°.- Calculamos la Sup. total de Placa Lateral necesario para llegar a 3,7 cm.

6.- a) <u>Cálculo de la Superficie aumentada de la Parte A con una placa Lateral</u>
$A_{Chill\ Lateral}$

$$\boxed{A_{Chill} = V_0\left(\frac{M_0 - M_r}{M_0 \cdot M_r}\right)}$$

Para **Placa LATERAL**

$$A_{Chill} = 24000\ cm^3\left(\frac{3,9\ cm - 3,7\ cm}{3,9\ cm \cdot 3,7\ cm}\right)$$

$\begin{cases} V_{0\,A} & = 24\ dm^3 \\[2mm] M_{r\,Lateral} & = 3,7\ cm = M_r \\[2mm] M_{r\,Base} & = 3,9\ cm = M_0 \end{cases}$

$$A_{Chill} = 24000\ cm^3\left(\frac{0,2\ cm}{14,43\ cm^2}\right)$$

$$A_{Chill} = 24000\ cm^2\left(0,014\right)$$

$$\boxed{A_{Chill} = 332,6\ cm^2}$$

Saco el % faltante de Placa Lateral

$$\text{Faltante de Placa Lateral} = \frac{A_{Chill}}{A_{0\ Lateral}} \cdot 100\ \% =$$

$$\begin{cases} A_{Chill} = 3{,}32\ dm^2 \\ A_{0\ Lateral} = 37\ dm^2 \end{cases}$$

$$\text{Faltante de Placa Lateral} = \frac{3{,}32\ dm^2}{37\ dm^2} \cdot 100\ \% = 8{,}97$$

Faltante de Placa Lateral = 9 %

Bibliografía

1. Directional Solidification of Steel Castings – Editorial Pergamon Press – R.Wlodawer – Sulzer Brothers Ltd.

2. ASM Metals HandBook Volume 15 – Casting.

3. Tecnología de la Fundición – Materia de Sexto año de la Carrera de Ingeniería Metalúrgica – Universidad Tecnológica Nacional – Regional Buenos Aires - Ing. Alberto Rodolfo Valsesia.

4. Siderurgia – Materia de Sexto año de la Carrera de Técnico Metalúrgico – ENET N° 33 Fundición Maestranza del Plumerillo – Ing. Alberto Rodolfo Valsesia.

AGRADECIMIENTO

En especial a mi esposa que estuvo en todos los momentos acompañándome siempre, mi madre y padre por todo el amor y cuidado que me dieron y a mis hijos que los quiero mucho.

Al Ing. Alberto Rodolfo Valsesia, por los años compartidos como alumno suyo en la escuela secundaria ENET Nº 33 "Fundición Maestranza del Plumerillo" y en la Universidad Tecnológica Nacional - Regional Buenos Aires, en donde me formó y me sigue formando ahora como persona y como profesional.

Ing. Luis Alberto Aguirre

25 de mayo de 2010

Resulta de vital importancia el poder controlar la solidificación en piezas obtenidas por colado directo.

Aunque la calidad de la aleación sea óptima, libre de defectos que eventualmente pueda producir "rechupes y fisuras", pierde evidentemente valor ante un descontrol durante la solidificación dentro del molde.

Este Manual pretende asistir a Directivos, Supervisores y Técnicos, y será útil para Diseñadores de piezas fundidas.

No solo se requiere habilidad, inteligencia y práctica, sino también el saber tomar decisiones apropiadas ante cada acción.

A los lectores

Los autores agradecerían vuestros comentarios sobre los contenidos de este Manual.

Recibiremos con placer cualquier sugerencia que nos hagan llegar tendiente a mejorar los contenidos del presente libro siempre en beneficio de la comunidad metalúrgica.

Buenos Aires Septiembre 2010.

Ing. Alberto Rodolfo Valsesia – avalse2004@ciudad.com.ar

Ing. Luis Alberto Aguirre – lagui@arnet.com.ar

Esta edición se terminó de imprimir en el mes de Octubre de 2010
en Bibliografika de Voros S. A. Bucarelli 1160 Buenos Aires.
www.bibliografika.com

www.ingramcontent.com/pod-product-compliance
Lightning Source LLC
Chambersburg PA
CBHW051211200326
41519CB00025B/7073